神经网络——
理论、技术、方法及应用

赵庶旭　党建武　张振海　张华卫　编

中国铁道出版社

2013年·北京

内容简介

本书主要对目前神经网络领域的理论、主流的技术方法和开发应用进行了系统的归纳和阐述。全书共分9章,分别介绍了绪论、神经网络基本模型、神经网络学习理论、前馈型神经网络、反馈神经网络、模糊神经网络、脉冲耦合神经网络、智能算法和神经网络集成。

本书可作为计算机科学与技术、自动控制、信号与信息处理等专业本科生和研究生教材,也可作为相关工程技术及研发人员的参考书。

图书在版编目(CIP)数据

神经网络:理论、技术、方法及应用/赵庶旭等编.—
北京:中国铁道出版社,2013.5
ISBN 978-7-113-16383-9

Ⅰ.①神… Ⅱ.①赵… Ⅲ.①人工神经网络 Ⅳ.
①TP183

中国版本图书馆 CIP 数据核字(2013)第 087298 号

书　　名:神经网络——理论、技术、方法及应用
作　　者:赵庶旭　党建武　张振海　张华卫　编

策　　划:刘红梅
责任编辑:刘红梅　吕继函　　　编辑部电话:010-51873133　　　电子信箱:mm2005td@126.com
封面设计:冯龙彬
责任校对:焦桂荣
责任印制:李　佳

出版发行:中国铁道出版社(100054,北京市西城区右安门西街8号)
网　　址:http://www.51eds.com
印　　刷:航远印刷有限公司
版　　次:2013年5月第1版　2013年5月第1次印刷
开　　本:787mm×1 092mm　1/16　印张:12.75　字数:320千
书　　号:ISBN 978-7-113-16383-9
定　　价:30.00元

前　言

20世纪80年代后期，神经网络的研究开发在欧美及日本等工业发达国家掀起了热潮。随之而来，我国在该方向上的研究与应用也是多点开花，取得了令人瞩目的诸多成果。对神经网络理论、方法及技术应用的研究，多年来一直是相关学科领域理论研究和多行业内应用研究的持续热点，尽管随后在对神经网络的研究过程中出现过低潮，但随着在学习理论、网络模型、高性能计算等方面许多新概念的提出，神经网络领域内的研究依然存在着持久不衰的新鲜活力。

神经网络作为发展迅速的交叉学科，涉及到生物学、医学、心理学、认知学、信息论、数学、计算机科学和微电子技术等多种学科。编者根据自己多年从事神经网络和智能算法方向上的科学研究，结合在铁路智能控制、图像处理领域的应用工程实践经验和相关的教学经验，有重点地进行了本书的编写工作。

本书在编写过程中，参考了大量书籍，目的在于使读者通过本书能够较为全面、系统地对神经网络的基本原理和理论，对主流的可行性高的技术方法，以及目前研究的焦点进行把握。

全书以神经网络的理论、方法、技术和实际应用为主线进行内容安排，主要内容如下：第1章为绪论，简单阐述神经网络的历史发展、应用领域和发展方向；第2章介绍了人工神经元，完成对神经网络基础模型的介绍；第3章对神经网络中的知识的表示方法进行介绍，并说明目前神经网络中采用的主要学习算法；第4章和第5章从神经网络的网络结构角度，对前馈型神经网络和反馈神经网络的典型模型进行介绍，并针对不同的模型说明其特征和学习算法，重点是对这些神经网络的数学分析、训练方法、性能优化等方面进行系统地、细致地分析和阐述，并结合应用实例进行讲解；第6章是在系统介绍模糊神经网络理论的基础上，详细讨论模糊神经网络系统，介绍针对铁路运输调度系统中的列车行车问题，运用常见的模糊网络模型来设计求解的方法；第7章在介绍视觉系统的工作原理及典型数学描述模型的基础上，引出脉冲耦合神经网络模型，并对脉冲耦合神经网络的基本模型、运行机理及基本特性进行系统地介绍；遗传算法、模拟退火算法、进化算法及禁忌搜索称作指导性搜索法，而神经网络混沌搜索则属于系统动态演化方法，第8章将这些智能方法的原理和方法及神经网络融合来解决最优化问题；第9章从理论和实现方法上对神经网络集成进行介绍。目前，神经网络集成已被视为一种有广阔应用前景的工程化神经计算技术，已经成为机器学习和神经计算领域的研究热点,神经网络集成模型不仅有助于加深对机器学习和神经计算的深入研究,还有助于提升工程中问题的解决能力。

　　本书由赵庶旭、党建武、张振海、张华卫编写,其中,第2、6章由赵庶旭编写,第1、9章由党建武编写,第5、7、8章由张振海编写,第3、4章由张华卫编写。

　　限于编者水平有限,编写过程中错误、遗漏及不妥之处敬请各位同行、专家、读者不吝指正。

编　者

2013 年 2 月

目　录

第1章 绪 论

当我们产生阅读、呼吸、运动和思考等任意行为的时候,就开始使用复杂的生物神经网络系统。该神经网络系统由约 10^{11} 个神经元的高度互连的集合组成,帮助我们进行阅读、呼吸、运动和思考。人脑中的每一个生物神经元都是生物组织和化学物质的有机结合。从神经元处理事务的原理来看,类似于复杂的微处理器,而其神经结构则分为与生俱来的和后期训练养成的两种。

目前,科学家们对生物神经网络工作机理的认识属于快速发展阶段。一般认为,包括记忆功能在内的所有生物神经功能,都存储在神经元和神经元之间的连接上;学习功能可以理解为是在经验的基础上,在神经元之间建立新的连接或对已有的连接进行修改的过程。根据以上关于神经机理的认识,我们是否可以思考:既然我们已经对生物神经网络有一个基本的认识,那么能否利用一些简单的人工"神经元"构造一个小系统,然后对其进行训练,从而使它们具有一定有用功能呢?回答是肯定的。本书正是要讨论有关人工神经网络工作机理的一些方法和技术。

这里考虑的神经元不是生物神经元,它们是对生物神经元极其简单的抽象,可以用程序或硅电路实现。虽然由这些神经元组成的网络的能力远远不及人脑的那么强大,但是可对其进行训练,以实现一些有用的功能。本书所要介绍的正是有关于这样的神经元,以及包含这些神经元的网络及其训练方法。

1.1 人工神经网络发展

在人工神经网络的发展历程中,涌现了许多在不同领域中富有创造性的传奇人物,他们艰苦奋斗几十年,提出了许多至今仍然让我们受益的概念。许多作者都记载了这一历史。一本特别有趣的书是由 John Anderson 和 Edward Rosenfeld 撰写的《神经计算:研究的基础》,在该书中,他们收集并编辑了一组由 43 篇具有特别历史意义的论文,每一篇前面都有一段历史观点的导言。

我们简单地回顾一下神经网络的主要发展历史。

对技术进步而言,有两点是必需的:概念与实现。首先,必须有一个思考问题的概念,根据这些概念明确所面临的问题。这就要求概念包含一种简单的思想,或者更具特色,并且引入数学描述。为了理解这一点,让我们看看心脏的研究历史。在不同时期,心脏被看成灵魂的中心或身体的热源。17 世纪的医生们认识到心脏是一个血泵,于是科学家们开始设计实验,研究泵的行为。这些实验最终开创了循环系统理论。可以说,没有泵的概念,就不会有人们对心脏的深入认识。

概念及其相应的数学描述还不足以使新技术走向成熟,除非能通过某种方式实现这种系统。比如,虽然多年前就从数学上知道根据计算机辅助层析成像(CAT)扫描可以重构图像,但是直到有了高速计算机和有效的算法才使其走向实用，并最终实现了有用的 CAT 系统。

神经网络的发展史同时包含了概念创新和实现开发的进步。但是这些成果的取得并不是一帆风顺的。

神经网络领域研究的背景工作始于 19 世纪末和 20 世纪初。它源于物理学、心理学和神经心理学的跨学科研究，主要代表人物有 Herman Von Helmholts 等。这些早期研究主要还是着重于有关学习、视觉和条件反射等一般理论，并没有包含有关神经元工作的数学模型。

现代对神经网络的研究可以追溯到 20 世纪 40 年代 Warren Meculloh 和 Walter Pitts 的工作。他们从原理上证明了人工神经网络可以计算任何算术和逻辑函数。通常认为他们的工作是神经网络领域研究工作的开始。

在 Meculloh 和 Pitts 之后，Donald 指出，经典的条件反射是由单个神经元的性质引起的，提出了生物神经元的一种学习机制。

人工神经网络第一个实际应用出现在 20 世纪 50 年代后期，Frank Rosenblatt 提出了感知机网络和联想学习规则。Rosenblatt 和他的同事构造了一个感知机网络，并公开演示了它进行模式识别的能力。这次早期的成功引起了许多人对神经网络研究的兴趣，不幸的是，后来研究表明基本的感知机网络只能解决有限的几类问题。

同时，Bernard Widrow 和 Ted Hoff 引入了一个新的学习算法用于训练自适应线性神经网络。它在结构和功能上类似于 Rosenblatt 的感知机。Widrow - Hoff 学习规则至今仍然还在使用。但是，Rosenblatt 和 Widrow 的网络都有同样的固有局限性。这些局限性在 Marvin Minsky 和 Symour Papert 的书中有广泛的论述。Rosenblatt 和 Widrow 也十分清楚这些局限性，并提出了一些新的网络来克服这些局限性，但是他们没能成功找到训练更加复杂网络的学习算法。

许多人受到 Marvin Minsky 和 Symour Papert 的影响，相信神经网络的研究已走入了死胡同。同时由于当时没有功能强大的数字计算机来支持各种实验，从而导致许多研究者纷纷离开这一研究领域。神经网络的研究就这样停滞了十多年。

即使如此，在 20 世纪 70 年代，科学家们仍然在该领域开展了许多重要的工作。1972 年 Teuvo Kohonen 和 James Anderson 分别独立提出了能够完成记忆的新型神经网络。这一时期，Stephen Crossberg 在自组织网络方面的研究也十分活跃。

前面我们说过，在 20 世纪 60 年代，由于缺乏新思想和用于实验的高性能计算机，曾一度动摇了人们对神经网络的研究兴趣。到了 80 年代，随着个人计算机和工作站计算能力的急剧增强和广泛应用，以及不断引入新的概念，克服了摆在神经网络研究面前的障碍，人们对神经网络的研究热情空前高涨。

有两个新概念对神经网络的复兴具有极其重大的意义。一个是用统计机理解释某些类型的递归网络的操作。这类网络可作为联想存储器。物理学家 John Hopfield 的研究论文论述了这些思想。另一个是在 20 世纪 80 年代，几个不同的研究者分别开发出了用于训练多层感知机的反传算法。其中最具影响力的反传算法是 David Rumelhart 和 James McCleland 提出的，该算法有力地回答了 20 世纪 60 年代 Minsky 和 Papert 对神经网络的责难。

人工神经网络已经成为智能科学的一个重要分支，同时多个领域的新进展对神经网络研究领域重新注入了活力。要解决人类在 21 世纪所面临的许多困难，诸如能源的大量需求、环境的污染、资源的耗竭、人口的膨胀等，单靠现有的科学成就是很不够的，必须向生物学习，寻找新的科技发展的道路。

自 20 世纪 80 年代以来,神经网络的研究取得了一定进展,构造了许多神经网络模型,关于神经计算机系统的研究工作在最近也出现了进展。但是,对于神经网络理论、方法的研究依然属于起步阶段。目前,在该领域内出现了一些新的主要发展方向:

(1)脉冲耦合神经网络。

(2)神经元集群网络模型。

(3)非线性动力学模型。

(4)记忆模式。

(5)人工脑。

(6)神经计算机。

神经网络具有特有的信息处理能力,成功的实现了神经网络专家系统、模式识别、智能控制、求解组合优化问题等,显示了神经网络的潜力。不断拓宽神经网络的应用领域,将会促进神经网络的发展。神经网络与传统人工智能、模糊数学、子波分析等的结合,将给智能科学和技术的发展提供新方法、新途径。

人类在探索宇宙空间、基本粒子、生命起源等科学领域的进程中经历着艰辛的道路。从智能科学的高度,通过与认知神经科学、计算神经科学、认知科学等结合,将人脑神经网络与人工神经网络结合,探索智能的本质,神经网络的研究将取得突破性进展,开创神经网络研究的新纪元。

1.2　人工神经网络发展及应用

神经网络适合于解决实际问题,其应用领域在不断扩大,它不仅可以广泛应用于工程、科学和数学领域,也可广泛应用于医学、商业、金融和文学等领域。神经网络在许多领域的广泛应用,使其极具吸引力。同时,可以用神经网络解决过去许多计算量很大的复杂工业问题。神经网络已被用于许多领域,下面列举一些其在不同行业的应用。

(1)航空

高性能飞行器自动驾驶仪,飞行路径模拟,飞机控制系统,自动驾驶优化器,飞行部件模拟,飞行器部件故障检测器。

(2)汽车

汽车自动导航系统,驾驶行为分析器,卡车制动器诊断系统,车辆调度,运送系统。

(3)国防

武器操纵,目标跟踪,目标辨识,面部识别,新型的传感器,声纳、雷达和图像信号处理(包括数据压缩、特征提取、噪声抑制、信号/图像的识别)。

(4)电子

代码序列预测,集成电路芯片布局,过程控制,芯片故障分析,机器视觉,语音综合,非线性建模。

(5)娱乐

动画,特技,市场预测。

(6)金融

不动产评估,借贷咨询,抵押审查,公司证券分级,投资交易程序,公司财务分析,通货价格预测;支票和其他公文阅读器,信贷申请的评估器;政策应用评估,产品优化。

（7）制造

生产流程控制，产品设计和分析，过程和机器诊断，实时微粒识别，可视质量监督系统，啤酒检测，焊接质量分析，纸张质量预测，计算机芯片质量分析，磨床运转分析，化工产品设计分析，机器性能分析，项目投标，计划和管理，化工流程系统动态建模。

（8）医疗

乳房癌细胞分析，EEG 和 ECG 分析，修复设计，移植次数优化，医院费用节流，医院质量改进，急诊室检查建议。

（9）石油和天然气

石油和天然气的探查。

（10）机器人

轨道控制，铲车机器人，操作手控制器，视觉系统。

（11）语音

语音识别，语音压缩，语音识别，文本到语音的综合。

（12）电信

图像和数据压缩，自动信息服务，实时语言翻译，客户支付处理系统。

从上述在不同领域中的应用，可以发现神经网络应用的数量，投入到神经网络软硬件上的资金和公众对这些设计的兴趣都在快速增长。

1.3　生物学的启示

本书所讲的人工神经网络和与它对应的生物神经网络有很大区别。本节我们将简单介绍人脑功能中那些对人工神经网络研究有启示的特征。

人脑由大量（约 10^{11} 个）高度互连的单元（每个单元约有 10^4 个连接）组成，这些单元被称为神经元。就研究的目的来看，这些神经元由 3 部分组成：树突、细胞体和轴突。树突是树状的神经纤维接收网络，它将电信号传送到细胞体，细胞体对这些输入信号进行整合并进行阈值处理。轴突是单根长纤维，它把细胞体的输出信号导向其他神经元。一个神经细胞的轴突和另一个神经细胞树突的结合点称为突触。神经元的排列和突触的强度（由复杂的化学过程决定）确立了神经网络的功能。两个生物神经元的简化图如图 1.1 所示。

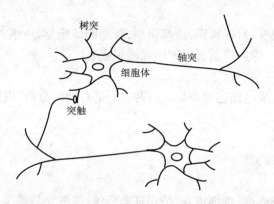

图 1.1　两个生物神经元的简化图

  一些神经结构是与生俱来的,而其他部分则是在学习的过程中形成的。在学习的过程中,可能会产生一些新的连接,一些连接也可能会消失,这个过程在生命早期最为显著。比如,如果在某一段关键的时期内禁止一只小猫使用它某一只眼睛,则它的这只眼在以后很难形成正常的视力。

  神经结构在整个生命期内不断地进行着改变,后期的改变主要是加强或减弱突触连接。例如,现在已经确认,新记忆的形成是通过改变突触强度而实现的。所以,认识一位新朋友面孔的过程中包含了各种突触的改变过程。

  人工神经网络却没有人脑那么复杂,但它们之间有两个关键相似之处。首先,两个网络的构成都是可计算单元的高度互连(虽然人工神经元比生物神经元简单得多)。其次,处理单元之间的连接决定了网络的功能。本书的根本目标就是在人工神经网络中采用合适的连接来解决特定的问题。

  值得注意的是,虽然生物神经元相对于电子电路来说非常慢(即 10^{-3}s 比 10^{-9}s 用时更长),人脑却能以比现有计算机快得多的速度完成许多任务。这主要是因为生物神经网络具有巨大的并行性,即所有的神经元能同时操作。即使大多数人工神经网络是在传统的数字计算机上实现的,但并行处理结构使它们适合于采用 VLSI、光学器件和并行处理技术实现。

复习思考题

1. 了解神经网络的发展。
2. 了解人工神经网络的应用领域。

第2章 神经网络基本模型

对生物神经元特别是人脑的认识,促进了对人工神经网络的研究,逐步形成了对人工神经元的数学描述,并据此形成了使用最为广泛的前馈和反馈网络基础模型,最终演化为具有优秀计算能力的各类人工神经网络模型。本章重在通过神经元模型说明人工神经网络节点的计算机理和基础神经网络模型的描述方法。

2.1 神经网络

2.1.1 神经网络定义

自从认识到人脑的计算与传统的数字计算机相比是完全不同的方式开始,关于人工神经网络(以下简称"神经网络")的研究工作就开始了。人脑是一个高度复杂的、非线性的和复杂的计算机器(信息处理系统)。人脑能够通过它最基础的组成成分——神经元,进行比今天已有的、最快的计算机还要快许多倍速度的特定计算(如模式识别、感知和运动神经控制)。例如人类的视觉系统功能为我们提供一个关于周围环境的描述,同时也提取了人和环境交互所需的信息。

以蝙蝠的声纳定位为例,蝙蝠的声纳是一个活动回声定位系统,可以搜集目标的相对速度、目标大小、目标不同特征的大小及它的方位角和仰角的信息。所有信息都从对目标的回声中提取,而所有需要的复杂神经计算只在"李子"般大小的脑中完成,最终以很高的成功率灵巧地完成追逐和捕捉目标。

那么,人脑或蝙蝠的脑是如何做到这一点的呢? 人和动物一出生就有精巧的构造,同时具备了我们通常称为"经验"而建立其自己规则的潜力。确实,经验是经时间积累的,出生后人脑在前两年内发生了最戏剧性的发展(即硬连接),但是发展将超越这个阶段并继续进行。

最普遍形式的神经网络就是通过电子器件或软件编程对人脑完成特定任务或感兴趣功能的建模。在本书中,我们主要介绍重要的神经网络。为了获得好的网络计算结果,神经网络是一个很庞大的简单计算单元间的相互连接(这些简单计算单元称为"神经元")。据此我们给出将神经网络看作一种自适应机器的定义:一个神经网络是一个由简单处理元构成的规模宏大的并行分布式处理器,天然具有存储经验知识和使之可用的特性。人工神经网络与人脑在两个方面具备相似性,即

(1)知识的获取依赖于外界环境中学习。

(2)通过神经元互联的连接强度,即突触权值,来对知识储存。

用于完成学习过程的程序称为学习算法,其功能是以有序的方式改变网络的突触权值,以获得想要的设计目标。神经网络在机器学习和智能计算相关的文献中也称为神经计算机、连接主义网络、并行分布式处理器等。本书一律使用"神经网络"这个术语,偶尔也用"神经计算机"或"连接主义网络"。

神经网络的计算能力很明显有以下两点:大规模并行的分布式结构;神经网络学习能力及由此而来的泛化能力。泛化是指神经网络对不在训练(学习)集中的数据可以产生合理的输

出。这两种信息处理能力让神经网络可以解决一些当前还不能处理的复杂的(大型)问题。但是在实践中,神经网络不能单独做出解答,它们需要被整合在一个协调一致的系统工程方法中。具体地讲,一个复杂问题往往被分解成若干个相对简单的任务,而神经网络处理与其能力相符的子任务。

2.1.2　神经网络的性质和能力

神经网络本身结构和计算方法呈现出以下性质特征。

(1)非线性。一个人工神经元可以是线性或非线性的。一个由非线性神经元互联而成的神经网络自身是非线性的,并且非线性是一种分布于整个网络中的特殊性质。非线性是一个很重要的性质,特别当产生输入信号(如语音信号)内部的物理机制是天生非线性时。

(2)输入输出映射。有监督学习或有教师学习是一个神经网络学习的流行范例,该学习方法涉及使用带标号的训练样本或任务例子对神经网络的突触权值进行修改。每个样本由一个唯一的输入信号和相应期望响应组成。从一个训练集中随机选取一个样本给网络,网络就调整它的突触权值(自由参数),以最小化期望响应和由输入信号以适当的统计准则产生的实际响应之间的差别。使用训练集中的众多样本对该神经网络进行训练,最终到网络没有显著的突触权值修正的稳定状态为止。训练过程中先前用过的例子可能还要在训练期间以不同顺序重复使用。因此,对当前问题网络时通过建立输入/输出映射从例子中进行学习。比如,考虑一个模式分类任务,这里的要求是把代表具体物体或事件的输入信号分类到几个预先分好的类中去。在这个问题的非参数方法中,要求利用例子集估计输入信号空间中模式分类任务的任意判决边界,并且不使用概率分布模型。有监督学习范例隐含了一个类似的观点,这提示神经网络的输入/输出映射和非参数统计推断之间的一个相近的类比。

(3)适应性。神经网络具备适应性是因为网络具有可调整的突触权值,以适应外界环境的变化。对于一个在特定运行环境下训练生成的神经网络,对环境条件不大的变化容易进行重新训练。而且,当它在一个时变环境(即它的统计特性随时间变化)中运行时,网络突触权值就可以设计成随时间变化。用于模式识别、信号处理和控制的神经网络与它的自适应能力耦合,就可以变成能进行自适应模式识别、自适应信号处理和自适应控制的有效工具。作为一个一般规则,在保证系统保持稳定时一个系统的自适应性越好,当要求在一个时变环境下运行时,它的性能就越具鲁棒性。但是,需要强调的是,自适应性不一定导致鲁棒性,实际可能相反。比如,一个暂态自适应系统可能变化过快,以致对寄生干扰有反应,这将引起系统性能的急剧恶化。为最大限度实现自适应性,系统的主要时间常数应该长到可以忽略寄生干扰,而短到可以反映环境的重要变化。这是一个稳定性—可塑性困扰。

(4)证据响应。在模式识别的问题中,神经网络可以设计成既提供不限于选择哪一个特定模式的信息,也提供决策的置信度的信息。后者可以对过于模糊的模式进行推断。有这些信息,网络的分类性能就会改善。

(5)背景的信息。神经网络的特定结构和激活状态代表知识,而网络中每一个神经元都受到其他神经元的影响。

(6)容错性。一个以硬件形式实现后的神经网络有天生容错的潜质,或者鲁棒性计算的能力,意即它的性能在不利运行条件下逐渐下降。比如,一个神经元或它的连接损坏了,存储模式的回忆在质量上被削弱。但是,由于网络信息存储的分布特性,在网络的总体响应严重恶化之前这种损坏是分散的。因此,原则上,一个神经网络的性能显示了一个缓慢恶化而不是灾难性的失败。有一些关于鲁棒性计算的经验证据,但通常它是不可控的。为了确保网络事实上的容错性,有必要在设计训练网络的算法时采用正确的度量。

(7)VLSI 实现。神经网络的大规模并行性使它具有快速处理某些任务的潜在能力。这一特性使得神经网络很适合用超大规模集成(Very Large Scale Integrated,VLSI)技术实现。VLSI的一个特殊优点是提供一个以高度分层的方式捕捉真实复杂性行为的方法。

(8)分析和设计的一致性。基本上,神经网络作为信息处理器具有通用性。这种特征以不同的方式表现出来:

①神经网络中任何神经元结构相同。

②这种共性使得在不同应用中的神经网络共享相同的理论和学习算法成为可能。

③模块化网络可以用模块的无缝集成来实现。

(9)神经生物类比。神经网络的设计是由对人脑的类比引发的,人脑是一个容错的并行处理,神经生物学家将(人工)神经网络看作是一个解释神经生物现象的研究工具。

2.2　人工神经元模型及表示方法

2.2.1　神经元模型

1. 神经元模型

神经元是神经网络操作的基本信息处理单位,神经元的非线性模型如图 2.1 所示,它是(人工)神经网络的设计基础。一般情况下,我们可将神经元模型分解为 3 个基本元素,分别介绍如下:

(1)突触或连接。每个神经元都有其突触权值特征。注意突触权值的下标的写法很重要。第一个下标指查询神经元,第二个下标指权值所在的突触的输入端。和人脑的突触不一样,人工神经元的突触权值有一个范围,可以取正值,也可以取负值。

(2)加法器。用于求输入信号被神经元的相应突触加权的和。这个操作构成一个线性组合器,表示形式如式(2-1)这个求和子式。

(3)激活函数。用来限制神经元输出振幅。激活函数也称为抑制函数,通过该函数,输出信号被抑制或限制在一个允许的范围内。通常,一个神经元输出的正常幅度范围可写成单位闭区间$[0,1]$或另一种区间$[-1,1]$。

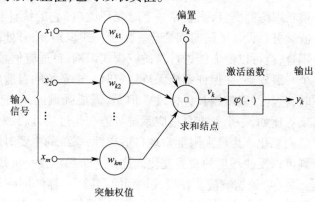

图 2.1　神经元的非线性模型

图 2.1 的神经元模型也包括一个外部偏置,记为 b_k。偏置的作用是根据其为正或负,相应地增加或降低激活函数的网络输入。

对于任一神经元我们可以用一对方程来进行描述:

$$u_k = \sum_{j=1}^{m} w_{kj} x_j \tag{2-1}$$

$$y_k = \varphi(u_k + b_k) \tag{2-2}$$

其中 $x_1,x_2,\cdots,x_m$ 是输入信号；$w_{k1},w_{k2},\cdots,w_{km}$ 是神经元 k 的突触权值；u_k 是输入信号的线性组合器的输出；偏置是 b_k；激活函数是 $\varphi(\cdot)$；y_k 是神经元输出信号。偏置 b_k 的作用是对图2-1中的线性组合器的输出 u_k 进行变换，变换如下所示：

$$v_k = u_k + b_k \tag{2-3}$$

特别地，根据偏置 b_k 取正或取负，神经元 k 的诱导局部域或激活电位 v_k 和线性组合器输出 u_k 的关系如图2.2所示。以后我们将使用"诱导局部域"这个术语。由于仿射变换的作用，v_k 与 u_k 的图形不再经过原点。

偏置 b_k 是人工神经元的外部参数。我们可以结合方程(2-1)和(2-3)得到如下公式：

$$v_k = \sum_{j=0}^{m} w_{kj}x_j \tag{2-4}$$

$$y_k = \varphi(v_k) \tag{2-5}$$

在式(2-4)上加一个新的突触，其输入是

$$x_0 = +1 \tag{2-6}$$

权值是

$$w_{k0} = b_k \tag{2-7}$$

我们因此得到了神经元 k 的另一个非线性模型如图2.3所示。在这个图中，偏置的作用是做两件事：①添加新的固定输入 $+1$；②添加新的等于偏置 b_k 的突触权值。虽然形式上图2.1和图2.3的模型不相同，但在数学上它们是等价的。

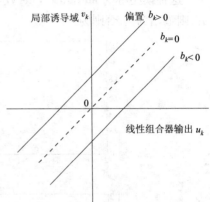

图2.2　偏置产生的仿射变换(注意 $u_k=0$ 时，$v_k=b_k$)

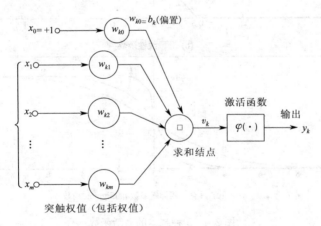

图 2.3　神经元 k 的另一个非线性模型

2. 激活函数的类型

激活函数，记为 $\varphi(v)$，通过诱导局部域 $W_{ij}=\begin{cases} -2^{i+j},\ i\neq j\ 时 \\ 0,\qquad i=j\ 时 \end{cases}$ 定义神经元输出。这里我们给出3种基本的激活函数。

(1)阈值函数。这种激活函数如图2.4(a)所示，可写为

$$\varphi(v)=\begin{cases} 1 & 如果\ v\geq 0 \\ 0 & 如果\ v<0 \end{cases} \tag{2-8}$$

相应地,在神经元 k 使用这种阈值函数,其输出可表示为

$$y_k = \begin{cases} 1 & \text{如果 } v_k \geq 0 \\ 0 & \text{如果 } v_k < 0 \end{cases} \tag{2-9}$$

式中,v_k 为神经元的诱导局部域,即

$$v_k = \sum_{j=1}^{m} w_{kj}x_j + b_k \tag{2-10}$$

这种模型称为 McCulloc-Pitts 模型,简称 MP 模型,该模型中,如果神经元的诱导局部域非负,则输出为 1,否则为 0。

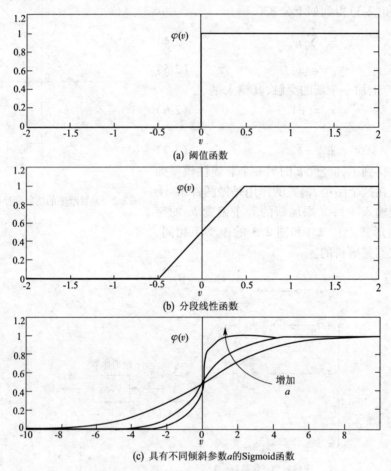

(a) 阈值函数

(b) 分段线性函数

(c) 具有不同倾斜参数 a 的 Sigmoid 函数

图 2.4　3 种基本的激活函数

(2)分段函数。分段线性函数如图 2.4(b)所示,则有:

$$\varphi(v) = \begin{cases} 1 & v \geq +\frac{1}{2} \\ v & +\frac{1}{2} > v > -\frac{1}{2} \\ 0 & v \leq -\frac{1}{2} \end{cases} \tag{2-11}$$

式中,在运算的线性区域内放大因子置为 1。这种形式的激活函数是对非线性放大器的近似。

下面两种情况可以看作是此函数的特例：

①在保持运算的线性区域不超过的情况下，就成为线性组合器。

②如果线性区的放大因子无穷大，那么此函数退化成阈值函数。

（3）Sigmoid 函数。此函数的图形是"S"形的，是最常用的激活函数。它是严格的递增函数，在线性和非线性行为之间显现出较好的平衡。它的一个例子是 logistic 函数，定义如下

$$\varphi(v) = \frac{1}{1 + \exp(-av)} \tag{2-12}$$

式中，a 为 Sigmoid 函数的参数，具有不同倾斜参数 a 的 Sigmoid 函数如图 2.4(c)所示。实际上，在原点的斜度等于 $a/4$。在极限情况下，倾斜参数趋于无穷，Sigmoid 就变成了简单的阈值函数。阈值函数仅取值 0 或 1，而 Sigmoid 的值域是 0 到 1 的连续区间。还要注意到 Sigmoid 函数是可微分的，而可微是神经网络理论的重要特征。阈值函数不可微。

在式(2-8)、式(2-11)和式(2-12)中定义的激活函数的值域是 $\{0,1\}$ 或 $\{-1,0,1\}$，这种情况下激活函数是关于原点反对称的。就是说，激活函数是诱导局部域的奇函数。阈值函数，即式(2-8)的另一种形式是

$$\varphi(v) = \begin{cases} 1 & 如果\ v > 0 \\ 0 & 如果\ v = 0 \\ -1 & 如果\ v < 0 \end{cases} \tag{2-13}$$

通常称为 signum 函数。为了和 Sigmoid 函数相对应，我们可以使用双曲正切函数：

$$\varphi(v) = \tanh(v) \tag{2-14}$$

由式(2-14)可知，它允许 Sigmoid 型的激活函数取负值。

3. 神经元的统计模型

图 2.3 的神经元模型是确定性的，它的输入/输出行为由所有的输入精确定义。但在一些神经网络应用中，基于随机神经模型的分析更符合需要。可将 MP 模型的激活函数采用概率分布的处理方法，即一个神经元允许有两个可能的状态值 +1 或 -1，神经元的激活状态(即它的状态开关从"关"到"开")是随机决定的。用 x 表示神经元的状态，$p(v)$ 表示激活概率，其中，v 是诱导局部域。我们可以设定：

$$x = \begin{cases} +1 & 以概率\ p(v) \\ -1 & 以概率\ 1 - p(v) \end{cases}$$

$p(v)$ 的一个标准选择是 Sigmoid 型的函数：

$$p(v) = \frac{1}{1 + \exp(v/T)} \tag{2-15}$$

式中，T 为伪温度，控制激活中的噪声水平，即不确定性。但是，不管神经网络是生物的或人工的，它都不是神经网络的物理温度，认识到这一点很重要。进一步，正如所说明的一样，我们仅仅将 T 看作是一个控制表示突触噪声的效果的热波动的参数。注意当 T 趋于 0，式(2-15)所描述的随机神经元就变为无噪声(即确定性)形式，也就是 MP 模型。

2.2.2　神经网络的有向图表示

图 2.1 或图 2.3 提供了构成人工神经元模型各个要素的功能描述。我们可以用信号流图来简化模型外观。

　　神经网络的信号流图是对神经网络通过有向连接(分支)的互连节点组成的图示。一个典型的节点j有一个相应的节点信号为x_j。一个典型的有向连接从节点j开始,到k节点结束。它有相应的传递函数或传递系数,以确定节点k的信号y_k依赖于节点j的信号x_j之间的方式。图形中各部分的信号流动遵循3条基本规则。

　　规则1:信号仅仅沿着定义好的箭头方向在连接上流动。两种不同的连接可以区别开来。

　　(1)突触连接。它的行为由线性输入输出关系决定,如图2.5(a)所示。节点信号y_k由节点信号x_j乘以突触权值w_{kj}产生。

　　(2)激活连接。它的行为一般由非线性输入输出关系决定,如图2.5(b)所示。其中,$\varphi(\cdot)$为非线性激活函数。

　　规则2:节点信号等于经由进入连接的有关节点的信号的代数和。

　　这个规则如图2.5(c)所示,突触会聚或扇入的情形。

　　规则3:节点信号沿每个外向连接向外传递,此时传递的信号完全独立于外向连接的传递函数。

　　这个规则如图2.5(d)所示,突触散发或扇出的情形。

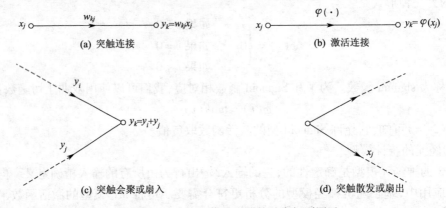

图2.5　用于构造信号流图的基本规则图示

　　依据这些规则,我们可以形成对应于图2.3的信号流图,如图2.6所示,可以看出,图2.6要比图2.3的形式更简单,包含了后者描绘的所有功能细节。注意,在两个图中,输入$x_0 = +1$和相关的突触权值$w_{k0} = b_k$,实际上是将神经元k的偏置b_k转换为输入。

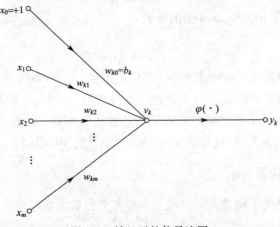

图2.6　神经元的信号流图

我们可以给出一个神经网络的下列数学定义,神经网络是一个由具有互连接突触的节点和激活连接构成的有向图,且具有 4 个主要特征:

(1)每个神经元可表示为一组线性的突触连接,一个应用它的外部偏置,以及可能的非线性激活连接。偏置由和一个固定为 +1 的输入连接的突触连接表示。

(2)神经元的突触连接给它们相应的输入信号加权。

(3)输入信号的加权和构成该神经元的诱导局部域。

(4)对神经元的诱导局部域进行激活,产生输出。

一个神经元的状态可以定义为它的输出信号或诱导局部域。神经网络的有向图是完全的,不仅仅描述了神经元间的信号流,也描述了每个神经元内部的信号流,以信号流为主体描述的时候,可以使用简略形式,它省略神经元内部的信号流的细节,该图是局部完全的。它的特征是:

(1)源节点提供输入信号。

(2)每个神经元描述为一个计算节点。

(3)连接图中源节点和计算节点之间的通信连接未标注权值,仅仅提供信号流的方向。

这样定义的一个局部完全的有向图就是所谓神经网络的结构图,如图 2.7 所示,描述神经网络的布局。图 2.7 给具有 m 个源节点和一个用于偏置的固定为 +1 的节点组成的单一神经元的简单情况。

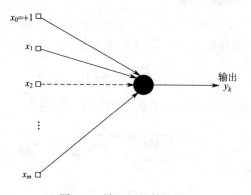

图 2.7　神经元的结构图

注意,表示该神经元的计算节点以阴影显示,而源节点用小方块或小圆点标示。在本书中,我们采用此种表示方法。

总的来说,我们有以下几种神经网络的图形表示方法。

(1)方框图。方框图提供网络的功能描述。

(2)信号流图。信号流图提供网络中完全的信号流描述。

(3)结构图。结构图描述网络布局。

2.2.3　动态反馈

反馈存在于动态系统,系统一个元素的输出部分影响作用于该元素输入,因此造成了一个或多个围绕系统的信号传输的封闭路径。反馈在特定的神经网络模型——反馈网络中至关重要。

单环反馈系统的信号流图如图 2.8 所示,输入信号 $x_j(n)$,内部信号 $x_j'(n)$ 和输出信号 $y_k(n)$ 是离散时间变量 n 的函数。这个系统由“算子”A 表示的前向通路和“算子”B 表示的反馈通路组成,系统是线性的。特别地,前向通道的输出通过反馈通道影响自己的输出。我们可以很容易得到图 2.8 的输入输出关系:

$$y_k(n) = A[x'_j(n)] \tag{2-16}$$

$$x'_j(n) = x_j(n) + B[y_k(n)] \tag{2-17}$$

式中,方括号是为了强调 A 和 B 是扮演算子的角色。在式(2-16)和式(2-17)中消去 $x'_j(n)$,得到

$$y_k(n) = \frac{A}{1-AB}[x_j(n)] \tag{2-18}$$

将 $A/(1-AB)$ 称为系统的闭环算子,AB 称为开环算子。一般来说,开环算子没有交换性,即 $AB \neq BA$。

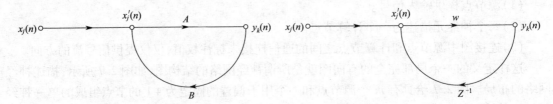

图 2.8　单环反馈系统的信号流图　　　　图 2.9　一阶无限冲击响应(IIR)滤波器的信号流图

例如,考虑图 2.9 中的单环反馈系统。A 是一个固定的权值 w;B 是单位延迟算子 z^{-1},其输出是输入延迟一个时间单位的结果。我们可以将这个系统的闭环算子表示为

$$\frac{A}{1-AB} = \frac{w}{1-wz^{-1}} = w(1-wz^{-1})^{-1}$$

用 $(1-wz^{-1})^{-1}$ 二项式展开,可以把系统的闭环算子重写为

$$\frac{A}{1-AB} = w\sum_{l=0}^{\infty} w^l z^{-1} \tag{2-19}$$

因此,将式(2-19)代入式(2-18)我们有

$$y_k(n) = w \cdot \sum_{l=0}^{\infty} w^l z^{-1}[x_j(n)] \tag{2-20}$$

其中,再次用方括号强调 z^{-1} 是算子的事实。特别的,由 z^{-1} 的定义我们有

$$z^{-1}[x_j(n)] = x_j(n-l) \tag{2-21}$$

其中 $x_j(n-l)$ 是输入信号延迟 l 个时间单位的样本。因此,可以用输入 $x_j(n)$ 现在的和过去的所有样本的加权和来表示输出 $y_k(n)$:

$$y_k(n) = \sum_{l=0}^{\infty} w^{l+1} x_j(n-l) \tag{2-22}$$

对于系统行为的控制是通过 w 实现的,需要考虑两种特殊情况:

(1) $|w| < 1$,此时输出信号为 $y_k(n)$ 以指数收敛;也就是说,系统稳定,如图 2.10(a)对一个正 w 值的情况所示。

(2) $|w| \geq 1$,此时输出信号 $y_k(n)$ 发散;也就是说,系统不稳定。图 2.10(b)是 $|w| = 1$ 的情况,发散是线性的;图 2.10(c)是 $|w| > 1$ 的情况,发散是指数的。

稳定性是反馈系统研究中的突出特征。

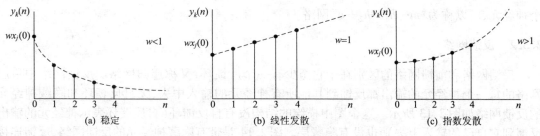

(a) 稳定　　　　　　　　(b) 线性发散　　　　　　　　(c) 指数发散

图 2.10　前向权重 w 的 3 种不同值的时间响应

2.3　网络结构

　　神经网络中神经元的构造方式是和训练网络的学习算法紧密连接的。因此,我们可以说,用于网络设计的学习算法(规则)是被构造的。我们将在下一章讨论学习算法的分类,而在本书随后的各章中发展不同的学习算法。这一节我们专注于网络的体系结构。一般来说,我们可以分为两种基本的网络结构,分别是基本的前馈网络和反馈网络。

2.3.1　前馈网络

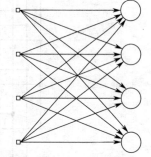

　　神经网络中的神经元之间存在多种组织关系,在分层网络中,神经元以层的形式组织。在最简单的分层网络中,源节点构成输入层,直接投射到神经元输出层(计算节点)上去。也就是说,严格的无圈的网络结构,称为前馈网络。前馈网络分为两种:单层前馈网络和多层前馈网络。

源节点输入层　　　　　神经元输出层

图 2.11　单层前馈(无圈神经元网络)

　　1. 单层前馈网络

　　单层前馈网络又称无圈神经元网络如图 2.11 所示,输出输入层各有 4 个节点。"单层"指的是计算节点(神经元)输出层。我们不把源节点的输入层计算在内,因为在这一层没有计算。

　　2. 多层前馈网络

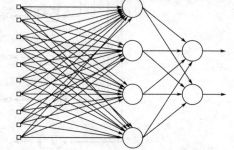

　　多层前馈网络指含有一层或多层隐藏节点层的前馈网络,相应的计算节点称为隐藏单元或隐藏神经元。隐藏层的神经元的功能是以某种有用方式介入外部输入和网络输出之间。加上一个或多个隐藏层,网络可以引出高阶统计特性,即使网络为局部连接,由于额外的突触连接和额外的神经交互作用,可以使网络在不那么严格意义下获得一个全局关系。

　　输入层的源节点提供激活模式的元素(输入向量),组成第二层(第一隐藏层)神经元(计算节点)的输入信号。第二层的输出信号作为第三层输入,这样一直传递下去。具有一个隐藏层和输出层的全连接前馈网络如图 2.12 所示。这是一

源节点输入层　　　隐藏神经元层　　输出神经元层

图 2.12　具有一个隐藏层和输出层的全连接前馈网络

个"10—4—2"结构的前馈网络,其中有 10 个源节点,只有一个含有 4 个隐藏神经元的隐藏层,2 个输出神经元作为输出层。这样就可以形成关于多层前馈网络的一般化描述,具有 m 个源节点的前馈网络,第一个隐藏层有 h_1 个神经元,第二个隐藏层有 h_2 个神经元,输出层有 q

个神经元,可以称为"$m-h_1-h_2-q$"网络。

2.3.2　反馈网络

　　反馈网络和前馈网络的区别在于它至少有一个反馈环,又称递归网络。反馈网络中单层网络的每一个神经元的输出都反馈到其他所有神经元的输入中去,无自反馈环和隐藏神经元的反馈网络如图 2.13 所示。这个图中描绘的结构没有自反馈环(自反馈环表示神经元的输出反馈到它自己的输入上去),也没有隐藏层。图 2.14 是带有隐藏神经元的反馈网络,反馈连接的起点包括隐藏层神经元和输出神经元。

　　不管在图 2.13 的反馈结构中,还是在图 2.14 的反馈结构中,反馈环的存在,对网络的学习能力和它的性能有深刻的影响。并且,由于反馈环涉及使用单元延迟元素(记为 z^{-1})构成的特殊分支,假如神经网络包含非线性单元,这导致非线性的动态行为。

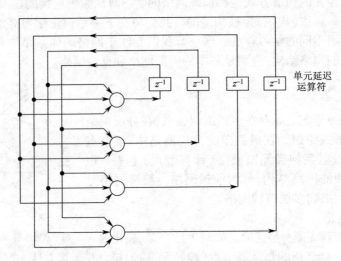

图 2.13　无自反馈环和隐藏神经元的反馈网络

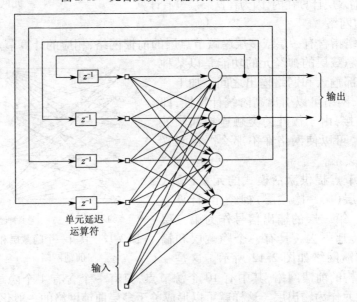

图 2.14　有隐藏神经元的反馈网络

复习思考题

1. 对人工神经网络与人脑进行区别和联系。
2. 神经网络计算能力的特点是什么？
3. 神经网络的性质特点是什么？
4. 神经元模型包含哪几个基本元素？
5. 神经网络的结构分类及各网络结构之间的区别是什么？

第3章　神经网络学习理论

神经网络首要意义是其网络模型具备在环境中的学习能力,不同的网络模型具备不同的知识表示方法,通过知识表示保持网络模型和真实世界的相容,同时不同的网络模型衍生出多种学习算法,通过学习改善网络行为,来学习它的环境。理想情况下,神经网络在每一次重复学习过程后对它的环境便有更多的了解。

3.1　神经网络的知识表示

知识是人工智能领域的重要术语,下面给出一般性的定义,人工智能领域中的知识就是计算机可储存和执行的,以备使用的数据信息或模型。利用知识表示可对外部世界或环境进行解释、预测和适当的反应。

知识表示的主要特征表现在两个方面:什么信息是能够被明确表述的;在物理形式上信息是如何通过编码等方法使用的。由于知识的表示具有目标导向,在人工智能中智能机器的现实应用,其应用方案的好坏取决于知识表示的好坏,神经网络属于人工智能的重要一类,但是由于神经网络的输入及网络内部参数的表现形式可能是高度多样性的,这导致在利用神经网络进行求解的过程中,满意解策略依然是具备挑战性的任务。

神经网络的一个主要表现形式是学习它所依赖的外部环境的一个模型,并且学习进化过程中保持该模型和真实世界足够兼容,环境或外部世界在神经网络上的表示(即知识表示)显得尤为重要。知识由两类信息组成:

(1)已知世界的状态。由什么事实和已知道什么事实所表示,这种形式的知识被称为先验性信息。

(2)对世界的观察(测量)。由设计的探测神经网络所在运行环境的传感器获得。实际上,传感器的噪声和系统的不完善而使获取的数据具有误差,即这些数据是带有噪声的,通过将此类信息或数据用来作为对神经网络进行训练或测试的样本集。

样本可以是有标记的,也可以是无标记的。有标记时,每个样本的输入信号有相应的与之配对的期望响应。另一方面,无标记的样本包括输入信号自身的不同实现。

训练样本集指一组由输入信号和相应的期望响应组成的输入—输出对,又称训练样本。以下面的例子进行说明样本集的使用,在手写数字和字母的识别问题中,输入信号是一幅黑白图像,每幅图像代表从背景中明显分离的十个数字之一。期望的响应就是"确定"网络的输入信号代表哪个数字。通常训练样本就是手写体数字的大量变形,这代表了真实世界的情形。有了这些样本,可以设计如下网络:

(1)选择一个合适的结构。输入层的源节点数和输入图像的像素数一样,而输出层包含10个神经元(每个数字对应一个神经元)。利用合适的算法,以样本的一个子集训练网络,这个设计阶段叫学习。

（2）用陌生样本检验已训练网络的识别性能。当给网络一幅输入图像,此时并不告知这幅图像属于哪个数字。网络的性能就用网络提供的数字类别和输入图像的实际类别的差异来衡量。网络运行的这个阶段叫泛化。

在后一种情况,首先我们设计一个环境观察的数学模型,利用真实数据来验证这个模型,再以此模型为基础建立设计。相反,神经网络的设计直接基于实际数据,让数据"说话"。因此,神经网络提供了内嵌于环境的隐含模型,也实现了目标趋向的信息处理功能。

用于训练神经网络的样本可以由正例和反例组成。比如,在声纳探测中,正例是指包括感兴趣的目标(如潜艇)的输入训练数据。而在波动声纳环境中的海洋生物会经常出现并可能导致虚警。为了缓解这种问题,把反例(如海洋生物的回声探测数据)包括在训练集中,以使网络不要混淆海洋生物和兴趣目标。

在神经网络的独特结构中,周围环境的知识表示由网络自由参数(即突触权值和偏置)的取值定义。这种知识表示的形式构成神经网络的设计本身,因此,也是网络性能的关键。

人工网络中的知识表示是很复杂的,但这里有其通用的 4 条规则。

规则 1:相似的类别中,相似输入通常应产生成网络中相似的表示,因此,可以归入同一类中。

度量输入相似性有很多方法。常用的相似度量是利用欧几里德距离。作为特例,令 x_i 是一个 $m \times 1$ 的实元素列向量。

$$x_i[x_{i1}, x_{i2}, \cdots, x_{im}]^T$$

上标"T"表示矩阵转置。向量 x_i 就是 m 维空间(称为欧几里德空间)的一个点,记为 R^m。两个 $m \times 1$ 向量 x_i、x_j 之间的欧几里德距离就是

$$d(x_i, x_j) = \|x_i - x_j\| = \left[\sum_{k=1}^m (x_{ik} - x_{jk})^2\right]^{1/2} \tag{3-1}$$

式中, x_{ik}、x_{jk} 分别为输入向量 x_i、x_j 的第 k 个分量。相应地,由向量 x_i 和 x_j 表示的两个输入的相似性就定义为欧几里德距离 $d(x_i, x_j)$ 的倒数。输入向量 x_i 和 x_j 相距越近,欧几里德距离 $d(x_i, x_j)$ 就越小,相似性就越大。如果两个向量是相似的,规则 1 说明它们归入同一类。

另一个相似性度量是基于点积或内积,它借用矩阵代数。给定一对相同维数的向量 x_i、x_j,它们的内积就是 $x_i^T x_j$,可展开如下

$$(x_i, x_j) = x_i^T x_j = \sum_{k=1}^m (x_{ik} x_{jk}) \tag{3-2}$$

内积 (x_i, x_j) 除以范数积 $\|x_i\| \cdot \|x_j\|$,就是两个向量 x_i、x_j 的夹角的余弦。

这里定义的两种相似性度量有密切的联系,内积和作为模式相似性度量的欧几里德距离之间的关系如图 3.1 所示。欧几里德距离 $\|x_i - x_j\|$ 和向量 x_i 到向量 x_j 的"投影"相关。图 3.1 清楚地表明欧几里德距离 $\|x_i - x_j\|$ 越小,向量 x_i 和 x_j 越相似,内积 $x_i^T x_j$ 越大。

为了把这种关系置于形式化基础之上,我们首先将向量 x_i 和 x_j 归一化,即

$$\|x_i\| = \|x_j\| = 1$$

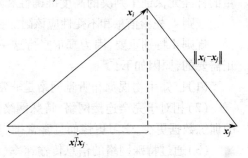

图 3.1　内积和作为模式相似性度量的欧几里德距离之间的关系

利用式(3-1)我们就可以写成：

$$d^2(\boldsymbol{x}_i,\boldsymbol{x}_j) = (\boldsymbol{x}_i - \boldsymbol{x}_j)^{\mathrm{T}}(\boldsymbol{x}_i - \boldsymbol{x}_j) = 2 - 2\boldsymbol{x}_i^{\mathrm{T}}\boldsymbol{x}_j \tag{3-3}$$

式(3-3)表明最小化的欧几里德距离 $d(\boldsymbol{x}_i,\boldsymbol{x}_j)$ 就对应最大化的内积 $(\boldsymbol{x}_i,\boldsymbol{x}_j)$，从而最大化 $\boldsymbol{x}_i$ 和 $\boldsymbol{x}_j$ 的相似性。

这里的欧几里德距离和内积的定义都是用确定性的术语定义的。如果向量 $\boldsymbol{x}_i$ 和 $\boldsymbol{x}_j$ 是从不同样本集中得来的，又该怎样定义相似性呢？作为特例，假设两个总体的差异仅在它们的均值向量，令 $\boldsymbol{\mu}_i$ 和 $\boldsymbol{\mu}_j$ 分别表示向量 $\boldsymbol{x}_i$ 和 $\boldsymbol{x}_j$ 的均值。也就是说，

$$\boldsymbol{\mu}_i = \mathrm{E}[\boldsymbol{x}_i] \tag{3-4}$$

其中，E 是统计期望算子。均值向量 $\boldsymbol{\mu}_j$ 同样定义。为了度量这两个总体的距离，我们可以用 *Mahalanobis* 距离来衡量，记为 d_{ij}。从 $\boldsymbol{x}_i$ 到 $\boldsymbol{x}_j$ 的这种距离的平方值定义为

$$d_{ij}^2 = (\boldsymbol{x}_i - \boldsymbol{\mu}_i)^{\mathrm{T}}\sum{}^{-1}(\boldsymbol{x}_i - \boldsymbol{\mu}_i) \tag{3-5}$$

其中，$\sum{}^{-1}$ 是协方差矩阵 $\sum$ 的逆矩阵。假设两个总体的协方差矩阵是一样的，表示如下：

$$\sum = E[(\boldsymbol{x}_i - \boldsymbol{\mu}_i)(\boldsymbol{x}_i - \boldsymbol{\mu}_i)^{\mathrm{T}}] = E[(\boldsymbol{x}_j - \boldsymbol{\mu}_j)(\boldsymbol{x}_j - \boldsymbol{\mu}_j)^{\mathrm{T}}] \tag{3-6}$$

当 $\boldsymbol{x}_i = \boldsymbol{x}_j$，$\boldsymbol{\mu}_i = \boldsymbol{\mu}_j = \boldsymbol{\mu}$ 和 $\sum = \boldsymbol{I}$ 时（$\boldsymbol{I}$ 为单位矩阵），*Mahalanobis* 距离变为样本向量 $\boldsymbol{x}_i$ 和均值向量 $\boldsymbol{\mu}$ 间的欧几里德距离。

规则 2：网络对可分离为不同种类的输入向量给出差别很大的表示。

这条规则与规则 1 正相反。

规则 3：如果某个特征很重要，那么网络表示这个向量将涉及大量神经元。

比如，考虑雷达探测涉及在散乱状态（即雷达从不期望的目标，如建筑物、树木和云层的反射）下的目标（如航空器）的应用。这样的雷达系统的探测性能由下面两种概率形式来衡量：

(1)探测概率。就是目标存在时，系统判断目标出现的概率。

(2)虚警概率。就是目标不存在时，系统判断目标出现的概率。

按照 *Neyman - Pearson* 准则，在虚警概率限制在一定范围的情况下，探测概率达到最大值。在这种应用中，收到信号中目标的实际表现代表输入信号中的重要特征。实际上，规则 3 意味着在真实目标存在的时候，应该有大量神经元参与判决该目标出现。按同样道理，仅当散乱状态实际存在的时候，才应该有大量神经元参与判决该散乱状态的出现。在两种情形下，大量的神经元保证了判决的高度准确性和对错误神经元的容错性。

规则 4：先验信息和不变性应该附加在网络设计中，这样不必学习它们从而简化网络设计。

规则 4 特别重要，因为真正坚持这一规则就会形成具有特殊结构的网络。这一点是我们正需要的，原因如下：

(1)已知生物视觉和听觉网络是非常特别的。

(2)相对于完全连接网络，特殊网络用于调节的自由参数是较少的。因此，特殊网络所需的训练数据更少，学习更快而且常常推广性更强。

(3)通过特殊网络的信息传输速率（即网络的通过数据）是增加的。

(4)因为规模较小，和全连接网络相比特殊网络的建设成本低。

怎样在神经网络设计中建立先验信息，以此建立一种特殊的网络结构，这是必须考虑的重

要的问题。通过使用下面两种技术的结合,来确立网络的限制性:

(1)通过使用称为接收域的局部连接,限制网络结构。

(2)通过使用权值共享,限制突触权值的选择。

这两种方法,特别是后一种方法,有很好的附带效益,它使网络自由参数的数量显著下降。

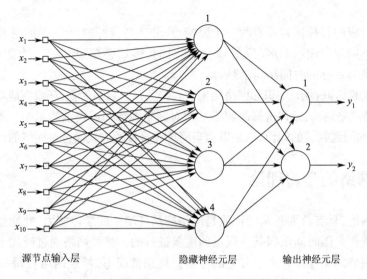

图3.2 联合利用接收域和权值共享的图例

联合利用接收域和权值共享的图例如图3.2所示,该图部分连接前馈网络,所有4个隐藏神经元共享它们突触连接的相同权值集。这个网络有带限制的结构。顶部6个源节点组成隐藏神经元1的接收域,其余网络隐藏神经元类推。为满足权值共享限制,我们在隐藏层中每个神经元使用同一组突触权值。这样,对图3.2所示的例子,每个隐藏神经元有6个局部连接,共有4个隐藏神经元,我们可以表示每个隐藏神经元的诱导局部域如下

$$v_j = \sum_{i=1}^{6} w_i x_{i+j-1} \qquad (j = 1,2,3,4) \tag{3-7}$$

式中,$\{w_i\}_{i=1}^{6}$构成所有4个隐藏神经元共享的同一权值集;x_k为从源节点$k = i+j-1$中选择信号。式(3-7)为卷积和的形式。

在神经网络的设计中,建立先验信息的问题是属于规则4的一部分,该规则的剩余部分涉及不变性问题。如何在网络设计中建立不变性,需考虑下列物理现象:

(1)当感兴趣的目标旋转时,观察者感知到的目标的图像通常会有相应的变化。

(2)在一个提供它周围环境的幅度和相位信息的相干雷达中,由于目标相对雷达射线运动造成的多普勒效应,活动目标的回声在频率上会产生偏移。

(3)人说话的语调会有高低快慢的变化。

神经网络知识表示的一个更有趣的例子是蝙蝠的生物回声定位声纳系统。为了声音映射,大多数蝙蝠使用频率调制(FM)信号,在FM信号中信号的瞬时频率随时间变化。特别地,蝙蝠用口发出短时FM声纳信号,用听觉系统来作为接收器。对于感兴趣的目标回声,在听觉系统中选用由不同声音参数组合的神经元活动来表达。蝙蝠的听觉表达有3个主要的神经维数:

(1)回声频率。在耳蜗频率图中被编码,通过整个听觉系统的通路保存,按照调制成不同

频率的一定神经元的有序排列。

（2）回声幅度。由其他具有不同动态范围的神经元编码，它被表示成幅度调制和每个刺激的放电次数。

（3）回声延迟。通过神经计算编码（基于交叉相关），并产生延迟选择响应，它被表示成目标范围调制。

用于图像形成的目标回声具有两个主要特点，分别是目标的"形状"的谱和目标范围的延迟。利用目标不同反射面的回声（反射）的到达时间，蝙蝠感知"形状"。为此目的，回声谱的频率信息被转换为目标的时间结构的估计。

神经网络中的知识表示，知识和网络结构有直接关系。目前为止，还没有成功的理论可以根据环境优化神经网络结构，或评价修改网络结构对网络内部知识表示的影响。不管如何完成设计，对于感兴趣的问题领域的知识，总是以相当简单和直接的方式通过对网络的训练来得到的。

3.2 神经网络的学习理论

对于神经网络，具有首要意义的性质是网络能从环境中的学习能力，并通过学习改善其行为。对行为的改善是随时间依据某一规定的度量进行的。神经网络通过施加于它的突触权值和偏置水平的调节的交互过程来学习它的环境。理想情况下，神经网络在每一次重复学习过程后，对它的环境便有更多的了解。

学习过程是一种观点问题，在对这个术语的精确定义上很难达成一致。比如，心理学家眼中的学习与课堂中的学习是截然不同的。

我们在神经网络的背景中，将学习的定义如下：

学习是一个过程，通过这个过程，神经网络的自由参数在其嵌入的环境的激励过程之下得到调节。学习的类型由参数改变的方式决定。这个学习过程的定义隐含着如下的事实：

（1）神经网络被一个环境所激励。

（2）作为这个激励的结果，神经网络在它的自由参数上发生变化。

（3）由于神经网络内部结构的改变而以新的方式响应环境。

解决学习问题的一个恰当定义的规则集合称作学习算法。就像人们预料的那样，对于神经网络的设计没有唯一学习算法。然而，我们有由不同学习算法表示的一组工具，每一个有它自身的优势。基本上，学习算法在其对神经元的突触权值的调节方式各不相同。要考虑的另一方面，是由一组相互连接的神经元组成神经网络（学习机器）与其环境联系的方式。从后一个方面说，我们提到学习范例是指神经网络运行于其环境的一个模型。

3.2.1 学习算法

1. 误差—修正学习

误差—修正学习（单个输出神经元情况）如图 3.3 所示。为了说明第一条学习规则，考虑图中由一个神经元 k 构成前馈神经网络输出层的一个计算节点的简单情况。神经元 k 被一层或多层隐藏神经元产生的信号向量 $x(n)$ 驱动，这些隐藏神经元自身用于神经网络的源节点（也就是输入层）的输入向量驱动。参数 n 表示离散时间，或者更确切地说，是调节神经元 k 的突触权值交互过程的时间步。神经元 k 的输出信号用 $y_k(n)$ 表示。这个描述神经网络唯一输

出的输出信号与由 $d_k(n)$ 表示的期望响应或目标输出比较,由此产生由 $e_k(n)$ 表示的误差信号。由定义,我们有:

$$e_k(n) = d_k(n) - y_k(n) \tag{3-8}$$

误差信号 $e_k(n)$ 驱动控制机制,其目的是将修正调节序列作用于神经元 k 的突触权值。修正调节能够以一步步逼近的方式使输出信号 $y_k(n)$ 向期望输出 $d_k(n)$ 靠近。这一目标通过最小化代价函数或性能指标 $\delta(n)$ 来实现。$\delta(n)$ 借助误差信号 $e_k(n)$ 的定义如下:

$$\delta(n) = \frac{1}{2}e_k^2(n) \tag{3-9}$$

也就是说,$\delta(n)$ 是误差能量函数的瞬时值。这种对神经元 k 的突触权值步步逼近的调节将持续下去,直到系统达到稳定状态(即突触权值基本稳定下来)。这时,学习过程终止。

在这里,描述的学习过程显然应被称为误差—修正学习。特别地,对代价函数 $\delta(n)$ 的最小化导致了通常被称作增量规则或 Widrow—Hoff 规则的学习规则,规则的命名是为了纪念它的发明者 Widrow 和 Hoff。令 $w_{kj}(n)$ 表示在第 n 时间步,被信号向量 $\boldsymbol{x}(n)$ 的 $x_j(n)$ 分量激发的神经元 k 的突触权值。根据增量规则,将第 n 时间步作用于突触权值的调节量 $\Delta w_{kj}(n)$ 定义如下

$$\Delta w_{kj}(n) = \eta e_k(n)x_j(n) \tag{3-10}$$

这里 η 是一个正的常量,它决定学习过程中从一步到另一步时的学习率。所以,我们自然而然地称 η 为学习率参数。换言之,增量规则可以表述为:作用于神经元突触权值的调节量正比于本次学习中误差信号与突触的输入信号的乘积。

神经元 k 对外部世界是可见的,从图 3.3 中还可以看到,误差—修正学习实际上带有局部性质。这仅仅是说由增量规则计算的突触调节局部于神经元 k 周围。

在计算突触调节量 $\Delta w_{kj}(n)$ 后,突触权值 w_{kj} 的更新值由下式确定:

$$w_{kj}(n+1) = w_{kj}(n) + \Delta w_{kj}(n) \tag{3-11}$$

实际上,$w_{kj}(n)$ 和 $w_{kj}(n+1)$ 可以分别被视为突触权值 w_{kj} 的旧值和新值。从计算的角度,我们也可写为

$$w_{kj}(n) = z^{-1}\big[w_{kj}(n+1)\big] \tag{3-12}$$

式中,z^{-1} 为单元延迟操作符。也就是说,z^{-1} 表示一个存储元件。

误差—修正学习(输出神经元图示)如图 3.4 所示,其用信号流图表示误差—修正的学习过程,其焦点集中在神经元 k 周围的活动。输入信号 x_j 和神经元 k 的诱导局部域 v_k 分别称作神经元 k 的第 j 个突触的前突触信号和后突触信号。从图 3.4 看出误差—修正学习是闭环反馈系统的一个例子。由控制论我们知道这种系统的稳定性由构成系统的反馈环路的参数决定。在这里,我们仅有一个单一反馈环路,具有特别意义的参数之一是学习率参数 η。因此,仔细选取 η 以取得重复学习过程的稳定性或收敛性是很重要的。

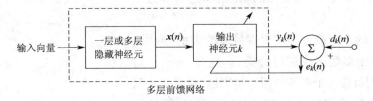

图 3.3　误差—修正学习(单个输出神经元情况)

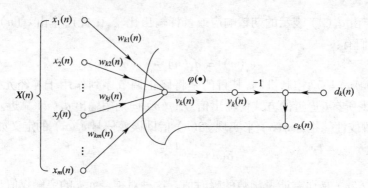

图 3.4　误差—修正学习（输出神经元图示）

2. 基于记忆的学习

在基于记忆的学习中，所有（或大部分）以往的经验被显式地存储到正确分类的输入输出实例 $\{(\boldsymbol{x}_t, d_t)\}_{t=1}^{N}$ 的记忆中，这里 $\boldsymbol{x}_t$ 表示输入向量，d_t 表示对应的期望响应。不失一般性，我们限制期望响应为一个标量。例如，在二值模式分类中，考虑有两个分别表示为 $\boldsymbol{\Psi}_1$ 或 $\boldsymbol{\Psi}_2$ 的类别/假设。在这个例子中，期望响应 d_t 对类 $\boldsymbol{\Psi}_1$ 取值 0（或 -1），对类 $\boldsymbol{\Psi}_2$ 取值 1。当需要对测试向量 $\boldsymbol{x}_{\text{test}}$ 进行分类时，算法通过提取并分析 $\boldsymbol{x}_{\text{test}}$ 的局部邻域中的训练数据进行响应。所有基于记忆的学习算法包括两个重要的组成部分：

（1）用于定义测试向量的局部邻域的准则。

（2）用于 $\boldsymbol{x}_{\text{test}}$ 的局部邻域中的训练实例的学习规则。

算法随这两个组成部分的不同而不同。

在一个简单而有效的称作最近邻规则的基于记忆的学习类型中，局部邻域被定义为测试向量 $\boldsymbol{x}_{\text{test}}$ 的直接邻域的训练实例。向量 $\boldsymbol{x}'_N$ 记作：

$$\boldsymbol{x}'_N \in \{\boldsymbol{x}_1, \boldsymbol{x}_2, \cdots, \boldsymbol{x}_N\} \tag{3-13}$$

它被称作 $\boldsymbol{x}_{\text{test}}$ 的最近邻，当且仅当

$$\min d(\boldsymbol{x}_k, \boldsymbol{x}_{\text{test}}) = d(\boldsymbol{x}'_N, \boldsymbol{x}_{\text{test}}) \tag{3-14}$$

式中，$d(\boldsymbol{x}_k, \boldsymbol{x}_{\text{test}})$ 为向量 $\boldsymbol{x}_k$ 和 $\boldsymbol{x}_{\text{test}}$ 的欧几里德距离。与最短距离相关联的类别，也就是向量 $\boldsymbol{x}'_N$ 被划分的类别。这个规则独立于产生训练实例的基本分布。

Cover and Hart 已经证明了由最近邻规则引起的分类误差概率被限制在贝叶斯误差概率（也就是所有判定规则中的最小误差概率）的两倍以上。在这个意义上，可以说，无限大小的训练集中有一半分类信息包含在最近邻中。

最近邻分类器的一个变种是 k —最近邻分类器，它操作如下：

（1）对于某一整数 k，确定与测试向量 $\boldsymbol{x}_{\text{test}}$ 最邻近的 k 个类别模式。

（2）将 $\boldsymbol{x}_{\text{test}}$ 的 k 个最近邻中出现最多的类别（假设）分配给 $\boldsymbol{x}_{\text{test}}$（即用多数表决进行分类）。这样，$k$ —最近邻分类器的作用就像一个平均仪器。特别地，对于 $k = 3$，k —最近邻分类器鉴别单个的例外（outlier），分类的例外如图 3.5 所示。一个例外是一个观察，这个观察对于

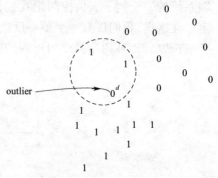

图 3.5　分类的例外

我们感兴趣的指定模型极具意义。

虚线圆圈里面的区域包括属于两个分类 1 的点和一个来自分类 0 的例外。点 d 对应于测试向量 x_{test}。当 $k = 3$，k—最近邻分类器给点 d 指定类别 1，而不论其与例外的远近。

3．Hebb 学习

Hebb 学习是所有学习规则中最悠久最著名的，它是基于神经心理学家 Hebb 关于细胞学习的描述，当细胞 A 的一个轴突足够近地刺激细胞 B 并反复或持续地激励它时，某种增长过程或新陈代谢变化在一个或两个细胞中发生，这使得 A 作为激励 B 的细胞中的一个的几率被增大。Hebb 提出将这个变化作为联想学习的基础（在细胞水平上）。将之扩充并重述为二分规则：

（1）如果在突触（连接）每一边的两个神经元被同时（即同步）激活，那么那个突触的强度被选择性地增强。

（2）如果在突触每一边的两个神经元被异步激活，那么那个突触被选择性地减弱或消除。

这样的突触被称作 Hebb 突触。更确切地说，我们定义 Hebb 突触为这样的一个突触，它使用一个依赖时间的、高度局部的和强烈交互的机制来提高突触效率，并用其作为前突触和后突触活动间的相互关系的一个函数。从这个定义，我们可以得出标识 Hebb 突触特征的下面 4 个重要机制（特性）：

（1）时间依赖机制。这一机制是指，Hebb 突触中的修改取决于前突触和后突触信号出现的确切时间。

（2）局部机制。突触在其本质上是传输的场所，其中信息—承载信号（表示了前突触和后突触单元中正在进行的活动）处于时空的邻近。Hebb 突触利用这个局部可用信息产生，由输入确定的局部突触修改。

（3）交互机制。Hebb 突触中改变的发生取决于突触两边的信号。也就是说，Hebb 学习的方式，在我们无法从这两个活动中任意一个自身做出预测，是取决于前突触和后突触信号间的"真正交互"。注意这个依赖或交互可能本质上是确定或随机的。

（4）关联或相关机制。对 Hebb 学习假设的解释之一是突触效率的改变条件为前后突触信号的关联。于是，根据这种解释，前突触和后突触信号的同时发生（有一个短的时间间隔）足以产生对突触的修改。正是由于这个原因，Hebb 突触又被称作关联突触。在对 Hebb 学习假设的另一种解释中，我们可以从统计学的角度考虑，认为前突触和后突触信号在时间上的相关决定着突触的变化。所以，Hebb 突触也被称作相关突触。相关确实是学习的基础。

下面对 Hebb 学习的原理进行介绍。

（1）突触的增强和抑制

我们可以通过认识正相关活动导致突触增强和非相关或负相关活动导致突触减弱来推广 Hebb 修改的概念。突触抑制也可以是非交互类型的。需要注意，突触减弱的交互条件可能仅仅是前突触或后突触活动的不一致。

更进一步，将突触修改分为 Hebb 式、反—Hebb 式和非—Hebb 式。按照这种划分，Hebb 突触因为正相关的前突触和后突触信号而增加强度，或是因为不相关或负相关的信号而降低强度。相反，反—Hehb 突触由正相关的前突触和后突触信号而减弱，因负相关的信号而增强。然而，在 Hebb 突触和反—Hebb 突触两者中，对突触效率的修改依赖于在本质上是依赖时间的、高度局部的和强烈交互的机制。在那种意义下，反—Hebb 突触的性质仍然是 Hebb 式的。

另一方面,非—Hebb 突触不包含 Hebb 机制中的任何一种。

（2）Hebb 修改的数学模型

为了从数学角度阐明 Hebb 学习,考虑神经元 k 的一个突触权值 w_{kj},分别用 x_j 和 y_k 表示前突触和后突触信号。将时间步 n 用于突触权值 w_{kj} 的调整,可用一般化形式如下表示:

$$\Delta w_{kj}(n) = F(y_k(n), x_j(n)) \tag{3-15}$$

其中 $F(\cdot, \cdot)$ 是后突触和前突触信号的函数。信号 $x_j(n)$ 和 $y_k(n)$ 经常被当作是没有维数的。式(3-15)允许有多种形式,所有这些形式都称为是 Hebb 形式。下面,我们考虑两种这样的形式:

（3）Hebb 假设

Hebb 学习的最简单形式描述为

$$\Delta w_{kj}(n) = \eta y_k(n) x_j(n) \tag{3-16}$$

其中 η 是决定学习率的正值常量。式(3-16)清楚地强调了 Hebb 突触的相关性质,它有时被称作活动产生规则。Hebb 假设和协方差假设的图示如图 3.6 所示,图中上方的曲线显示式(3-15)中改变量 Δw_{kj} 随输出信号（后突触活动）y_k 改变的图形表示。从这个表示中,我们看出重复使用输入信号（前突触活动）x_j 将导致的 y_k 增长,以及由此引发的指数增长,这将使突触连接进入饱和状态。这时,没有任何信息存储在突触中并且失去选择性。

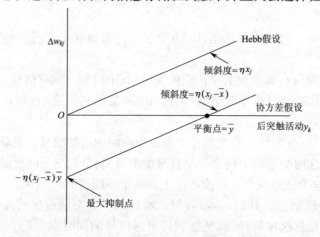

图 3.6 Hebb 假设和协方差假设的图示

（4）协方差假设

克服 Hebb 假设限制的途径之一是引入的协方差假设。在这个假设里,式(3-15)中前突触和后突触信号分别用前突触和后突触信号与它们各自在一定时间间隔上的期望均值的偏移量所代替。令 $\bar{x}$ 和 $\bar{y}$ 分别表示前突触 x_j 和后突触信号 y_k 的时间—均值。按照协方差假设,作用于突触权值 w_{kj} 的调整定义为

$$\Delta w_{kj} = \eta(x_j - \bar{x})(y_k - \bar{y}) \tag{3-17}$$

其中,η 是学习率参数。x 和 y 的均值构成前突触和后突触阈值,它决定突触修改的正负值。由此对协方差假设需要考虑下述内容:

①收敛于非平凡状态,当 $x_k = \bar{x}$ 或 $y_j = \bar{y}$ 时到达。

②对突触加强（即增加突触强度）和突触抑制（即降低突触强度）两者的预测。

图 3.6 说明 Hebb 假设和协方差假设之间的差别。在两种情况下,Δw_{kj} 对 y_k 的依赖是线性的;然而,在 Hebb 假设中与 y_k 轴的相交是在原点,而在协方差假设中是在 $y_k = \bar{y}$ 处。我们从

式(3-17)得出如下重要结论：

①如果有足够的前突触和后突触活动程度，也就是同时满足条件 $x_j > \bar{x}$ 和 $y_k > \bar{y}$，则突触权值 w_{kj} 得到加强。

②如果至少满足下列条件任意之一，则突触权值被减弱：

a. 在缺乏足够的后突触激活（即 $y_k < \bar{y}$）的条件下，前突触激活（即 $x_j > \bar{x}$）。

b. 在缺乏足够的前突触激活（即 $x_j < \bar{x}$）的条件下，后突触激活（即 $y_k > \bar{y}$）。

这种行为可以被认为是输入模式间时间竞争的一种形式。

4. 竞争学习

在竞争学习中，神经网络中的输出神经元彼此通过竞争来成为活跃的节点。在基于 Hebb 学习的神经元网络里，若干输出神经元可能同时处于激活状态，而在竞争学习里，在任意时刻只有一个输出神经元是激活的。正是这个特性使竞争学习高度适合于发现统计上的突出特征，这些特征可以用来实现对输入模式的集合进行分类。

对于竞争学习规则，有 3 个基本元素：

（1）一个神经元集合，除了一些随机分布的突触权值之外，这些神经元是完全相同的，并且由于突触权值的不同，而对一个给定的输入模式集合有不同的响应。

（2）对每个神经元的强度上的限制。

（3）赋予神经元具备响应一个给定输入子集的竞争机制，从而使得每次只有一个输出神经元或每组只有一个神经元是激活的。因此，网络的神经元个体学会专门辨别相似模式的总体；这样做的结果，使它们成为不同类别输入模式的特征探测器。

在最简单的竞争学习形式中，神经网络有单一的一层输出神经元，其中的每一个都与输入节点完全连接。网络可以包含神经元的反馈连接，一个简单竞争学习网络的结构图如图 3.7 所示，它具有从源节点到神经元的前馈（兴奋的）连接和神经元之间的侧向（抑制的）连接（侧向连接由空心箭头标示出）。在这里描绘的网络结构中，反馈连接执行侧向抑制，每个神经元都试图抑制与其侧向连接的神经元。相反，图 3.7 的网络结构中的所有前馈突触连接都是激活的（兴奋的）。

对于一个要想成为获胜神经元的神经元 k，对于指定输入模式 x 的诱导局部域 v_k 必需是网络结构中所有神经元中最大的。获胜神经元 k 的输出信号 y_k 被置为 1，竞争失败的所有神经元的输出信号被置为 0。这样，我们有：

$$y_k = \begin{cases} 1 & \text{如果 } v_k > v_j \text{ 对于 } j, i \neq k \\ 0 & \text{否则} \end{cases} \quad (3\text{-}18)$$

其中，诱导局部域 v_k 表示结合所有到达神经元 k 的前向和反馈输入的动作。

令 w_{kj} 表示连接输入节点 j 到神经元 k 的突触权值。假定每个神经元被分配给固定的突触权值（即所有突触权值都是正的），权值分布在它的输入节点之中，也就是：

$$\sum_j w_{kj} = 1, \quad \text{对于所有 } k \quad (3\text{-}19)$$

然后，神经元通过将突触权值从它的不活跃输入移向活

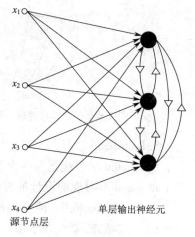

图 3.7 一个简单竞争学习网络的结构图

跃输入来进行学习。如果神经元对一个特定输入模式不响应,那么在该神经元不发生学习行为。如果一个特定神经元赢得了竞争,该神经元的每个输入节点以一定比例释放它的突触权值,释放的权值然后平均分布到活跃输入节点上。按照标准的竞争学习规则,作用于突触权值 w_{kj} 的改变量 Δw_{kj} 定义为

$$\Delta w_{kj} = \begin{cases} \eta(x_j - w_{kj}) & \text{如果神经元 } k \text{ 竞争成功} \\ 0 & \text{如果神经元 } k \text{ 竞争失败} \end{cases} \qquad (3\text{-}20)$$

其中, η 是学习率参数。这个规则具有将获胜神经元 k 的突触权值向量 w_k 向输入模式 x 移动的整体效果。

竞争学习过程—网络初始状态如图 3.8 所示,竞争学习过程—网络终止状态如图 3.9 所示,可以使用图 3.8 和图 3.9 中描绘的几何类比来说明竞争学习的本质,"点"代表输入向量,"叉"代表 3 个输出神经元的突触权值向量。假定每个输入模式(向量) x 具有某一常量欧几里德长度,使得我们可以将它看作是 N 维单位球上的一个点,其中 N 是输入节点的数目。 N 也表示每个突触权值向量 w_k 的维数。进一步假定网络中所有神经元都被限定为具有相等的欧几里德长度(范数),表示如下:

$$\sum_j w_{kj}^2 = 1, \qquad \text{对于所有 } k \qquad (3\text{-}21)$$

当突触权值被适当设定,它们就成为落入同一 N 维单位球的一组向量。在图 3.8 中我们显示了 3 个用点表示的刺激模式的自然分组(簇),这个图显示了一个可能的学习之前的网络初始状态(用叉表示)。图 3.9 显示网络作为使用竞争学习结果的一个典型的终止状态。每个输入神经元通过将其突触权值移向簇的重心而发现这个输入模式的簇。这个图说明了神经网络通过竞争学习进行聚类的能力。然而,为了这一功能能够以"稳定的"方式执行,开始时输入模式必需落入充分分离的分组中。否则,网络可能不稳定,因为它将不再以同样的输出神经元响应给定的输入模式。

 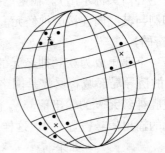

图 3.8　竞争学习过程—网络初始状态图　　　图 3-9　竞争学习过程—网络终止状态

5. Boltzmann 学习

Boltzmann 学习规则是一个从植根于统计力学中的思想而推导得出的随机学习算法。基于 Boltzmann 学习规则设计的神经元网络称作 Boltzmann 机。

在 Boltzmann 机中,神经元构成递归结构,并以二值方式运作,因为,它们要么处于用 +1 表示的"开"状态,要么处于用 -1 表示的"关"状态。Boltzmann 机由能量函数 E 表征,能量函数的值由机器的个体神经元占据的特定状态所决定,表示成:

$$E = -\frac{1}{2}\sum_j \sum_k w_{kj} x_k x_j (j \neq k) \qquad (3\text{-}22)$$

其中，x_j 是神经元 j 的状态；w_{kj} 是连接神经元 j 到神经元 k 的突触权值。$j \neq k$ 的事实仅仅意味着机器中没有一个神经元有自反馈。机器的运作是通过在学习过程某一步随机地选择一个神经元（例如神经元 k），然后在某一温度 T 以概率：

$$p(x_k \rightarrow - x_k) = \frac{1}{1 + \exp(- \Delta E_k / T)} \tag{3-23}$$

将神经元 k 从状态 x_k 反转到状态 $- x_k$，其中，ΔE_k 是机器能量函数的改变量。注意，T 并非是物理温度，而是伪温度。如这一规则被反复使用，机器将达到热平衡。

Boltzmann 机的神经元分为两类功能组：可见的和隐藏的。可见的神经元提供网络和它在其中运作的环境间的接口，而隐藏神经元总是自由运作。有两种运作模式：

（1）钳制条件。在这种情形下，可见神经元都被钳制到由环境决定的特定状态。

（2）自由运行条件。在这种情形下，所有神经元（可见的和隐藏的）都允许自由运作。

令 ρ_{kj}^+ 表示网络在其钳制条件下神经元 j 和 k 的状态间的相关量。令 ρ_{kj}^- 表示网络在其自由运作条件下神经元 j 和 k 的状态间的相关量。两种相关量都是当机器处于热平衡时的所有可能状态的平均。然后，根据 Boltzmann 学习规则，作用于从神经元 j 到神经元 k 的突触权值的改变量由下式定义：

$$\Delta w_{kj} = \eta (\rho_{kj}^+ - \rho_{kj}^-), j \neq k \tag{3-24}$$

式中，η 为学习率参数。注意，ρ_{kj}^+ 和 ρ_{kj}^- 的值都在（-1，$+1$）范围内。

3.2.2　学习范例

1. 有教师学习

神经网络的学习中，学习范例是重要一环。首先，我们针对有教师学习进行讨论，也称为有监督学习。有教师学习方框图如图 3.10 所示。从概念上讲，我们可以认为教师具有对周围环境的知识（这种类型的知识形式就是一系列的输入—输出事例）。神经网络对这种环境一无所知，现在我们假设教师和神经网络同时要对从周围环境中抽取出来的训练向量（即例子）作出判断，教师可以根据自身掌握的一些知识为神经网络提供对训练样本的期望响应。期望响应一般都代表着神经网络完成的最优动作。神经网络的

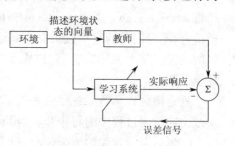

图 3.10　有教师学习方框图

参数可以在训练向量和误差信号的综合影响下进行调整。误差信号可以定义为神经网络实际响应与预期响应之差。这种调整可以逐步而又反复地进行，其最终目的就是要让神经网络模拟教师。在某种统计的意义下，可以认为这种模拟是最优的。利用这种手段，教师对环境掌握的知识就可以由训练最大限度地传授给神经网络。当条件成熟的时候，就可以将教师排除在外，让神经网络完全自主地应对环境。

有监督学习就是前面所讨论的误差—修正学习方法。它是一种闭环反馈系统，但未知的环境不包含在循环中。我们可以采用训练样本的均方误差或平方误差和作为性能测试手段，它可以定义为系统的一个带自由参数的函数。该函数可以看作一个多维误差—性能曲面，简称误差曲面，其中，自由参数作为坐标轴。实际误差曲面是所有可能的输出输入的平均。任何一个在教师监督下的系统给定操作都表示误差面上的一个点。该系统要随时间提高性能，就

必须向教师学习,操作点必须要向着误差曲面的最小点逐渐下降,误差极小点可能是局部最小,也可能是全部点中的最小。有监督学习系统能够处理这些有用信息,它可以根据系统当前的行为计算出误差曲面的梯度。误差曲面上任何一点的梯度指的是指向最速下降方向的向量。实际上,在向例子进行有监督学习的情况下,系统可以采用梯度向量瞬时估计,这时,假如将例子的标号约定为访问的时间。采取这种估计一般会导致在误差曲面上操作点的运动轨迹经常以"随机漫游"的形式出现。然而,如果我们能给定一个设计好的算法来使代价函数最小,而且有足够的输入输出的样本集和充裕的训练时间,那么有监督学习系统往往可以较好地完成诸如模式分类、函数逼近之类的任务。

2. 无教师学习

在有监督学习系统中,学习过程是在教师的监督下进行的。然而,在无教师学习范例中,正如它的名字暗示的那样,没有教师监视学习过程。也就是说,神经网络没有任何带标号的例子可以学习。第二种学习范例(无监督学习)又分为两类:增强式学习和无监督学习。

(1)增强式学习

在增强式学习(Reinforcement learning)中,输入输出映射的学习是通过与环境的不断交互来完成的,目的是使一个标量性能指标达到最小。增强式学习的方框图如图 3.11 所示。这种学习系统建立在一个评价的基础上,评价将从周围环境中接收到的原始增强信号转换成一种称为启迪增强信号的高质量的增强信号,两者都是标量输入。设计该系统的目的是为了适应延迟增强情况下的学习,即意味着系统从环境接收的一个时序刺激(即状态向量),最终产生启发式的增强信号。学习的目标

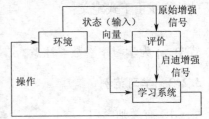

图 3.11 增强式学习方框图

是将 cost—to—go 函数最小化,cost—to—go 函数定义为采取一系列步骤的动作代价的累积期望值,而不是简单的直接代价。可以证明,在时间序列上早期采取的动作事实上是整个系统最好的决定。学习机的功能(它构成了系统的第二个组件)就是用来发现这些动作并将它们向环境反馈的。

延迟增强式学习系统很难在实际上运用,基本原因有两点:

①在学习过程中的每个步骤,没有教师提供一个期望的响应。

②延迟会导致原始增强信号,这意味着学习机必须解决时间信任赋值问题。也就是说,对将导致最终结果的时间序列步中的每一个动作,学习机必须各自独立地对信任和责任赋值,而原始增强可能仅评价最终结果。

尽管存在这些困难,延迟增强学习还是非常有吸引力的。它提供系统与周围环境交互的基础,因此,可以仅仅在这种与环境交互获得经验结果的基础上,发展学习完成指定任务的能力。

增强式学习和 Bellman 在最优控制理论背景下提出的动态规划密切相关。动态规划提供做出系列决策的数学形式。将增强式学习放在动态规划的框架中,主题就更加丰富。

(2)无监督学习

无监督学习方框图如图 3.12 所示,在无监督或自组织学习系统中,没有外部的教师或评价来监督学习的过程,系统提供独立于任务表示性质的度量,要求网络学习该度量,且网络自由参数根据这个度量来逐步优化网络。如果神经网络能够与输入数据的统计性特征相一致,那么它将发展形成用于输入

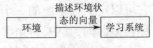

图 3.12 无监督学习方框图

数据编码特征的内部表示的能力,从而自动创造新的类别。

为了完成无监督学习,我们可以使用竞争性学习规则。例如,神经网络可能包括两层:输入层和竞争层。输入层接收有用的数据;竞争层由相互竞争(根据一定的学习规则)的神经元组成,这些神经元通过竞争获得响应。最简单的形式就是神经网络采用"胜者全得"的策略。在这种策略中具有最大输入的神经元赢得竞争而被激活,其他所有的神经元被关掉。

(3)半监督学习

按照传统的机器学习理论框架,机器学习可以分为有监督学习和无监督学习两类。在有监督学习中,学习利用的是已标签样例,而无监督学习中只关注未标签样例。然而,在很多实际样本集中,未标签样例的数量远大于已标签样例的数量。如果只使用少量已标签样例,那么有监督学习训练得到的学习模型不具有很好的泛化能力,同时造成大量未标签样例的浪费;如果只使用大量未标签样例,那么无监督学习将会忽略已标签样例的价值。因此,研究如何综合利用少量已标签样例和大量的未标签样例来提高学习性能的半监督学习,(Semi-supervised Learning)成为当前机器学习和模式识别的重要研究领域之一。

半监督学习的基本思想是利用数据分布上的模型假设,建立学习器对未标签样例进行标签。它的形式化描述是给定一个来自某未知分布的样例集 $S = LU$,其中, L 是已标签样例集 $L = \{(x_1, y_1), (x_2, y_2), \cdots, (x_{|L|}, y_{|L|})\}$, U 是一个未标签样例集 $U = \{x'_1, x'_2, \cdots, x'_{|U|}\}$,希望得到函数 $f: X \rightarrow Y$,可以准确地对样例 x 预测其标签 y 。其中 $\boldsymbol{x}_i$ 和 $\boldsymbol{x}'_i$ 均为 d 维向量, $y_i \in Y$ 为样例 x_i 的标签, $|L|$ 和 $|U|$ 分别为 L 和 U 的大小,即所包含的样例数。半监督学习就是在样例集 S 上寻找最优的学习器。如果 $S = L$,那么问题就转化为传统的有监督学习;反之,如果 $S = U$,那么问题就转化为传统的无监督学习。如何综合利用已标签样例和未标签样例,是半监督学习需要解决的问题。

目前,在半监督学习中有 3 个常用的基本假设来建立预测样例和学习目标之间的关系,即聚类假设(Cluster Assumption)、流形假设(Manifold Assumption)和局部与全局一致性假设(Local & Global Consistency Assumption)。

聚类假设是指如果高密度区域的某两个点可以通过区域内某条路径相连接,那么这两点拥有相同标签的可能性就比较大。这样,决策边界应该尽量通过数据较为稀疏的地方,从而避免把稠密的聚类中的数据点分到决策边界两侧。流形假设是指处于一个很小的局部邻域内的样例具有相似的性质。大量未标签样例使得数据空间更加稠密,从而能够更准确地刻画局部特性。局部与全局一致性假设是指邻近的点可能具有相同的标签,在相同结构上(例如同一类或子流形)的点可能具有相同的标签。

从本质上说,这 3 类假设是一致的,只是相互关注的侧重点不同。其中,流形假设强调的是相似样例具有相似的输出而不是具有完全相同的标签,因而更具有普遍性。

3.2.3　学习任务

神经网络的学习最终是通过学习任务来实现的,一个特定的学习算法的选定与神经网络需要完成的学习任务密切相关,本节根据神经网络的不同形式对学习任务进行介绍。

1. 模式联想

联想记忆是与大脑相似的、依靠联想方式进行学习的分布式记忆方法。联想是人脑的一个显著特征,人脑认知的所有模式都以这种或那种形式使用联想作为基本的行为。

联想有两种形式:自联想与异联想。自联想是指当存储一系列的模式(向量)时,根据已存模式的部分描述或畸变(噪声)形式呈现给网络,而网络的任务就是检索(回忆)存储的该特定模式。异联想与自联想的不同之处,就在于一个任意的输入模式集合与另一个输出模式集合配对。自联想需要使用无监督学习方式,而异联想采用监督学习方式。

设 x_k 表示在联想记忆中的关键模式(向量),y_k 表示存储模式(向量)。网络完成的模式联想由下式表示:

$$x_k \rightarrow y_k \qquad (k = 1, 2, \cdots, q) \tag{3-25}$$

式中,q 为存储在网络中的模式数。关键模式 x_k 作为输入,不仅决定存储模式 y_k 的存储位置,同时也拥有检索该模式的键码。

在自联想记忆模式中 $x_k = y_k$,所以输入输出数据的空间维数相同;在异联想记忆模式中 $x_k \neq y_k$,因此,第二种情况的输出空间维数可能与输入数据空间维数相同,也可能不同。

联想记忆模式的操作一般包括两个阶段:

(1)存储阶段。指的是根据式(3-25)对网络进行训练。

(2)回忆阶段。网络根据所呈现的有噪声的或畸变的关键模式,检索对应的存储模式。

令刺激(即输入) x 表示关键模式 x_j 的有噪声或畸变形式。模式联想输入输出关系图如图 3.13 所示,这个刺激产生响应(输出) y。作为完整的回忆,我们将发现 $y = y_j$,其中 y_j 为由关键模式 x_j 产生的联想记忆模式。如果对 $x = x_j$ 有 $y \neq y_j$,就说联想记忆有回忆错误。

图 3.13　模式联想输入输出关系图

联想记忆中存储的模式数目 q 提供网络存储能力的一个直接度量。在设计联想记忆时,问题就是使存储能力 q(表示为与构建网络的神经元总数 N 的百分比)尽量大,并且保持记忆中的大部分模式能正确回忆。

2. 模式识别

人类非常擅长模式识别,通过感官,我们可以从周围的世界获取数据,并且可以识别出数据源。例如,仅仅闻一下,就能分辨出一个煮鸡蛋是否变坏。人类是通过学习过程来成功地实现模式识别的,神经网络也是如此。

模式识别可形式化的定义为将接收的模式或信号确定为一些指定类(类别)中的一个类。一个神经网络要实现模式识别需要先经过一个训练的过程,在此过程中,网络需要不断地接受一个模式集合及每个特定模式所属类别的训练;然后,把一个以前没有见过,但属于用于训练网络的同一模式总体的新模式呈现给神经网络。神经网络可以根据从训练数据中提取的信息识别特定模式的类别。神经网络的模式识别本质上是基于统计特性的,各个模式可以表示成为多维判定空间的一些点。判定空间被划分为不同的区域,每个区域对应一个模式类。判定边界由训练过程决定。我们可以根据各个模式类内部及它们之间固有可变性,用统计方式确定边界。一般而论,采用神经网络的模式识别机分如下两种形式:

(1)识别机分为两部分,用来作特征抽取的无监督网络和作分类的监督网络。模式分类的识别机识别过程如图 3.14 所示,这种方法遵循传统的统计特性模式识别方法。用概念术语来表示,一个模式是一个 m 维的可观测的数据,即 m 维观测(数据)空间集中的一个点 x。模式分类的特征变换过程如图 3.15 所示,特征抽取描述为一个变换,它将点 x 映射成一个 q 维特征空间相对应的中间点 $y(q < m)$。这种变换可看作是维数缩减(即数据压缩),这种做法

主要是基于简化分类任务的考虑。分类本身可描述为一个变换,它将中间点 y 映射为 r 维判定空间上的一个类,其中 r 是要区分的类别数。

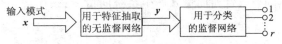

图 3.14　模式分类的识别机识别过程

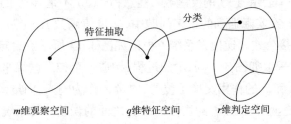

图 3.15　模式分类的特征变换过程

(2)识别机设计成一个采用监督学习算法的多层前馈网络。在这第二个方法中,特征抽取由网络隐藏层中的计算单元执行。

实际应用中到底采用两个方法中的哪一个方法,取决于实际应用。

3. 函数逼近

第 3 个学习任务是函数逼近。考虑如下函数关系:

$$d = f(x) \tag{3-26}$$

该函数描述的一个非线性输入输出映射,其中向量 x 是输入,向量 d 为输出。向量值函数 $f(\cdot)$ 假定为未知。为了弥补函数 $f(\cdot)$ 知识的缺乏,我们假定有如下的训练样例集合:

$$\zeta = \left| (x_i, d_i) \right| _{i=1}^{N} \tag{3-27}$$

我们的要求是设计一个神经网络来逼近未知函数 $f(\cdot)$,使由网络实际实现的描述输入输出映射的函数 $F(\cdot)$ 在欧几里德距离的意义下与 $f(\cdot)$ 足够接近,即

$$\|F(x) - f(x)\| < \varepsilon \qquad 对于所有的 x \tag{3-28}$$

式中,ε 为一个很小的正数。假定训练集样本数目 N 足够大,神经网络也有适当数目的自由参数,那么对于特定的任务,逼近误差 ε 应当是足够的小。

在这里,逼近问题其实是一个很完整的监督学习,其中,x_i 是输入向量,而 d_i 是期望的响应。我们可以换一个角度思考这种问题,将监督学习看成是一个逼近问题。

神经网络逼近一个未知输入—输出映射的能力可以从两个重要途径利用:

(1)系统辨识。假定式(3-26)描述的是一个未知的无记忆的多输入 – 多输出(multiple input-multiple output,MIMO)系统的输入输出关系;所谓"无记忆"系统,我们指的是时间不变性的系统。然后我们利用在式(3-27)中的标定的例子集合,将神经网络训练为系统的一个模型。假定 y_i 表示神经网络中对输入向量 x_i 产生的相应输出。系统识别方框图如图 3.16 所示,d_i(与 x_i 相对应)与输出 y_i 之间产生一个误差信号 e_i,这个误差信号接着用来调节网络的自由参数,最终使未知系统的输出和神经网络输

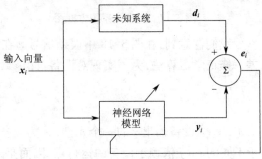

图 3.16　系统识别方框图

出在整个训练集上的平方差在统计意义上达到最小。

（2）逆系统。下一步假定我们给定一个已知无记忆 MIMO 系统，其中输入输出关系如式（3-26）。在这种情况下的要求针对向量 d 产生系统向量 x，来构造一个逆系统。逆系统可以由下式描述：

$$x = f^{-1}(d) \tag{3-29}$$

式中，向量值函数 $f^{-1}(\cdot)$ 表示 $f(\cdot)$ 的反函数。注意，$f^{-1}(\cdot)$ 不是 $f(\cdot)$ 的倒数，上标"－1"仅仅是反函数的标志而已。在实际遇到的很多问题中，向量值函数 $f(\cdot)$ 过于复杂，从而限制了求出反函数 $f^{-1}(\cdot)$ 的直接公式。逆模式系统方框图如图 3.17 所示。给定如式（3-27）的一些样本例集，我们可以通过采取如图 3.17 所示的过程，构造一个神经网络来逼近函数 $f^{-1}(\cdot)$。在这里描述的情况中，x_i 和 d_i 的作用交换了位置，向量 d_i 作为输入，向量 x_i 作为期望的响应。假定向量 e_i 表示 x_i 与神经网络针对 d_i 的实际输出 y_i 之间的误差。与系统辨识问题类似，利用误差信号向量来调节网络的自由参数，最终使未知逆系统的输出和神经网络输出在整个训练样例集上的平方差在统计意义上达到最小。

4．控制

神经网络可以完成的另外一个学习任务是对设备进行控制操作。所谓"设备"指的是一个过程或者是可以在被控状态下维持运转的系统的一个关键部分。学习和控制相关其实不是一件什么值得大惊小怪的事情，毕竟我们人脑就是一个计算机（即信息处理器），作为整个系统的输出是实际的动作。在控制的这种意义下，人脑就是一个活生生的例子，它证明可以建立一个广义控制器，充分利用并行分布式硬件，能够并行控制成千上万的致动器（如肌肉神经纤维），能够处理非线性和噪声，并且可以在长期计划水平上进行优化。

反馈控制系统方框图如图 3.18 所示，该系统涉及利用被控设备的单元反馈，即设备的输出直接反馈给输入。因此，设备的输出 y 减去从外部信息源提供的参考信号 d。这样，最终产生误差信号 e，并将之应用到神经控制器，以便调节它的自由参数。控制器的主要功能就是为设备提供相应的输入，从而使它的输出 y 跟踪参考信号 d。换句话说，就是控制器不得不对设备的输入输出行为进行转换。

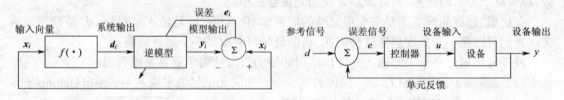

图 3.17　逆模式系统方框图　　　　　图 3.18　反溃控制系统方框图

我们注意到，在图 3.18 中误差信号 e 在到达设备之前先通过神经控制器。结果，根据误差—修正学习算法，为了实现对设备自由参数的调节，我们必须知道 Jacobi 矩阵：

$$J = \left\{ \frac{\partial y_k}{\partial u_j} \right\} \tag{3-30}$$

式中，y_k 为设备输出 y 的一个元件；u_j 为设备输入 u 的一个元件。不幸的是，偏导数 $\partial y_k / \partial u_j$ 对于不同的 k、j 依赖于设备的运行点，因而是未知的。我们可以采用下面两种方法之一来近似计算该偏导数：

(1)间接学习。利用设备的实际输入—输出测量值,首先构造神经网络模型产生一个它的复制品,接着利用这个复制品提供 Jacobi 矩阵 J 的一个估计值,随之把构成 Jacobi 矩阵 J 的偏导数用于误差—修正学习算法,以便计算对神经控制器的自由参数的调节。

(2)直接学习。偏导数 $\partial y_k / \partial u_j$ 的符号通常是知道的,而且在设备的动态区域内一般是不变的。这意味着我们可以通过各自的符号来逼近这些偏导数。它们的绝对值由神经控制器的自由参数的一种分布式表示给出。因此,神经控制器能够直接从设备学习如何调节它的自由参数。

5. 滤波

滤波器这个术语一般指的是一种设备或算法,利用它能从一个带有噪声的样本集中抽取一定数量的符合要求的信息。噪声可能是由不同来源引起的。例如,可能是采用带噪声的传感器测量数据,也可能表示承载信息的信号通过通信信道传输时受到损坏。另外一个例子是一个有用的信号元件受到从它周围环境接收的干扰信号的损害。我们可以使用滤波器来实现3 个基本的信息处理任务:

(1)滤波。这个任务指的是在离散的时间 n 内,使用包括 n 在内的测量数据抽取一定量有价值的信息。

(2)平滑处理。第二个任务不同于滤波处理之处在于,在时间 n 内一定量有价值的信息不可得到,而且在时间 n 之后测量到的数据可以用来得到这个信息,这意味着在平滑处理过程中,产生输出结果有延迟。因为在平滑处理过程中,我们不仅能够利用直到时间 n 的数据,而且可以利用在 n 之后的数据,从统计学意义上讲,我们期望平滑过程应当比单纯的过滤更加精确。

(3)预测。这个任务是指信息处理过程的预测方面,它的目的是通过测量到 n(含 n)时刻的数据,导出一定量有价值的信息,这段信息可能与将来 $n + n_0$ 时刻的数据相似,其中,$n_0 > 0$。

滤波问题是大家都很熟悉的"鸡尾酒会问题"。在鸡尾酒会这样一个嘈杂的环境里面,房间里还有其他的干扰性谈话,说话者的声音信号往往埋没于与之几乎差不多的噪声环境中。但无论怎样吵,人们都有一个非常了不起的能力:全神贯注听清与之对话者的谈话。在解决鸡尾酒会问题时,可想而知的是,肯定采取了某种形式的预处理分析手段。在神经网络环境中,出现了一个相似的滤波问题,即盲信号的分离问题。为了将盲信号分离问题形式化,我们假定未知源信号集合 $\{s_i(n)\}_{i=1}^m$ 彼此之间相互独立。这些信号由未知传感器的线性混合,产生 $m \times 1$ 观察向量,盲源分离方框图如图 3.19 所示。

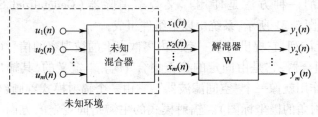

图 3.19　盲源分离方框图

$$x(n) = Au(n) \tag{3-31}$$

式中

$$u(n) = [u_1(n), u_2(n), \cdots, u_m(n)]^T \tag{3-32}$$

$$x(n) = [x_1(n), x_2(n), \cdots, x_m(n)]^T \tag{3-33}$$

A 是一个未知的 $m \times n$ 非奇异混合矩阵。给定观察向量 $x(n)$,要求在无监督方式下恢复原始信号 $u_1(n)$ 、$u_2(n)$ 、$\cdots$、$u_m(n)$ 。

现在回到预测问题上来,给定过程在过去时间上均匀分布的一些值,如 $x(n - T)$ 、$x(n - 2T)$ 、$\cdots$、$x(n - mT)$,其中 T 是采样周期,m 是预测顺序,要求对过程的当前值 $x(n)$ 做出预测。非线性预测方框图如图 3.20 所示,既然训练样本是直接从过程本身来抽取的,可以利用监督学习的误差—修正方法来解决预测问题,其中 $x(n)$ 假定为期望的响应。假定 $\hat{x}(n)$ 为神经网络在时间 n 产生的预测值,那么误差信号 $e(n)$ 可以定义为 $\hat{x}(n)$ 与 $x(n)$ 的差值,$e(n)$ 用来调节神经网络的自由参数。基于此,预测可视为某种形式

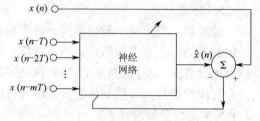

上的模型构建,在统计意义下,这种预测误差越小,网络作为产生数据的内在物理过程的模型性能就越好。如果这一过程是非线性的,那么使用神经网络就为解决预测问题提供了一个强有力的解决方案,因为非线性处理单元可以嵌入它的构造中。但是使用非线性处理单元唯一可能的例外

图 3.20　非线性预测方框图

是网络的输出单元。如果时间数列 $\{x(n)\}$ 的动态区域是未知的,最合理的选择是使用线性输出单元。

6. 波束形成

波束形成是滤波的空间形式,利用它区分目标信号和背景噪声的空间性质。用于波束形成的设备称为波束形成器。

波束形成的任务适合利用神经网络,因为从人类听觉反应的心理声学的研究和蝙蝠回声定位听觉系统皮质层的特征映射研究中,我们有了相关的线索。蝙蝠的回声定位由发送短时频率调制(frequency – Modulated,FM)声纳信号了解周围环境,然后利用它的听觉系统(包括一对耳朵)集中注意于它的猎物(如飞行的昆虫)。蝙蝠的耳朵提供某种形式的空间滤波(准确地说为空间干扰测量术),听觉系统利用它产生注意的选择性(Attentional Selectivity)。

波束形成通常用于雷达和声纳系统,它们的基本任务是在接收器噪声和干扰信号(如人为干扰)出现的情况下,探测和跟踪感兴趣的目标。两个因素使这个任务复杂化:

(1)目标信号源自未知的方向。

(2)干扰信号无可用的先验信息。

处理这种情况的一种方法是使用广义旁瓣消除器(Generalized Side Lobe Canceller,GSLC),其方框图如图 3.21 所示,系统由以下组件组成:

(1)一个天线元阵列,它提供对某一空间内离散点上的被观察的信号取样的手段。

(2)一个线性组合器,它是由固定的权重集合 $\{w_i\}_{i=1}^m$ 定义的,其输出就是期望的响应。这个线性组合器的作用就像一个"空间滤波器",它由一个辐射模式刻画(例如,一个天线输出振幅与输入信号入射角的极坐标图)。辐射模式的主瓣指向规定的方向,因此,GSLC 受它约束而产生一个无畸变的响应。线性组合器的输出记为 $d(n)$,它对波束形成器提供期望的响应。

由图 3.21 可知:

(1)一个信号阻塞矩阵 C_0 ,它的功能是删除干扰,这种干扰是通过代表线性组合器的空间滤波器辐射模式的旁瓣泄漏的。

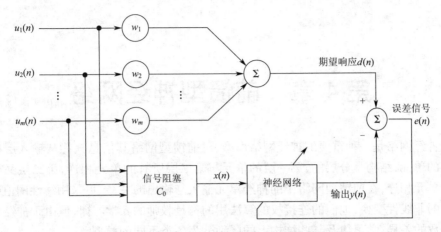

图 3.21　广义旁瓣消除器方框图

（2）一个具有可调参数的神经网络,它被设计成能适应干扰信号的统计变化。神经网络的自由参数的调节是由一个在误差信号 $e(n)$ 上操作的纠错学习算法完成的, $e(n)$ 由线性组合器的输出 $d(n)$ 和神经网络的实际输出 $y(n)$ 之间的差确定。从而 GSLC 在线性组合器的监督下操作,线性组合器担当着"教师"的角色。作为普通的监督学习时,注意线性组合器是在神经网络的反馈环之外的。一个使用神经网络来学习的波束形成器称为神经波束形成器（Neural Beamformer）或神经—波束形成器（Neuro—Beamformer）。这类学习机可归入注意性神经计算机（Attentional Neurocomputers）的范围。

这里讨论的 6 个学习任务的多样性是神经网络作为信息处理系统通用性的证明。从基本意义上说,这些学习任务都是从映射的样例中（可能有噪声）学习映射的问题。如果没有强迫接受先验知识,可能的解映射并不唯一,从这个意义上来说,每个任务事实上都是不适定的。使这些解适定的一个方法是使用正则化理论。

复习思考题

1. 知识由哪两类信息组成?

2. 人工神经网络中知识表示的四种规则分别是什么?

3. 在神经网络的背景中,学习的定义是什么? 这个学习过程的定义隐含的事实有哪几条?

4. 简述 Hebb 学习规则。将 Hebb 学习规则扩充并重述成的二分规则是什么? 标识 Hebb 突触特征的 4 个重要机制（特性）是什么?

5. 简述竞争学习规则,其 3 个基本元素是什么?

6. 简述 Boltzmann 学习规则。

7. 有教师学习和无教师学习的不同点是什么?

8. 简述模式联想、模式识别、函数逼近、控制、滤波和波束形成。

第4章　前馈型神经网络

前馈神经网络是一种重要的神经网络模型,对前馈型网络其信息只能从输入层单元到它上面一层的单元,结构是分层的,第一层的单元与第二层所有的单元相连,第二层又与其上一层所有的单元相连,在前馈型网络中的神经单元输入与输出的关系,可采用线性阈值硬变换或单调上升的非线性变换,他们的连接权的算法用的都是教师的 δ 学习律,但由于神经元输入输出变换函数的差异,学习律及某些结构上的区别分为各类不同的模型。

4.1　线性阈值单元组成的前馈网络

将单个神经元模型简化,即人工神经元的示意图如图4.1所示。

图中,x_1、$\cdots$、x_n 表示其他神经单元的轴突输出,w_1、$\cdots$、w_n 为其他几个神经单元与第 i 个神经元的突触联接,w_1、$\cdots$、w_n 可以是正,也可以是负,分别表示为兴奋性突触和抑制性突触,数值的大小根据突触不同的化学变化而各不相同。每个人工神经元满足:

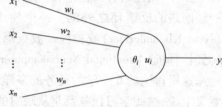

$$s_i = \sum_{j=1}^{n} w_j x_j - \theta_i \qquad (4\text{-}1)$$

图 4.1　人工神经元的示意图

$$u_i = g(s_i) \qquad (4\text{-}2)$$
$$y_j = f(u_j)$$

若令 $u_j = s_j$,$f(u_i) = \mathrm{sgn}(u_i)$ 就形成了线性阈值单元,对于变换函数 $f(\cdot)$ 也可以定义为

$$y_j = f(u_j) = \begin{cases} 1 & u_j \geqslant 0 \\ 0 & u_j < 0 \end{cases} \qquad (4\text{-}3)$$

线性阈值单元的输入为一个 n 维的实数矢量 $x \in R^n$,其权 ω 也是一个 n 维的矢量 $\omega \in R^n$,它们可为任何实数。而输出 y_j 必须是一个二值变量,但从输入与输出的关系看,它们满足线性关系 $u_j = \sum w_i x_i - \theta_j$,$y_j = \mathrm{sgn}(u_j)$ 。现对下面几类该类型的网络进行讨论。

4.1.1　MP 模型

MP 模型最初是由 *Mc Culloch* 和 *Pitts* 提出的,它是由固定的结构和权组合的,它的权分为兴奋性突触权和抑制性突触权两类,如抑制性突触被激活,则神经元被抑制,输出为零。而兴奋性突触的数目比较多,兴奋性突触能否激活,则要看它的累加值数否大于一个阈值,大于该阈值神经元即兴奋。*MP* 模型中单个神经元示意图,如图4.2所示,它的变换关系为

$$E = \sum_j x_{ej}, I = \sum_k x_{jk}$$

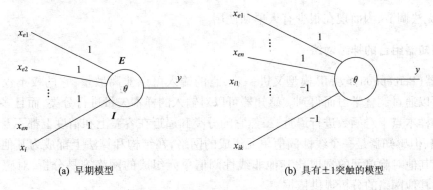

(a) 早期模型   (b) 具有 ±1 突触的模型

图 4.2 MP 模型中单个神经元示意图

$x_{ij}(j=1,2,\cdots,n)$ 为兴奋性突触的输入，$x_{ik}(k=1,\cdots,n)$ 为抑制性突触的输入，则输入与输出的转换关系为

$$
\begin{cases}
I=0 & E \geqslant \theta & y=1 \\
I=0 & E < \theta & y=0 \\
I>0 & & y=0
\end{cases}
$$

MP 模型中的权 $w_i=1$，这种模型是早期提出的，它可以用来完成一些逻辑性关系。图 4.3 (a)、(b)、(c)、(d) 分别表示或、与、非和一个逻辑关系式。如果兴奋与抑制突触用权用 ±1 表示，而总的作用用输加权的办法实现，兴奋为 1，抑制为 -1，则有

$$
y = \begin{cases}
1 & \sum\limits_{j} x_{ej} - \sum\limits_{k} x_{jk} \geqslant \theta \\
0 & \sum\limits_{j} x_{ij} - \sum\limits_{i} x_{ik} < \theta
\end{cases}
\tag{4-4}
$$

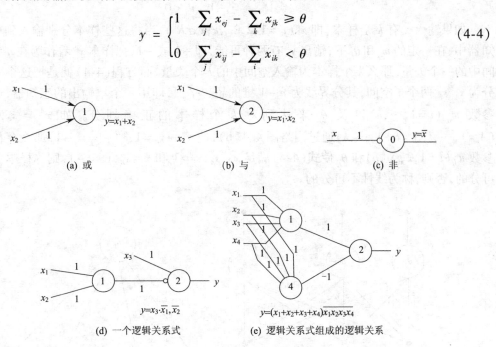

(d) 一个逻辑关系式   (e) 逻辑关系式组成的逻辑关系

图 4.3   用 MP 模型完成的布尔逻辑

图 4.3(d) 表示一个逻辑关系式，图 4.3(e) 为这种形式组成的逻辑关系。

MP 模型的权、输入、输出都是二值变量，这同逻辑门组成的逻辑式的实现区别不大，又由

于它的权无法调节,因而现在很少有人单独使用。

4.1.2 感知器组合的神经网络

感知器(Perceptron)较 MP 模型又进一步,它的输入可以非离散量,它的权不仅是非离散量,而且可以通过调整学习而得到。感知器可以对输入的样本矢量进行分类,而且多层的感知器,在某些样本点上对函数进行逼近,虽然它的分类和逼近在容差上和精度上都不及以后讨论的 BP 网络,但感知器是一个线性阈值单元组成的网络,在结构和算法上都成为其他前馈网络的基础,尤其他对隐单元的选取比其他非线性阈值单元组成的网络容易分析,对感知器的讨论,可以对其他网络的分析提供依据。

1. 单层的感知器网络

图 4.4(a)表示的是一个单层的感知器网络,输入 $x \in R^n$,$\boldsymbol{x} = (x_1, x_2, \cdots, x_n)^T$,每个输入节点 i 与输出层单元 y_j 的联接权为 $w_{ij}(i = 1, \cdots, n; j = 1, \cdots, m)$,对于一个输出单元 j,它与所有 n 个输入单元的联接权为 $\boldsymbol{w}_j = (w_{1j}, w_{2j}, \cdots, w_{nj})^T$,也为一个 n 维空间的矢量,由于对不同的输出单元其联接权是独立的,因而可以把单个输出单元抽出来讨论。对第 j 个输出其转换函数为

$$y_j = f\left(\sum_{i=1}^n w_{ij}x_i - \theta_j \right)$$

$$f(u_j) = \begin{cases} 1 & u_j \geqslant 0 \\ -1 & u_j < 0 \end{cases} \tag{4-5}$$

如果输入 x 有 k 个样本,即 $x^p (p = 1, 2, \cdots, k; x \in R^n)$,当将这些样本分别输入到单输出感知器中,在一定的 w_{ij} 和 θ_j 下,输出 y_j 有两种可能,即 $+1$ 或 -1,把样本 x^p 看作为在 n 维状态空间中的一个矢量,那么 k 个样本为输入空间中的 k 个矢量,而方程(4-4)就是把这个 n 维空间分为 s_A、s_B 两个子空间,其分界线为 $n - 1$ 维的超越平面,即用一个单输出的感知器,通过调节参数 w_{ij} $(i = 1, \cdots, n)$ 以及 θ_j 来达到对 k 个样本的正确划分。如 $x^A \in s_A$, $x^B \in s_B$ $(A = 1, \cdots, l; B = l + 1, \cdots, k)$通过网络图 4.4(b),使 $x^A \to y_j = 1$,$x^B \to y_j = -1$,那么存在一组权参数 $w_{ij}(i = 1, 2, \cdots, n)$ 和 θ_j 使式(4-4)满足 $x \in s_A, y_j = 1$ 和 $x \in s_B, y_j = -1$,则称样本集为线性可分的,否则,称为线性不可分的。

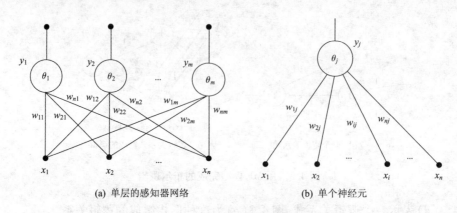

(a) 单层的感知器网络　　　　　　(b) 单个神经元

图 4.4　单层感知器网络结构

二维输入感知器及在状态空间中的划分,如图 4.5 所示,输入矢量 $x = (x_1, x_2)^T$,权矢量 $x = (w_1, w_2)^T$ 则输出 $y = f(w_1 x_1 + w_2 x_2 - \theta)$,在两维的输入空间中用"○"代表 A 类样本,集中在平面的左上角上,用"·"表示 B 类样本,集中在样本的右下角,我们希望找到一根直线,把 A、B 两类样本分开,其分界线为

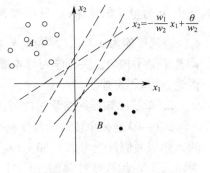

$$x_2 = -\frac{w_1}{w_2}x_1 + \frac{\theta}{w_2}$$

从图 4.5 中可以看出,如果 A、B 两类样本是线性可分的,而且如图那样有一段距离,那么式(4-5)的解有无数个,如图中虚线所示。对于 w_1、w_2、θ 的选取是根据现有的算法进行。

图 4.5　二维输入感知器及在状态空间中的划分

令

$$x = (w_1, \cdots, w_{n+1})^T$$

其中,$w_{n+1} = \theta$,则在式(4-5)中:

$$y = f\left(\sum_{i=1}^{n+1} w_i x_i\right)$$

式中,$x_{n+1} = -1$。问题是已知样本集 x^A、x^B 分别属于 s_A 与 s_B 两类子空间,要求 $w_{i,t} = 1、2、\cdots、n+1$,使

$$y = f\left(\sum_{i=1}^{n+1} w_i x_i^A\right) = 1$$

$$y = f\left(\sum_{i=1}^{n+1} w_i x_i^B\right) = -1$$

设存在一个教师 t_p,让 x^A 输入网络时 $t_p = 1$,x^B 输入时 $t_p = -1$,那么整个学习的步骤如下:

(1)网络中的初始化权和阈值,令

$$w_i(0) = \alpha \text{random}(\cdot) \quad (i = 1, \cdots, n+1)$$

随机数前面的系数 α 的取值为不为零的正小数,使初始化值比较小。

(2)在 x^A 和 x^B 中,任选一个作为输入矢量,如选 x^A 和 x^B,第 l 个样本作为输入,计算实际输出为

$$y^l = f\left(\sum_{i=1}^{n+1} w_i x_i^l\right)$$

y^l 表示第 l 个样本输入后感知器的输出。

(3)若 $y^l = 1$,则权和阈值不需要调整,回到(2)重新选一个样本,如果 $y^l = -1$,此时教师 $t_{qA} = 1$,就进行下一步。

(4)调节权和阈值量,按下式进行,设 n_0 为迭代次数:

$$w_i(n_0 + 1) = w_t(n_0) + 2\eta[t_{qA} - y^l(n_0)]x_i^l(n_0) \tag{4-6}$$

(5)重新在 x^A 和 x^B 集中选取另一个样本进行学习,即重复(2)、(3)、(4)、(5)一直进行到 $w_i(n_0 + 1) = w_i(n_0)$ 为止,对所有的 $i = 1, \cdots, n+1$ 成立,则其学习结束。

在式(4-6)中 η 为步长,用 $[t_q - y(n_0)]$ 表示误差,则 $[t_{qA} - y^l(n_0)]$ 表示 x^A 中第 l 个样本的误差,为了说明误差的情况,我们用 $e_q(n_0)$ 表示第 n_0 次迭代的误差值:

$$e_q(n_0) = t_q - y_q(n_0) \tag{4-7}$$

式中,q 为量化的结果;t_q 只可能为 ± 1;$y_q(n_0)$ 为 $\mathrm{sgn}\left(\sum\limits_{i=1}^{n+1} w_i x_i\right)$,因此,$y_q(n_0)$ 也为 ± 1,因而,$e_q(n_0)$ 只可能为 ± 2、0。学习时样本的选取最好在 s_A 与 s_B 两个部分中轮流进行,以防止在权调整中的不均匀。关于学习样本顺序的选择,对学习的结果和收敛速度是有一定影响的,已有讨论,这里不赘述了。

2. 单层感知器网络学习的讨论

式(4-6)是一个按 δ 学习律调整权的公式,它是在梯度法的基础上,采用 LMS 算法而得到的。如果我们首先考虑 t_q 和 $y_q(n_0)$ 为两个非量化的量,用 t_q 表示学习的教师值,$y(n_0)$ 就表示为输入 x_i 的加权线性叠加,即

$$y(n_0) = \sum_{i=1}^{n+1} w_i x_i$$

这样可得到一个非量化的误差:

$$e(n_0) = t - y(n_0),\quad e^2(n_0) = [t - y(n_0)]^2$$

根据 LMS 的算法,权的修改只是向误差梯度的反方向进行,如此可得:

$$w(n_0 + 1) = w(n_0) - \eta \nabla(n_0) \tag{4-8}$$

这里 η 为修改步长,$\nabla(n_0)$ 为 $e^2(n_0)$ 的梯度:

$$\nabla(n_0) = \frac{\partial e^2(n_0)}{\partial w(n_0)}$$

因为

$$y(n_0) = w^{\mathrm{T}}(n_0) x(n_0)$$

所以

$$\nabla(n_0) = -2 e^2(n_0) x(n_0) \tag{4-9}$$

继而可得:

$$w(n_0 + 1) = w(n_0) + 2\eta e(n_0) x(n_0) \tag{4-10}$$

对于非量化的输出函数 $y(n_0)$ 与 w_i、$x_i (i = 1, \cdots, n+1)$ 是线性关系,因此 $e^2(n_0)$ 是关于 w_i 的椭圆函数,LMS 算法证明,这种椭圆函数只有一个极小值,因而,用 LMS 的修改方法可以使 $e^2(n_0)$ 逐步达到该极小值。

现在回到量化的情况来讨论。$e_q(n_0)$ 是两个离散量之差,但我们仍可把它作为一个误差函数的梯度来讨论。假设一个新的误差函数:

$$\xi(n_0) = 2 | y(n_0) | - 2 t_p y(n_0) \tag{4-11}$$

这个式子不失一般性,因为,当 $y(n_0) = t_q$ 时,$\xi(n_0) = 0$;当 $y(n_0) \neq t_q$ 时,$\xi(n_0)$ 与 $e_q^2(n_0)$ 相同。对 $\xi(n_0)$ 进行梯度运算得到:

$$\nabla(n_0) = +2\mathrm{sgn}[y(n_0)] x(n_0) - 2 t_q x(n_0) = -2 e_q(n_0) x(n_0) \tag{4-12}$$

将式(4-12)代入式(4-8)即可得到式(4-6)。

这里还有两个问题需要讨论:

(1)关于算法所求出的解

假设输入 $x \in R^n$ 是一个高斯分布的随机向量,其均值为 0,相关矩阵 $R = E[x(n_0) x^{\mathrm{T}}(n_0)]$,$E$ 表示为求高斯分布的期望值,其结果 $y(n_0)$ 也是一个均值 0 的高斯随机过程,y 的方差:

$$\sigma_y^2 = w^{\mathrm{T}} R w$$

将$|y(n_0)| = \mathrm{sgn}[y(n_0)]y(n_0)$代入式(4-11)得：

$$\zeta(n_0) = 2y_q(n_0)y(n_0) - 2t_q y(n_0) = -2e_q(n_0)y(n_0) \tag{4-13}$$

对式(4-13)中$y_q(n_0)y(n_0)$求期望值，得：

$$E[y_q(n_0)y(n_0)] = E[y^2(n_0)]/C\sigma_y = \sigma_y/C \tag{4-14}$$

式中，$C = \sqrt{\dfrac{\pi}{2}}$。

式(4-13)中，$t_q y(n_0) = t_q w^{\mathrm{T}} x(n_0)$

令

$$P_q = E[x(n_0)t_q]$$

在式(4-13)中，对误差函数$\xi(n)$求期望值得：

$$E[\xi(n_0)] = -2E[e_q(n_0)y(n_0)] = 2\left(\frac{\sigma_y}{C} - w^{\mathrm{T}} P_q\right) \tag{4-15}$$

对式(4-15)求梯度得：

$$\nabla\xi = 2\left(\frac{Rw}{C\sigma_y} - P_q\right) \tag{4-16}$$

当$\nabla\xi = 0$，表示对于w不再进行调整，则可得：

$$w = C\sigma_y R^{-1} P_q \tag{4-17}$$

对于一组随机变量作为输入，只要R^{-1}存在，$P_q \neq 0$，那么w的解是存在的，但是w的解，并不一定是唯一的，因为对于不同的σ_y可能有不同的w解。从图4.4二维输入的划分上可以看到这个结论是否是正确的。

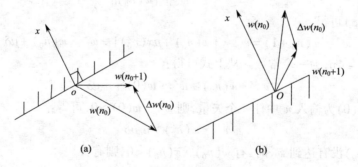

图4.6　说明收敛的示意图

(2)关于学习算法的收敛性

将式(4-6)写成矢量的形式：

$$w(n_0 + 1) = w(n_0) + 2\eta e_q(n_0)x(n_0) \tag{4-18}$$

式中，$e_q(n_0)$只可能为0、± 2。若$e_q(n_0) = 0$表示公式中的权不进行修改，而当$e_q(n_0) \neq 0$时，则$w(n_0 + 1)$同方向或反方向，说明收敛的示意图如图4.6所示，假设输入矢量$x(n_0)$为某个固定的样本，图中用x表示。在阴影区内表示$w(n_0)$已调到正确的位置上。图4.6(a)中，$y_q < 0$，$t_q > 0$；矢量x和$w(n_0)$之间的夹角为钝角，$w(n_0) \cdot x < 0$，而教师$t_q > 0$，因而$e_q = +2$，在η很小的情况下，$\nabla w(n_0)$在与x平行的方向上，通过矢量相加使$w(n_0 + 1)$的方向朝x矢量靠近，一旦

达到阴影区就满足 $e_q = 0$ 的条件,同样在图 4.6(b)中,则是 $e_q = -2$ 的情况,$\nabla w(n_0)$ 在平行于 x 的反方向上,使 $w(n_0+1)$ 向阴影区转动,一旦达到阴影区,其 $e_q = 0$。对于不同的输入样本 x^p ($p=1,\cdots,k$),每一个都存在着一个权矢量应达到的阴影区,这些阴影区的交集就是满足 k 个输入样本正确划分的权矢量区域,如这个交集大,则得到的解的可能性就多,学习就比较容易,如没有交集或为空集,则 k 个样本为线性不可分,即不能简单地用直线来划分。从以上分析可以看出,权矢量的方向是很重要的,而其大小只与矢量合成的幅度有关,如 w^* 是其权的最后解,只要它与输入样本矢量的夹角正确,而它的大小是无所谓的,αw^* 也是其解,α 为一任意常数。

收敛性定理:若训练样本 x^p ($p=1,\cdots,k$) 是线性可分的,那么用式(4-18)的 δ 学习律,在有限次的迭代后,必能达到所要求的正确解。

为了证明这个定理,我们作如下几个假设:

(1)输入的样本 x^1、$\cdots$、x^k 都是归一的,即 $\|x^p\| = 1$。

输出的教师值 t_q 可能为 ± 1,如果我们令 $t_q = -1$ 的输入样本 x^B 都取其相反方向 $-x^B$,则 $w^* x < 0$,全变为 $w^{\mathrm{T}} x > 0$,w^* 是要求的矢量值,所以我们只要证明对所有的输入样本,通过式(4-18)的迭代,必能找到一个解 w^*,使 $w^{*\mathrm{T}} x > 0$。

(2)w^* 的大小不影响结果,可以令 $\|w^*\| = 1$。

证明:因为 k 个样本是线性可分的,所以必存在一个 w^* 满足所有 k 个样本:

$$w^* \cdot x^p \geqslant \delta, \delta > 0$$

用 $s(n)$ 表示 $w(n_0)$ 与 w^* 之间的夹角的余弦,$w(n_0)$ 表示第 n_0 次迭代的权值:

$$s(n_0) = \frac{w^* \cdot w(n_0)}{\|w^*\| \|w(n_0)\|} \tag{4-19}$$

利用式(4-18)可得:

$$w^* \cdot w(n_0+1) = w^* \cdot [w(n_0) + \mu x(n_0)] \geqslant w^* \cdot w(n_0) + \mu\delta \tag{4-20}$$

式中,$\mu = 2\eta \cdot e_q = 4\eta$,为一个常数。从上式可得:

$$w^* \cdot w(n_0) \geqslant w^* \cdot w(0) + n_0\mu\delta$$

如选初值 $w(0)$ 为输入 w 中任一个矢量,则 $w^* \cdot w(0) > 0$,可得:

$$w^* \cdot w(n_0) > n_0\mu\delta \tag{4-21}$$

由于在 $w(n_0)$ 没有达到 w^* 时,有 $w(n_0) \cdot x(n_0) < 0$,则有:

$$\|w(n_0+1)\|^2 = \|w(n_0)\|^2 + 2w(n_0) \cdot x(n_0)\mu + \mu^2 < \|w(n_0)\|^2$$
$$= \mu^2\|w(n_0)\|^2 < \|w(0)\|^2 + n_0\mu^2 = 1 + n_0\mu^2 \tag{4-22}$$

将式(4-21)和式(4-22)代入式(4-19)得:

$$s(n_0) \geqslant \frac{n_0\mu\delta}{\sqrt{1 + \mu^2 n_0}} \tag{4-23}$$

式(4-19)中 w^* 与 $w(n_0)$ 相等时,$s(n_0) = 1$。

由式(4-23)得:

$$n_0 \leqslant \frac{1 + \sqrt{1 + \dfrac{4\delta^2}{\mu^2}}}{2\delta^2} \tag{4-24}$$

则可通过式(4-18)的有限次迭代达到收敛。

证毕。

4.1.3 多层的感知器网络

单层感知器只能满足线性分类,如果有两类样本 A、B,它们不能用一个超平面将它分开。不能线性划分的样本集如图 4.7 所示,其所示的二维平面,A 类和 B 类是分布在此平面中的一些点或区域,在图 4.7(a)中,A 类分布在原点附近,B 类分布在 A 类的外部,不能用直线把两类分开。在图 4.7(b)中,A 类是分布在第一象限和第三象限,而 B 类是分布在第二象限和第四象限,用一根直线同样不能把 A 类、B 类分开。

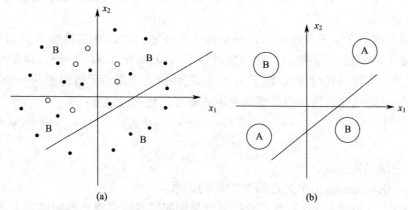

(a)   (b)

图 4.7 不能线性划分的样本集

多层感知器网络可以用来解决上述的问题。多层感知器网络如图 4.8 所示,输入与输出层之间存在一些隐患,输入为 n 个神经元 x_1、x_2、$\cdots$、x_n,第一隐患为 n_1 个神经元 h_1、h_2、$\cdots$、h_{n_1},第二层为 n_2 个神经元 h_{s_1}、h_{s_2}、$\cdots$、h_{sn_2},输出为 o_p。它们是以前馈的方式联接。对第一隐层的第 j 个神经元,输出为

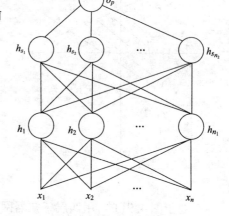

$$h_j = f(\sum_{i=1}^{n} w_{ij}x_i - \theta_j) \qquad (j = 1, 2, \cdots, n_1)$$

$$(4\text{-}25a)$$

对第二隐层的第 k 个神经元,输出为

$$h_{s_k} = f(\sum_{i=1}^{n_1} w_{ij}h_i - \theta_k) \quad (k = 1, 2, \cdots, n_2) \quad (4\text{-}25b)$$

对最高神经元输出为

$$o_p = f(\sum_{k=1}^{n_2} w_k h_{s_k} - \theta) \qquad (4\text{-}25c)$$

图 4.8 多层感知器网络

式中,$f(\alpha) = \begin{cases} 1 & \alpha \geq 0 \\ -1 & \alpha < 0 \end{cases}$

如果这里我们只讨论一层隐单元的情况,删去第二隐层,把式(4-25c)改为

$$o_p = f(\sum_{j=1}^{n_1} w_j h_j - \theta)$$

此时,隐层与 n 个输入单元的感知器网络一样,是形成一些 $n-1$ 维的超平面,把 n 维的输入空间划分为一些小的子区域,例如 $n=2$ 和 $n_1=3$ 的情况下,对于隐层、第 $j(j=1,2,3)$ 个神经元的输出为

$$h_1 = f(\sum_{i=1}^{2} w_{i1}x_i - \theta_1)$$

$$h_2 = f(\sum_{i=1}^{2} w_{i2}x_i - \theta_2) \qquad (4\text{-}26)$$

$$h_3 = f(\sum_{i=1}^{2} w_{i3}x_i - \theta_3)$$

式中,w_{i1} 为第 i 个输入到第一个隐单元的权;w_{i2}、w_{i3} 为第 i 个输入到第二、三个隐单元的权;h_1、h_2、h_3 为隐单元的输出。

多层感知器网络在输入空间中的划分如图 4.9 所示。可以在二维输入空间中划出 3 根线,因为 w_{i1} 和 θ_i 的不通,三根线的斜率和截距各不相同,如图 4.9(a)所示,对于图 4.7(a)的问题,就是寻找一个区域其内为 A 类,其外为 B 类,用这 3 个隐单元所得到的一个封闭区域就可满足其条件,从隐单元到输出层只要满足下式即可得到正确划分:

$$o_p = \{(x_1,x_2)/[(w_{11}x_1 + w_{21}x_2 - \theta_1) > 0 \cap (w_{12}x_1 + w_{22}x_2 - \theta_2) > 0 \cap (w_{13}x_1 + w_{23}x_2 - \theta_3) > 0]\}$$
$$(4\text{-}27)$$

式中,o_p 为第三层的输出。

十分明显,隐单元到输出单元之间为"与"的关系。

对于图 4.9(b)和图 4.9(c),我们分别可以采用四层或三层感知器网络来完成,第一层为输入层,第二层为线形划分作用,第三层为"与"组合,第四层为"或"组合。

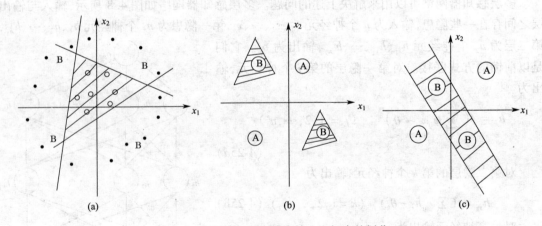

图 4.9   多层感知器网络在输入空间中的划分

对于图 4.9(b),用四层感知器网络来完成。

$$o_p = \{(x_1 x_2)[(\bigcap_{j=1}^{3}(w_{1j}x_1 + w_{2j}x_2 - \theta_j) > 0) \cup (\bigcap_{j=4}^{6}(w_{1j}x_1 + w_{2j}x_2 - \theta_j) > 0)]\} \qquad (4\text{-}28)$$

这里有 6 根直线,各有 3 根直线组成了两个三角形的区域,这是用"与"来完成的,两个区域内部都属于 B 类,这又是"或"的关系,其他区域则为 A 类。

对于图 4.9(c),用三层感知器网络来完成。

$$o_p = \{(x_1 x_2)/[(w_{11}x_1 + w_{21}x_2 - \theta_1) > 0 \cap (w_{12}x_1 + w_{22}x_2 - \theta_2) < 0]\} \qquad (4\text{-}29)$$

用两根直线"与"形成属于 B 的区域。

可以看出,多层感知器可通过单层感知器进行适当的组合达到任何形状的划分。

如何来设计多层感知器隐单元的个数,这里给出隐单元数的两种不同角度考虑作为上限和下限,以供设计时参考。

1. 隐单元数的上限

在式(4-25)中,令隐单元输出 $h_j = \text{sgn}(\sum_{i=1}^{n} w_{ij}x_i - \theta_j)$ 是一个线形阈值分函数,每个隐单元把 n 维输入空间 s 划分为 s^A、s^B 两个部分。设 g 是定义为 S 空间的一个函数,对于感知器网络对应的 k 个样本输入,希望其输出满足:

$$o_p^l = \text{sgn}(\sum_{j=1}^{n_1} h_j w_j^* - \theta^*) = g(x^l) \quad (l = 1, 2, \cdots, k) \tag{4-30}$$

问题是能否找到隐单元数 n_1,通过调整输出单元的系数 w_j^*、θ^*,使式(4-30)满足条件,即可实现任何一个 g 函数的映照。

在一个输入空间 S 上,存在有 k 个样本,如果需要用 n_1 个超平面划分为 d 个区域,使 $d > k$,并保证每个区域对应于一个样本,则最大的隐单元数 n_1 满足:

$$n_1 = k - 1 \tag{4-31}$$

这个论断可以证明,我们假设一个三层感知器网络,其输入 $x \subset R^n$,输出为一个单元,隐单元 $n_1 = k - 1$(k 为样本数)。考虑一个 $k \times k$ 的矩阵 D,当输入 x^1、$\cdots$、x^k 样本时,让 D 矩阵第 j 列上的每个单元分别为第 j 个隐单元的输出($1 \leqslant j \leqslant k-1$)值,而第 k 列每个单元都为 1。设每个隐单元把输入 S 空间划分为两个子空间 s^A、s^B,分别对应为 $\{x_j\}$ 和 $\{x_{j+1}, \cdots, x_k\}$,即第 j 个样本输入时,其相应隐单元 h_j 为 1,而 h_{j+1}、h_{j+2}、$\cdots$、h_{n_1} 为 -1,这样令 D 矩阵的对角线上的值都为 1,在矩阵 D 对角线上的元素值不定,而对角线以下的元素值为 -1,即

$$D = \begin{bmatrix} 1 & \times & \times & \times & 1 \\ -1 & 1 & \times & \times & 1 \\ -1 & -1 & 1 & \times & 1 \\ \vdots & \vdots & \vdots & \vdots & \vdots \\ -1 & -1 & -1 & -1 & 1 \end{bmatrix} \tag{4-32}$$

式中,"$\times$"表示为任意值,而第 k 列全为 1。十分明显,D 矩阵的形式可以保证 D^{-1} 存在,因为不可能存在线形相关的列。要求输出函数定义为

$$g = [g(x^1), g(x^2), \cdots, g(x^l)]$$

则可以得到一个系数矢量 C: $C \in R^k$

$$C = D^{-1}g \tag{4-33}$$

矢量 C 是输出神经元和隐单元的联接权和阈值 θ 组成的,满足式(4-31)的隐单元数,用三层感知器网络可对在 S 空间里定义的分类函数进行正确映照。这种隐层单元分割方法从几何上看,是把 n 维 S 空间用 $k-1$ 个超平面不交叉地进行划分,得 k 个区间,而每个区间中包括一个样本,这样,可经过组合达到正确分类。

2. 隐单元数的下限

在 k 个样本输入下,隐单元数为 $k-1$ 个设计网络的上限,因为 $k-1$ 个超平面是不相交的,因此,只可分为 k 个区域,但考虑到超平面可交的情况且只有一个隐层的情况下,输入为 n

单元,n_1 个隐单元可把输入空间划分成一定数目的区域,这些区域是有限的 $n-1$ 维超越平面的交,如果这些区域是封闭的,我们称之为封闭区域,反之为开放。二维空间中 3 个隐单元的区域如图 4.10 所示,图中可以有一个封闭区域 7 和 21 个开区域,而 2、7 分别又为两个区域,现在讨论独立区域的情况。如果输入的每个样本都落到一个独立区域中,如图 4.10(b)所示。

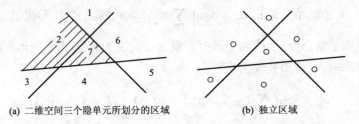

(a) 二维空间三个隐单元所划分的区域　　　(b) 独立区域

图 4.10　二维空间中 3 个隐单元的区域

那么,表示在每个样本输入时,对应的隐单元的输出是不相同的,从而可以通过"与""或"的组合得到正确的分类。这样对 n_1 数的求解就变得在 n 维中的 n_1 分割,能得到最大的区域数,在数学上可得到独立区域数为

$$P(n_1,n) = \sum_{i=0}^{n} \binom{n_1}{i} \quad (n_1 \geq i) \tag{4-34}$$

$$\binom{n_1}{i} = 0 \qquad (n_1 < i)$$

那么,对 k 个样本进行线形分割则要求:

$$n_1 = \min[P(n_1,n)] \geq k \tag{4-35a}$$

在图 4.9(a)中 $n=2$,$n_1=3$,则最大的独立区域数为

$$P(3,2) = \sum_{i=0}^{n} \binom{n_1}{i} = 1 + 3 + 3 = 7$$

如果存在 7 个输入样本,它的线形划分可以用图 4.10(b)表示,当然 7 个样本是否刚好落到 7 个区域中,必须通过对第一层与第二层之间的权进行调节而得到,仔细区分其封闭区和开区域,对于有界封闭区域数为

$$p_a(n_1,n) = \begin{cases} 0 & n_1 \leq n \\ \binom{n_1-1}{n} & n_1 > n \end{cases} \tag{4-35b}$$

对于独立开区域:

$$P_b(n_1,n) = \begin{cases} 2n_1 & n_1 \leq n \\ 2\sum_{i=0}^{n-1} \binom{n_1-1}{i} & n_1 > n \end{cases} \tag{4-35c}$$

对于 k 个样本,隐单元取值满足式(4-35a)就可得到正确划分。

隐单元数 n_1 是否可再减小,可从图 4.10(b)中看出,如减少后使两个样本落在一个线形分割区内,若这两个样本为同一类,则对分类结果不会产生影响,这里讨论的下限与类别数无关,所以下限就为式(4-35a),在实际问题中有可能减小。

3. 多层感知器的设计

感知器网络的输入:根据需要分类样本数据与表述来决定,如输入是 n 维图像或 n 个特征量,其输入为 n 维空间的矢量,输出为其类别数或类别数的编码表述,例如,用多层感知器来完成分类问题,输入两个神经元(x_1,x_2)分别为$(-1,-1)$、$(1,1)$时,其输出 $g=-1$;(x_1,x_2)分别为$(-1,1)$、$(1,-1)$时,输出 $g=+1$。

根据式(4-35a),$k=4$,要求 $k \geqslant P(n_1,n)$、$n=2$,我们看到当 $n_1=2$ 时,满足 $k \geqslant P(n_1,n)$,用两个隐单元来完成。同样也可根据上限的要求 $n_1=k-1=3$,用 3 个隐单元来完成,用这两种方法得到的权和结构分别如图 4.11(a)和(b)所示。

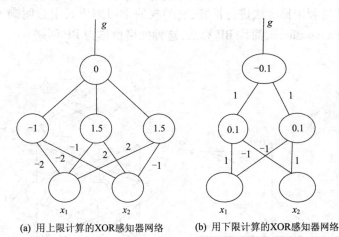

(a) 用上限计算的XOR感知器网络   (b) 用下限计算的XOR感知器网络

图 4.11   用上限和下限计算的 XOR 感知器网络

感知器的结构定了以后,可用学习的方法得到输入层到隐层的权,而输出与隐层之间的权可用"与""或"的方法得到。

多层感知器可对输入空间矢量进行分类,也可对一些离散函数进行映照,它的输入、输出间的映照是比较确定的。它的抗干扰性和"强抗"性较差,在样本的畸变、噪声加入的情况下,才能得到正确分类。

4.2   非线形变换单元组成的前馈网络

由非线形普通变换单元组成的前馈网络,简称 BP 网络。

4.2.1   网络的结构与数学描述

对于非线形变换单元的神经元,其输入与输出关系满足非线形单元单调上升的函数,重写上一章的公式,把脚标 i 与 j 交换,g 函数为 1,则有:

$$s_j = \sum w_i x_i - \theta_j$$
$$u_j = g(s_j)$$
$$y_j = f(u_j) \tag{4-36}$$

式(4-36)在非线形变换下为

$$f(u) = \frac{1}{1 + e^{-u_j}} = \frac{1}{1 + e^{-(\sum w_i x_i - \theta_j)}} \tag{4-37}$$

输入输出非线性函数如图 4.12（a）所示，由图可见，$f(u)$ 是一个连续可微的函数，它的一阶导数存在，用这种函数来区分时，它的结果可能是一种模糊的概念，当 $n>0$ 时，其输出不为 1，而是一个大于 0.5 的数，而当 $n<0$ 时，其输出是一个小于 0.5 的数，对一个单元组成的分类来说，这种函数得到的概率为 80%（>50%），它是属于 A 类的概率，或属于 B 类的概率（=20%），这种分割具有一定的科学性。对于多层的网络，这种 $f(u)$ 函数所划分的区域不是线性划分，是由一个非线性的超平面组成的区域，它是比较柔和、光华的任意界面，因而它的分类比线性划分精确、合理，这种网络的容错性较好。另外一个重要的特点就是，由于 $f(u)$ 是连续可微的，它可以严格利用梯度法进行推算，它的权的学习解析式十分明确，它的学习算法称为反向算法（Back Propagation），简称 BP 算法，这种网络也称为 BP 网络。

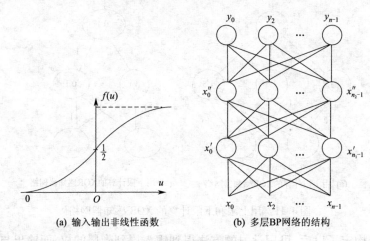

(a) 输入输出非线性函数   (b) 多层BP网络的结构

图 4-12　多层 BP 网络结构

多层 BP 网络的结构如图 4.12（b）所示，输入矢量为 $x \in R^n$，$x = (x_0, x_2, \cdots, x_{n-1})^T$；第二层有 n_1 个神经元，$x' \in R^{n_1}$，$x' = (x'_0, x'_2, \cdots, x'_{n-1})^T$；第三层为 n_2 个神经元，$x'' \in R^{n_2}$，$x'' = (x''_0, x''_2, \cdots, x''_{n_2-1})^T$；最后输出神经元 $y \in R^m$，有 m 个神经元，$y = (y_0, \cdots, x_{m-1})^T$，如输入与第二层之间的权为 w_{ij}，阈值为 θ_j，第二层与第三层与第二层之间的权为 w'_{jk}，阈值为 θ'_k，第三层与最后层的权为 w''_{kl}，阈值为 θ''_l，那么各神经元的输出满足：

$$\begin{cases} x'_j = f(\sum_{i=0}^{n-1} w_{ij}x_i - \theta_j) \\ x''_k = f(\sum_{k=0}^{n_1-1} w'_{jk}x'_j - \theta'_k) \\ y_l = f(\sum_{k=0}^{n_2-1} w''_{kl}x''_k - \theta''_l) \end{cases} \tag{4-38}$$

式中，函数 f 满足式（4-37）。$f(u)$ 中的 u 是各层输出加权求和的值，BP 网络是完成 n 维空间向量对 m 维空间的近似映照。

若近似映照函数为 F，x 为 n 维空间的有界子集，$F(x)$ 为 m 维空间的有界子集，$y = F(x)$ 可写为

$$F: x \subset R^n \to y \subset R^m$$

通过 P 个实际的映照 (x^1, y^1)、(x^2, y^2)、$\cdots$、(x^p, y^p) 的训练,其训练的目的是得到神经元之间的连接权 w_{ij}、w'_{jk}、w''_{kl} 和阈值 θ_j、θ'_k、θ''_l $(i = 0,1,2,\cdots, n-1; j = 0,1,2,\cdots, n_1 - 1; k = 0,1,2,\cdots, n_2 - 1; l = 0,1,2,\cdots, m-1)$,使其映照获得成功。训练后得到连接权,对其他不属于 $p_1 = 1$、$2、\cdots、p$ 的 x 的子集进行测试,其结果仍能满足正常映照。

如果输入第 p_1 个样本对 (x^{p_1}, y^{p_1}),通过一定方式训练后,得到一组权 W^{p_1},W^{p_1} 包括网络中所有的权和阈值,此时 W^{p_1} 的解不是唯一的,而是在权空间中的一个范围,也可为几个范围。对于所有的学习样本 $p_1 = 1、2、\cdots、p$ 都可以满足:

$$y^{p_1} = F(x^{p_1}, W^{p_1}) \tag{4-39}$$

各自的解为 W^1、W^2、$\cdots$、W^p,通过对样本集的学习,得到满足所有样本正确映照的解为

$$W = \bigcap_{p_1 = 1}^{p} W^{p_1} \tag{4-40}$$

学习的过程就是求解 W 的过程,因为学习不一定要求很精确,所以得到的是一种近似解。这种解 W 是通过学习而得到的。假设式(4-39)是一个线性方程,而且要求的未知数 W 和样本数相同,如同为 n_p,则可以直接用线性代数的方法解出这些未知数 W。可是这些解没有一点容错,即在测试样本输入时,它很难联想到应该对应的输出,幸好这里 $F(\cdot)$ 不是一个线性函数,而是一个十分复杂的非线性关系,而且 W 的维数和样本数不相同,因而 W 不是唯一解,而是有一定容错范围,这使 BP 网络比一般的线性阈值单元的网络有更大的灵活性。

4.2.2　BP 的学习算法

BP 算法属于 δ 学习律,是一种有教师的学习算法,输入学习样本为 p 个,x^1、x^2、$\cdots$、x^p,已知与其对应的教师值为 t^1、t^2、$\cdots$、t^p,教师算法是将实际的输出 y^1、y^2、$\cdots$、y^p 与 t^1、t^2、$\cdots$、t^p 的误差来修改其连接权和阈值,使 y^{p_1} 于要求的 t^{p_1} 尽可能地接近。

为了方便起见,在图 4.12(b) 的网络中,把阈值写入连接权中去,令: $\theta''_t = w_{n_2 l}$、$\theta'_k = w_{n_1 l}$、$\theta'_j = w_{n_j}$、$x_{n_2} = -1$、$x_{n_1} = -1$、$x_n = 1$,则方程(4-38)改为

$$x'_j = f\left(\sum_{i=0}^{n} w_{ij} x_i \right) \tag{4-38a}$$

$$x''_k = f\left(\sum_{k=0}^{n_1} w'_{jk} x'_j \right) \tag{4-38b}$$

$$y_l = f\left(\sum_{k=0}^{n_2} w''_{kl} x''_k \right) \tag{4-38c}$$

第 p_1 个样本输入到图 4.11(b) 所示的网络,得到输出 $y_l (l = 0,1,\cdots, m-1)$,其误差为各输出单元误差之和,满足:

$$E_{p_1} = \frac{1}{2} \sum_{l=0}^{m-1} (t_l^{p_1} - y_l^{p_1})^2$$

对于 p 个样本学习,其总误差为

$$E_{总} = \frac{1}{2} \sum_{p_1=1}^{p} \sum_{l=0}^{m-1} (t_l^{p_1} - y_l^{p_1})^2 \tag{4-41}$$

设 w_{sp} 为图 4.12(b)网络中任意两个神经元之间的连接权，w_{sp} 也包括阈值在内，$E_{总}$ 为一个与 w_{sp} 有关的非线性误差函数，令

$$\varepsilon = \frac{1}{2} \sum_{l=0}^{m-1} (t_l^{p_1} - y_l^{p_1})^2 = E_{p_1}$$

$$E_{总} = \sum_{p_1=1}^{p} \varepsilon(W_t^{p_1}, x^{p_1})^2$$

$$W = (w_{11}, \cdots, w_{sp}, \cdots, w)^{\mathrm{T}}$$

式中，w 是各层权值。

采用梯度法，对每个 w_{sp} 元的修正值为 $\Delta w_{sp} = -\sum_{p_1=1}^{p} \eta \dfrac{\partial \varepsilon}{\partial w_{sp}}$，其中，$\eta$ 为步长。

$$\Delta E_{总} = \sum_{p_1=1}^{p} \sum_{sp} \frac{\partial \varepsilon}{\partial w_{sp}} \Delta w_{sq} = -\eta \sum_{p_1=1}^{p} \sum_{sp} \left(\frac{\partial \varepsilon}{\partial w_{sp}} \right)^2 \leq 0 \tag{4-42}$$

这里用梯度法可以使总的误差向减小的方向变化，直到 $\Delta E_{总} = 0$ 为止，这种学习方式其矢量 W 能够稳定到一个解，但并不保证是 $E_{总}$ 的全局最小解，可能是一个局部最小解。

令 n_0 为迭代次数，根据式(4-41)和梯度算法，可得到每一层的权的迭代公式：

$$w''_{kl}(n_0 + 1) = w''_{kl}(n_0) - \eta \frac{\partial E_{总}}{\partial w_{kl}} \tag{4-43a}$$

$$w''_{jk}(n_0 + 1) = w''_{jk}(n_0) - \eta \frac{\partial E_{总}}{\partial w_{jk}} \tag{4-43b}$$

$$w''_{ij}(n_0 + 1) = w''_{ij}(n_0) - \eta \frac{\partial E_{总}}{\partial w_{ij}} \tag{4-43c}$$

从式(4-43a)可以看出，w_{kl} 是第 k 个神经元与输出层第 l 个神经元之间的连接权，它只与输出层中一个神经元有关，将式(4-41)代入式(4-43a)中的第二项，利用式(4-37)得

$$\frac{\partial E_{总}}{\partial w''_{kl}} = \sum_{p_1=1}^{p} \frac{\partial E_{p_1}}{\partial y_l^{p_1}} \frac{\partial y_l^{p_1}}{\partial u_l''^{p_1}} \frac{\partial u_l''^{p_1}}{\partial w''_{kl}} = \sum_{p_1=1}^{p} (t_l^{p_1} - y_l^{p_1}) f'(u_l''^{p_1}) x_l''^{p_1} \tag{4-44}$$

式中，$u_l''^{p_1} = \sum_{k=0}^{n_2} w''_{kl} x_k''^{p_1}$；$x_k''^{p_1}$ 为 p_1 样本输入网络时，x_k'' 的输出值。

$$f'(u_l''^{p_1}) = \frac{e^{-u_l''^{p_1}}}{(1 + e^{-u_l''^{p_1}})^2} = f''(u_l''^{p_1})[1 - f'(u_l''^{p_1})] = y_l^{p_1}(1 - y_l^{p_1}) \tag{4-45}$$

将式(4-45)、式(4-44)代入(4-43a)得

$$\omega''_{kl}(n_0 + 1) = \omega''_{kl}(n_0) + \eta \sum_{p_1=1}^{p} \delta_{kl}^{p_1} x_k''^{p_1} \tag{4-46}$$

式中，$\delta_{kl}^{p_1} = (t_l^{p_1} - y_l^{p_1}) y_l^{p_1}(1 - y_l^{p_1})$。

对于中间隐层，根据(4-43b)式有：

$$\Delta \omega'_{jk} = \eta \frac{\partial E_{总}}{\partial \omega_{jk}}$$

而

$$\frac{\partial E_{总}}{\partial \omega'_{jk}} = -\sum_{p_1=1}^{p} \sum_{l=0}^{m-1} (t_l^{p_1} - y_l^{p_1}) \frac{\partial y_l^{p_1}}{\partial u_l''^{p_1}} \frac{\partial u_l^{p_1}}{\partial x_k''^{p_1}} \frac{\partial x_k''^{p_1}}{\partial u_j'^{p_1}} \frac{\partial u_j^{p_1}}{\partial \omega'_{jkl}}$$

$$= - \sum_{p_1 = 1}^{p} \sum_{l = 0}^{m-1} (t_l^{p_1} - y_l^{p_1}) f'(u_l''^{p_1}) \omega_{kl} x_k''^{p_1} (1 - x_k''^{p_1}) x_j'^{p_1}$$

$$= - \sum_{p_1 = 1}^{p} \delta_{kl}^{p_1} x_j'^{p_1}$$

$$= - \sum_{p_1 = 1}^{p} \sum_{l = 0}^{m-1} \delta_{kl}^{p_1} \omega_{kl}'' x_k''^{p_1} (1 - x_k''^{p_1}) x_j'^{p_1}$$

$$= - \sum_{p_1 = 1}^{p} \delta_{kl}^{p_1} x_j'^{p_1}$$

式中

$$\delta_{jk}^{p_1} = \sum_{l = 0}^{m-1} \delta_{kl}^{p_1} \omega_{kl}'' x_k''^{p_1} (1 - x_k''^{p_1})$$

所以

$$\omega_{jk}'(n_0 + 1) = \omega_{jk}'(n_0) + \eta \sum_{p_1 = 1}^{p} \delta_{jk}^{p_1} x_j'^{p_1} \tag{4-47}$$

同理可得

$$\omega_{ij}(n_0 + 1) = \omega_{ij}(n_0) + \eta \sum_{p_1 = 1}^{p} \delta_{ik}^{p_1} x_j'^{p_1} \tag{4-48}$$

式中

$$\delta_{ij}^{p_1} = \sum_{k = 0}^{n_2} \delta_{jk}^{p_1} \omega_{jk}' x_j'^{p_1} (1 - x_j'^{p_1})$$

式(4-46)、式(4-47)和式(4-48)是多层 BP 网络各层之间权修正的基本表达式,由于权的修正是在所有样本输入后,计算其总的误差后进行的,这种修正也被称为批处理。批处理修正可以保证其 $E_{总}$ 向减少的方向变化,在样本数多的时候,它比分别处理时的收敛速度快。

整个网络学习过程分为两个阶段。第一个阶段是从网络的底部向上进行计算,如果网络的结构和权已设定,输入已知学习样本,可按式(4-38a)、(4-38b)、(4-38c)计算每一层的神经元输出。第二个阶段是对权和阀值的修改,这从最高层计算和修改,从已知最高层的误差修改与最高层相联的权,然后按式(4-57)、式(4-59)和式(4-60)修改各层的权,两个过程反复交替,直到达到收敛为止,具体步骤如下,多层 BP 网络的结构如图 4.12(b)所示。

(1)在初始的时候,图 4.12(b)各层的权和阀值用一个随机数加到各层上,作为初值,使 $\omega_{sq}(0) = \text{Random}(\cdot)$($sq$ 为 ij、jk、kl)。

(2)在已知 p 个学习样本中,顺序取样本输入到图 4.12(b)的网络中,先取一个输入 $p_1 = 1$。

(3)按式(4-38a)、(4-38b)、(4-38c)计算 x_j'、x_k''、y_l。

(4)求出各层的误差,对已知样本的教师可得

$$\delta_{kl}^{p_1} = (t_l^{p_1} - y_l^{p_1}) y_l^{p_1} (1 - y_l^{p_1})$$

$$\delta_{jk}^{p_1} = \sum_{l = 0}^{m-1} \delta_{kl}^{p_1} \omega_{kl}'' x_k''^{p_1} (1 - x_k''^{p_1})$$

$$\delta_{ij}^{p_1} = \sum_{k = 0}^{p_1} \delta_{kl}^{p_1} \omega_{kl}' x_k'^{p_1} (1 - x_k'^{p_1})$$

记下各个 $x_k''^{p_1}$、$x_k'^{p_1}$、$x_i^{p_1}$ 的值。

（5）记下学习过的样本集次数 p_1，即计数为 $p_1 + 1$，看 $p_1 + 1$ 是否等于 p，如没有达到 p，回到步骤（6）继续计算，否则再从第一个输入样本开始让 $p_1 = 1$，进行步骤（6）。

（6）按式(4-46)、式(4-47)、式(4-48)修改各层的权和阀值。

（7）按新权计算 x'_j、x''_k、y_l 和 $E_{总}$，根据要求，如果对每个 p_1 和 l 都满足：

$$|t_l^{p_1} - y_l^{p_1}| < \varepsilon \tag{4-49}$$

若 ε 为大于 0 的一个给定小数，则学习停止，否则，重复步骤 2，重新修改权，直到式(4-49)满足为止。

在式(4-49)中，ε 是根据要求的精度和分类的可信度来定的，例如，用作分类器的 BP 网络，希望输出 $t_l = 1$ 表示属于某一类的，而 $t_l = 0$ 表示不属于某一类的，但是从输入输出函数 $f(u)$ 的式(4-37)中可看出，只有 $u = \pm \infty$ 时才能达到 1 和 0，因此 1 和 0 可以根据用户定义，例如 $y_l > 0.7$，$y_l < 0.3$ 为 0，此时误差 $\varepsilon = (0.3)^2 = 0.09$，用于函数逼近的 BP 网络可根据逼近精度来定义 ε。

【例 4.1】 图 4.13 是具有两个输入、两个隐单元和一个输出的多层简单 BP 神经网络，如学习样本数 $p = 4$，它的权的标号如上图所示，按上述的步骤计算：

（1）先任意取初始值：

$$\omega_{11}(0), \omega_{12}(0), \omega_{21}(0), \omega_{22}(0),$$
$$\theta_1(0), \theta_2(0), \theta(0) \text{ 和 } \omega_a(0), \omega_b(0)$$

（2）在样本集中取 u_1^1、u_2^2、…、$u_1^4 u_2^4$ 输入图 4.13 的网络，正向计算隐单元输出：

$$h_1^{p_1} = f(\omega_{11} u_1^{p_1} + \omega_{21} u_2^{p_1} - \theta_1) \quad p_1 = 1,2,3,4$$

$$h_2^{p_1} = f(\omega_{12} u_1^{p_1} + \omega_{22} u_1^{p_1} - \theta_2)$$

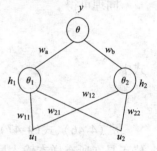

图 4.13 多层简单 BP 神经网络

输出单元为

$$y = f(\omega_a h_1^{p_1} + \omega_b h_2^{p_1} - \theta)$$

（3）根据要求的输出值 t^1、t^2、t^3、t^4 计算各层的误差，输出 y 的误差：

$$\delta^{p_1} = y^{p_1}(1 - y^{p_1})(t^{p_1} - y^{p_1})$$

中间隐单元为

$$\delta_1^{p_1} = \delta^{p_1} \omega_a \cdot h_1^{p_1}(1 - h_1^{p_1})$$

$$\delta_2^{p_1} = \delta^{p_1} \omega_b \cdot h_2^{p_1}(1 - h_2^{p_1})$$

（4）权的修改公式，可以表示如下：

$$\omega_a(n_0 + 1) = \omega_a(n_0) + \eta \sum_{p_1=1}^{4} \delta^{p_1} h_1^{p_2}$$

$$\omega_b(n_0 + 1) = \omega_b(n_0) + \eta \sum_{p_1=1}^{4} \delta^{p_1} h_2^{p_2}$$

$$\theta(n_0 + 1) = \theta(n_0) + \eta \sum_{p_1=1}^{4} \delta^{p_1}(-1)$$

$$\omega_{11}(n_0 + 1) = \omega_{11}(n_0) + \eta \sum_{p_1=1}^{4} \delta_1^{p_1} u_1^{p_1}$$

$$\omega_{21}(n_0 + 1) = \omega_{21}(n_0) + \eta \sum_{p_1=1}^{4} \delta^{p_1} u_2^{p_1}$$

$$\omega_{12}(n_0 + 1) = \omega_{12}(n_0) + \eta \sum_{p_1=1}^{4} \delta_2^{p_1} u_1^{p_2}$$

$$\omega_{22}(n_0 + 1) = \omega_{22}(n_0) + \eta \sum_{p_1=1}^{4} \delta_2^{p_1} u_2^{p_2}$$

$$\theta_1(n_0 + 1) = \theta_1(n_0) + \eta \sum_{p_1=1}^{4} \delta_1^{p_1} \cdot (-1)$$

$$\theta_2(n_0 + 1) = \theta_2(n_0) + \eta \sum_{p_1=1}^{4} \delta_2^{p_1} \cdot (-1)$$

（5）计算输出误差：

$$E_{总} = \frac{1}{2} \left[(t^1 - y^1)^2 + (t^2 - y^2)^2 + \cdots + (t^4 - y^4)^2 \right]$$

存在一个 ε，使 $(t^{p_1} - y^{p_1})^2 < \varepsilon$，否则，重复上面步骤，直到满足要求为止。

4.2.3　BP 神经网络的误差曲面讨论

根据节 3.2.1 讨论误差—修正学习，BP 神经网络的误差公式为

$$E_{总} = \frac{1}{2} \sum_{p_1} \sum_{l} (t_l^{p_1} - y_l^{p_1})^2$$

$y_l = f(u_l)$ 是一个非线性函数，而多层 BP 神经网络中 u_l 又是前一层神经元的非线性函数，用 ε 表示其一个样本 p_l 的误差，则：

$$\varepsilon(W, t^{p_1}, x^{p_1}), E_{总} = \frac{1}{2} \sum_{p_1} \varepsilon(W, t^{p_1}, x^{p_1}) \tag{4-50}$$

$E_{总}$ 与权 W 有关，与输入学习样本和输出样本有关，如暂且不考虑样本的问题，$E_{总}$ 是一个与权矢量相关的函数，在多层 BP 神经网络中，权空间的维数为 n_ω：

$$n_\omega = \left[i(j+1) \right] + \left[j(k+1) \right] + \left[k(m+1) \right]$$

在 $n_\omega + 1$ 维的空间中，误差 $E_{总}$ 是一个具有及其复杂形状的曲面，如果再考虑输入的样本，则 $E_{总}$ 的形状就更难想象了。对这样的曲面要求梯度，其结果不像线性阀值单元的网络那么简单，例如，对权空间某一维求梯度：

$$\frac{\partial E_{总}}{\partial \omega_{sq}} = -\sum_{p_1} \sum_{l} (t_l^{p_1} - y_l^{p_1}) y_l^{p_1} (1 - y_l^{p_1}) \frac{\partial u_l^{p_1}}{\partial \omega_{sq}} \tag{4-51}$$

再简单一些，就对输出层第 l 单元的 w_{kl}'' 来说，因为 l 已经定了，因而对 ω_{kl}'' 的梯度与其他输出无关，式（4-51）为

$$\frac{\partial E_{总}}{\partial \omega_{kl}} = -\sum (t_l^{p_1} - y_l^{p_1}) y_l^{p_1} (1 - y_l^{p_1}) x_k''$$

从上面的梯度公式（4-51）可以看出，该式包含两个因子，一个是 $(t_l^{p_1} - y_l^{p_1})$ 因子，另一个是 $y_l^{p_1}(1 - y_l^{p_1})$ 因子，在式（4-51）中对于中间层的单元，偏微分 $\dfrac{\partial u_l^{p_1}}{\partial \omega_{sq}}$ 中还有 $x_l'''^{p_1}(1 - x_l'''^{p_1})$ 因子。当

梯度为零时，并不完全说明网络已达到要求 $E_{\text{总}}$ 的最小点。梯度为零可能有以下几种情况：

（1）$t_l^{p_1} - y_l^{p_1} \to 0$，对每一个 p_1 和 l 都满足。这种情况下，$E_{\text{总}}$ 是可以减得比较小，达到 $E_{\text{总}} < \varepsilon'$ 的目的。此时的解为全局最小点。通过梯度法我们可以取得满足要求的一组解，但是由于在曲面上存在很多满足 $E_{\text{总}} < \varepsilon'$ 的解，因而，在不同初始权的条件下，学习出来的解很不相同。

（2）在式（4-51）中，还有一个因子是 $y_l^{p_1}(1 - y)_l^{p_1} \to 0$ 这是由于 $y_l = f(\sum \omega_{kl}'' x_k'')$ 中 $\sum \omega_{k}'' x_k''$ 绝对值很大而造成的。$f(\cdot)$ 是一个指数型函数，在中 $e^{-\sum \omega_{kl}'' x_k''}$ 中，$\left| \sum \omega_k'' x_k'' \right| > 3$ 时，指数上升和下降十分缓慢，因而 $f(\cdot)$ 处于接近于 ± 1 或 0 的平坦线上，此时 $\sum \omega_{kl}'' x_k''$ 的变化对输出函数不太敏感，存在一些平坦区域，用梯度法调整权的范围很小，而（$t_l^{p_1} - y_l^{p_1}$）仍然很大，$E_{\text{总}}$ 没有达到要求而小于 ε' 值，但是梯度却已经很小了；若增加迭代次数，只要调整的方向正确，那么经过一段较长的时间后，总可以从这个平坦区中退出来，进入一些全局的近似极小点，在有很多输出单元的 BP 神经网络中，$E_{\text{总}}$ 是每个单元误差之和，如其中有些单元进入了平坦区，又是在不同的时刻退出平坦区，在误差曲面上会出现一个个阶梯，如一个单元退出了平坦区落到梯度比较大的区域，$E_{\text{总}}$ 会突然减少一个阶梯，随后进入第二个平坦区，又经过一个长过程，再很快减小，这样最好还可以收敛到要求的值。对于不同初值的情况下，收敛的方向及误差曲面上的情况可能是完全不同的。这种阶梯对于不同的样本 p_1 同样存在。

（3）在误差曲面上存在一些局部极小点，当收敛到这种局部极小点，无论经过多长时间，学习不能达到其要求的解上，局部极小点主要分为两类，一类是：虽然 $t_l^{p_1} - y_l^{p_1}$ 不为零，$y^{p_1 l}(1 - y_l^{p_1})$ 也不为零，但是其对各样本的和为零，这种局部极小点称为第一类局部最小；第二类局部最小是处在误差曲面的平坦区上，而梯度方向上离开全局极小点，这种局部最小点使权向 $\pm \infty$ 的方向上趋近，其极小点的位置在无穷远。

总之，对于 BP 网络的误差曲面，有以下 3 点特点：第一，有很多全局的最小的解；第二，存在一些平坦区，在这些区内误差改变很小，这些平坦区多数发生在神经元的输出接近于 0 或 1 的情况下。对于不同的映照，其平坦区的位置、范围各不相同，有的情况下，误差曲面会出现一些阶梯状；第三，存在不少局部最小点，在某些初始值的条件下，算法的结果会陷入局部最小，使算法不收敛。

4.2.4　算法的改进

1. 变步长的算法

BP 算法是在梯度法的基础上推算出来的，在一般最优梯度法中，步长 η 是由一维搜索求得的，求解有下面几个步骤：

（1）给定初始权的点 $w(0)$ 和允许误差 $\varepsilon > 0$。

（2）计算误差 $E_{\text{总}}$ 的负梯度方向 $d(n) = -\nabla E_{\text{总}}(\omega)$。

（3）若 $\|d^{(n)}\| < \varepsilon$，则停止计算；否则，从 $w(n_0)$ 出发，沿 $d^{(n)}$ 作一维搜索，求出最优步长 $\eta(n_0)$，$E_{\text{总}}[\omega(n_0) + \eta(n_0)d(n_0)] = \min E_{\text{总}}[\omega(n_0) + d(n_0)]$。

（4）进行权的迭代：$\omega(n_0 + 1) = \omega(n_0) + \eta(n_0)d(n_0)$ 并转步骤（2）。但是在 BP 算法中步长 η 是不变的，其原因是由于 $E_{\text{总}}$ 是一个十分复杂的非线性函数，很难通过最优求极小的方向得最优的步长 η，同时，如果每一步都要计算 y，这使计算量变得很大，可是从 BP 网络的误差曲面看出,有平坦区上存在,如在平坦区上 η 太小使迭代次数增加,而当 w 落到误差剧烈变化的地方,步长太大又使误差增加,反而使迭代次数增加影响了学习收敛的速度。变步长的方法可以使步长得到合理的调节。这里推出一种方法:先设一初始步长,若一次迭代后误差函数 E 增大,则将步长乘以小于 1 的常数 β 沿原方向重新计算一下迭代点,若一次迭代后误差函数 E 减小,则将步长乘以大于 1 的常数 φ,这样既不增加太多的计算量,又使步长得到合理的调整。

$$\begin{aligned} \eta &= \mu\varphi \qquad \varphi > 1 \qquad 当 \Delta E < 0 \\ \eta &= \eta\beta \qquad \beta < 1 \qquad 当 \Delta E > 0 \end{aligned} \tag{4-52}$$

式中,φ、β 为常数;$\Delta E = E_{总}(n_0) - E_{总}(n_0 - 1)$。当然变步长也可用其他方法进行。很多文章都讨论了这种步长改变和选择的方法。确定了步长后,可得到其迭代公式:

$$\omega(n_0 + 1) = \omega(n_0) + \eta(n_0)d(n_0) \tag{4-53}$$

2. 加动量项

为了加速收敛和防止振荡,建议引入一个动量因子 α:

$$\omega(n_0 + 1) = \omega(n_0) + \eta(n_0)d(n_0) + \alpha\Delta\omega(n_0) \tag{4-54}$$

式中,第 3 项为记忆上有时刻权的修改方向,而在时刻 (n_0) 的修改方向为 $(n_0 - 1)$ 时刻的方向与 (n_0) 时刻的组合,将式(4-54)改写为

$$\begin{aligned} \omega(n_0 + 1) &= \omega(n_0) + \eta(n_0)\left[d(n_0) + \frac{\alpha}{\eta(n_0)}\Delta\omega(n_0)\right] \\ &= \omega(n_0) + \eta(n_0)\left[d(n_0) + \frac{\alpha\eta(n_0 - 1)}{\eta(n_0)}d(n_0 - 1)\right] \end{aligned}$$

上式的形式类似于共轭梯度法的算式,但这里的 $d(n_0 - 1)$ 和 $d(n_0)$ 并不是共轭的,而在 $0 < \alpha < 1$,因此建议在 $\eta(n_0)$ 进行调整时,碰到 $\Delta E > 0$,η 要减小时,让 $\alpha = 0$,然后在调节到 η 增加时使 α 恢复。

3. 加入 $\gamma_l^{p_1}$ 因子的情况

从式(4-51)可以看到,对于一个 p_1 和 l 碰到 $y_l^{p_1}$ 的因子趋于零,而 $(t_l^{p_1} - y_l^{p_1}) \neq 0$ 时,会产生第二类局部最小,这就希望对所碰到的局部最小或平坦区的误差函数有一定的改变,使 $\gamma_l^{p_1}$ 迅速退出不灵敏区。加入一因子 $\gamma_l^{p_1}$,使得输出为

$$y_l^{p_1} = \frac{1}{1 + \exp(-\alpha)} = \frac{1}{1 + \exp\left[-\sum(\omega_{lk}''x_k^{p_1} + \theta_l'')/\gamma_l^{p_1}\right]}$$

对于一个 l、p_1,碰到进入第二类的局部极小或平坦区,使 ω_{lk}'' 和 θ_l'' 同时缩小一个因子,$\gamma_l^{p_1} > 1$,这样可使 $y_l^{p_1}$ 梯度脱离零值,离开平坦区,α 坐标压缩前后的神经元输出曲线如图 4.14 所示,在离开局部最小后,再恢复 $\gamma_l^{p_1} = 1$,这个方法对于避免第二类局部最小十分有效,由于第二类局部最小的概率很大,所以,用这种方法可以避免大部分的局部极小值,而使算法的收敛速度变快。

4. 模拟退火方法

关于模拟退火原理,本书在第 8 章有详细讨论。在所有的权上加一个噪声,改变误差曲线的形状,再用

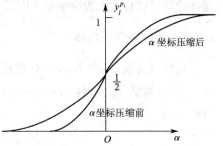

图 4.14　α 坐标压缩前后的
神经元输出曲线

模拟退火的方法,退出局部最小,这种方法可以避免陷入局部最小,但收敛速度很慢,现在很少有人采用。

综上所述,可以得到改进的 BP 学习算法:

$$\omega_{sq}(n_0) = \omega_{sq}(n_0) + \eta(n_0)\sum_p \delta_{sq}^{p_1} x_s^{p_1} + \alpha\Delta\omega_{sq}(n_0) \tag{4-55}$$

输出层: $sq = kl$

$$\delta_{kl}^{p_1} = (t_l^{p_1} - y_l^{p_1}) y_l^{p_1}(1 - y_l^{p_1})/\gamma_l^{p_1} \tag{4-56}$$

对隐层: $sq = jk, ij$ 时

$$\left.\begin{aligned}\delta_{jk}^{p_1} &= \sum_{jk}^{m-1} \delta_{kl}^{p_1}\omega_{kl}'' x_{ll}''^{p_1}(1 - x_k''^{p_1})/\gamma_l^{p_1}\\ \delta_{ij}^{p_1} &= \sum \delta_{jk}^{p_1}\omega_{jk}'' x_j'^{p_1}(1 - x_j''^{p_1})/\gamma_j^{p_1}\end{aligned}\right\} \tag{4-57}$$

$$\left.\begin{aligned}\text{当 }\Delta E_{\text{总}} < 0 \quad &\eta(n_0+1) = \eta(n_0)\cdot\varphi \quad \alpha = \alpha\\ \text{当 }\Delta E_{\text{总}} > 0 \quad &\eta(n_0+1) = \eta(n_0)\cdot\beta \quad \alpha = 0\end{aligned}\right\} \tag{4-58}$$

式中, $\varphi > 1; \beta < 1; \Delta E(n_0) = E(n_0) - E(n_0-1)$ 。

在遇到局部最小时,可以通过调节 $\gamma_l^{p_1}$ 、 $\gamma_k^{p_1}$ 、 $\gamma_{jl}^{p_1}$ 来克服,将 $\gamma_l^{p_1}$ 、 $\gamma_k^{p_1}$ 和 $\gamma_j^{p_1}$ 分别都调节为大于1。

4.3　径向基函数神经网络

1985 年,Powell 提出了多变量插值的径向基函数(Radial Basis Function, RBF)方法,1988年,Broomhead 和 Lowe 首先将 RBF 应用于神经网络设计,从而构成了 RBF 神经网络。

RBF 网络的结构与多层前向网络类似,它是一种三层前向网络,输入层由信号源结点组成。第二层为隐含层,单元数视所描述问题的需要而定,第三层为输出层,它对输入模式的作用作出响应,从输入空间到隐含层空间的变换是非线性的,而从隐含层空间到输出层空间变换是线性的,隐单元的变换函数是 RBF,它是一种局部分布的,对中心点径向对称衰减的非负非线性函数。

构成 RBF 网络的基本思想是:用 RBF 作为隐单元的"基"构成隐含层空间,这样就可以输入矢量直接(即不通过权连接)映射到隐空间。当 RBF 的中心点确定以后,这种映射关系也就确定了,而隐含层空间到输出空间的映射是线性的,即网络的输出是隐单元输出的线性加权和。此处的权即为网络可调参数。由此可见,从总体上看,网络由输入到输出的映射是非线性的,而网络输出对可调参数而言却又是线性的。这样网络的权就可由线性方程组直接解出或用 RLS 方法递推计算,从而,大大加快学习速度,并避免局部极小问题。下面对这种网络进行简要介绍。

4.3.1　函数逼近与内插

从泛函分析知,若 H 为具有重建核的 Hilbert 空间(RKHS),且 $\{\varphi_i\}$ 为 H 是正交归一化基底,若存在常数 C_i 使得 $[\varphi(x), \varphi(t)] = C_i K(x,t)$, $K(x,t)$ 为 H 的重建核,则 H 中的任一函数 f 可表示为

$$f(x) = \sum_i a(i)\varphi_i(x, t_i) \tag{4-59}$$

式中, $\{\varphi(x, t_i) | i = 1, \cdots, N\}$ 为 N 个基函数; $a(i)$ 为 f 与 φ_i 的内积,即 f 可用 φ_i 的线性组合逼近。由于径向基函数(RBF) $\varphi(\|x - t_i\|)$ 是非负的对称函数,它唯一确定了一个 RKHS,所以 H

中的任何函数都可用 φ 为基底来表示，t_i 为 φ 的中心，求函数在未知点 x 的值相当于函数的内插。

多变量 RBF 插值问题可描述为：在 n 维空间中，给定一个有 N 个不同点的集合 $\{X_i \in R_i^n \mid i = 1,2,\cdots,N\}$，并在 R^1 中相应给定 N 个实数集合 $\{d_i \in R^1 \mid i = 1,2,\cdots,N\}$，寻求一函数 $F:R^N \to R^1$ 使之满足插值条件：

$$F(X_i) = d_i \quad (i = 1,2,\cdots,N) \tag{4-60}$$

在 RBF 方法中，函数 F 具有如下形式：

$$F(X) = \sum_{i=1}^{N} \omega_i \varphi(\parallel X - X_i \parallel) \tag{4-61}$$

式中，$\varphi(\parallel X - X_i \parallel)(i = 1,2,\cdots,N)$ 为 RBF，一般为非线性函数；$\parallel \cdot \parallel$ 表示范数，通常称欧氏范数。取已知数据点 $X_i \in R_i^n$ 为 RBF 的中心，φ 对中心点径向对称。通用的 RBF 有高斯函数：

$$\varphi(v) = \exp\left(-\frac{v^2}{2\sigma^2}\right) \quad (\sigma > 0, v \geqslant 0) \tag{4-62}$$

多二次函数：

$$\varphi(v) = (v^2 + c^2)^{-\frac{1}{2}} \quad (c > 0, v \geqslant 0) \tag{4-63}$$

逆多二次函数：

$$\varphi(v) = (v^2 + c^2)^{-\frac{1}{2}} \quad (c > 0, v \geqslant 0) \tag{4-64}$$

薄板样条函数：

$$\varphi(v) = v^2 \log(v) \tag{4-65}$$

将插值条件 $F(X_i) = d_i (i = 1,2,\cdots,N)$ 代入式 (4-68) 可得含有 N 个知系数（权）ω_i 的 N 个线性方程：

$$\Phi W = d \tag{4-66}$$

式中，$N \times N$ 的矩阵 Φ 称为插值矩阵，它可表示为

$$\Phi = \{\varphi_{ji} \mid j,i = 1,2,\cdots,N\} \tag{4-67}$$

$$\varphi_{ji} = \varphi(\parallel X_j - X_i \parallel) \quad (j,i = 1,2,\cdots,N) \tag{4-68}$$

$$W = [\omega_1, \omega_2, \cdots, \omega_N]^T \tag{4-69}$$

$$d = [d_1, d_2, \cdots, d_N]^T \tag{4-70}$$

式中，φ_{ji} 为 RBF 单元；W 为权矢量；d 为期望响应矢量。对于某些 RBF（例如高斯函数和逆多二次函数），Φ 具有如下显著的性质：

设 $X_i(i = 1,2,\cdots,N)$ 是 R^n 中的 N 个不同点，则插值矩阵 Φ 是正定的。

若 Φ 可逆，则可得权矢量：

$$W = \Phi^{-1} d \tag{4-71}$$

式中，Φ^{-1} 为 Φ 的逆。如果 Φ 趋于奇异，则上式的求解就成为病态问题，这时可将它摄动到 $\Phi + \lambda I$ 求解。其中，λ 为一小的正实数。这种摄动在形式上和下面正规化法所得的结果是相同的。

式 (4-71) 的病态问题表明这种插值方法综合性能不良，即当输入数据含有噪声或输入新的数据时，输出响应有可能严重失配。下面介绍的正规化方法可以改善这种性能。

4.3.2 正规化理论

由有限数据点恢复其背后隐含的规律(函数)是一个反问题,而且往往是不适应的。解决这类问题可用正规化理论,即加入一个约束,使问题的解稳定。这样,目标函数应包含二项。

(1)常规误差项

$$E_s(F) = \frac{1}{2}\sum_{i=1}^{N}(d_i - y_i)^2 = \frac{1}{2}\sum_{i=1}^{N}[d_i - F_i(x)]^2 \tag{4-72}$$

式中,N 为样本数;d_i 为应有输出。

(2)正规化项

$$E_c(F) = \frac{1}{2}\|PF\|^2 \tag{4-73}$$

式中,P 为线性微分算子,它代表对 $F(x)$ 的先验知识,一般说,$F(x)$ 具有内插能力的条件是 F 是平滑的,所以 P 代表了平滑性约束。严格说来,问题的解 $f(x) \in F$ 应是 RKHS 中的元素。这样问题变为求使下式(4-74)极小化的 $F(x)$。

$$E(F) = E_s(F) + \lambda E_c(F) = \frac{1}{2}\sum_{i=1}^{N}[d_i - F_i(x)]^2 + \frac{1}{2}\lambda\|PF\|^2 \tag{4-74}$$

上述问题可化为求解 $E(F)$ 的 Euler 方程:

$$P^*PF(x) = \frac{1}{\lambda}\sum_{i=1}^{N}[d_i - F_i(x)]\delta(x - x_i) \tag{4-75}$$

式中,P^* 为 P 的伴随算子,令 $G(x-x_i)$ 为自伴随算子 P^*P 的格林函数,它满足除在点 $x = x_i$ 处有值外,其余各处 $P^*PG(x,x_i) = 0$,即

$$P^*PG(x,x_i) = \delta(x - x_i) \tag{4-76}$$

于是式(4-75)化解为下述积分变换:

$$F(x) = \int_{R^P} G(x,\xi)\varphi(\xi)d\xi \tag{4-77}$$

式中,$\varphi(\xi)$ 为式(4-75)右端的函数(变量 x 用 ξ 代替):

$$\varphi(\xi) = \frac{1}{\lambda}\sum_{i=1}^{N}[d_i - F_i(\xi)]\delta(\xi - x_i) \tag{4-78}$$

代入上式可得:

$$F(x) = \frac{1}{\lambda}\sum_{i=1}^{N}[d_i - F_i(x)]G(x,x_i) \tag{4-79}$$

可见,正规化问题的解是 N 个基函数 $G(x,x_i)$ 的线性组合,问题变为求上式中的未知系数:

$$w_i = \frac{1}{\lambda}\sum_{i=1}^{N}[d_i - F_i(x)] \quad (i = 1,2,\cdots,N) \tag{4-80}$$

根据 $F(x) = \sum_{i=1}^{N}w_iG(x,x_i)$,先求 x_j 处的 $F(x_j)$ 值:

$$F(x_j) = \sum_{i=1}^{N}w_iG(x_j,x_i) \quad (j = 1,2,\cdots,N) \tag{4-81}$$

令

$$F = [F(x_1),F(x_2),\cdots,F(x_N)]^T, d = [d_1,d_2,\cdots,d_N]^T$$

$$G = \begin{bmatrix} G(x_1,x_1) & G(x_1,x_2)\cdots G(x_1,x_N) \\ G(x_2,x_1) & G(x_2,x_2)\cdots G(x_2,x_N) \\ \vdots & \vdots & \cdots & \vdots \\ G(x_N,x_1) & G(x_N,x_2)\cdots G(x_N,x_N) \end{bmatrix}$$

$$w = [w_1,w_2,\cdots,w_N]^{\mathrm{T}}$$

则有

$$w = \frac{1}{\lambda}(d - F), F = G \cdot w \tag{4-82}$$

由此二式消去 F,可得:

$$(G + \lambda I)w = d \tag{4-83}$$

式中,I 为 $N \times N$ 的单位阵;G 为格林矩阵。它是一个对称阵,即 $G(x_i,x_j) = G(x_j,x_i)$,所以,$G^{\mathrm{T}} = G$,只要各数据点 x_1、x_2、$\cdots$、x_N 不同,G 就是正定的。实际上,总可选择足够大的 λ,使 $G + \lambda I$ 为正定且可逆,所以有:

$$w = (G + \lambda I)^{-1}d \tag{4-84}$$

综上所述,正规化的问题的解为

$$F(x) = \sum_{i=1}^{N} w_i G(x,x_i) \tag{4-85}$$

式中,$G(x,x_i)$ 为自伴随算子 P^*P 的格林函数;w 为权系数。$G(x,x_i)$ 与 P 的形式有关,即与对问题的实验知识有关,若稳定算子 P 为平移及旋转不变,则有:

$$G(x,x_i) = G(\|x - x_i\|) \tag{4-86}$$

显然 $G(x,x_i)$ 是一个 RBF,$F(x)$ 的形式为

$$F(x) = \sum_{i=1}^{N} w_i G(\|x - x_i\|) \tag{4-87}$$

上面的分析最后可归纳成如下的命题:

对于任意定义在紧致子集 R^n 上的连续函数 $F(x)$,以及任意分段连续的自伴随算子的格林函数 $G(x,x_i)$,存在一个函数 $F^*(x) = \sum_{i=1}^{N} w_i G(x,x_i)$,使之对于所有 x 和任意正数 ε 满足如下不等式:

$$|F(x) - F^*(x)| < \varepsilon \tag{4-88}$$

正规化理论构成的神经网络如图 4.15 所示。它是一个 3 层网络,输入层直接和隐含层相连。隐含层有 N 个单元,其变换函数为格林函数。网络输出为隐含层输出的线性组合由式(4-87)计算。

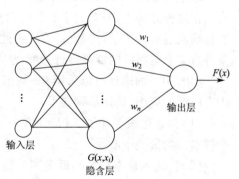

图 4.15　正规化理论构成的神经网络

4.3.3　RBF 网络的学习

在 RBF 网络中,输出层和隐含层所完成的任务是不同的,因而它们的学习策略也不相同。输出层是对线性权进行调整,采用的是线性优化策略,因而学习速度较快。因隐含层是对作用函数(格林函数)的参数进行调整,采用的是非线性优化策略,因而学习速度较慢。由此可见,

两个层次学习过程的"时标"也是不相同的,因而学习一般分为两个层次进行。下面介绍 RBF 网络常用的学习方法。

1. 随机选取 RBF 中心(直接计算法)

这是一种最简单的方法。在此方法中,隐单元 RBF 的中心是随机地输入样本中选取,且中心固定。RBF 的中心确定以后,隐单元的输出是已知的,这样,网络的连接权就可通过求解线性方程组来确定。对于给定的问题,如果样本数据的分布具有代表性,此方法不失为一种简单可行的方法。当 RBF 选用高斯函数时,它可表示为

$$G(\|X - t_i\|^2) = \exp\left(-\frac{M}{d_m^2}\|X_j - t_i\|^2\right) \tag{4-89}$$

式中,M 为中心数(即隐含层单元数);d_m 为所选中心之间的最大距离,在此种情况下,高斯 RBF 的均方差(即宽度)固定为

$$\sigma = \frac{d_m}{\sqrt{2M}} \tag{4-90}$$

这样选择 σ 的目的是为了使高斯函数的形状适度,即不很尖,也不很平。

网络的连接权矢量可由式(4-91)直接计算,即

$$W = G^+ d \tag{4-91}$$

式中,d 为期望响应矢量;G^+ 为矩阵 G 的违逆,G 由下式确定:

$$G = \{g_{ji}\} \tag{4-92}$$

式中

$$g_{ji} = \exp\left(-\frac{M}{d_m^2}\|X - t_i\|^2\right)(j = 1, 2, \cdots, N; i = 1, 2, \cdots, M) \tag{4-93}$$

式中,X_j 为第 j 个输入样本数据向量,矩阵伪逆的计算可以用奇异值分解方法。

2. 自组织学习选取 RBF 中心

在这种方法中,RBF 的中心是可以移植的,并通过自组织学习确定其位置,而输出层的线性权则通过有监督学习规则计算。由此可见,这是一种混合的学习方法。自组织学习部分在某种意义上对网络的资源进行分配,学习目的是使 RBF 的中心位于输入空间重要的区域。

RBF 中心的选择可以采用 k—均值聚类算法。这是一种无监督的学习方法,在模式识别中有广泛的应用,具体步骤如下:

(1)初始化聚类中心 $t_i(i = 1, 2, \cdots, M)$。一般是从输入样本 $X_i(i = 1, 2, \cdots, M)$ 中选择 M 个样本作为聚类中心。

(2)将输入样本按最临近规则分组,即将 $X_i(i = 1, 2, \cdots, M)$ 中的 M 个样本分配给中心为 $t_i(i = 1, 2, \cdots, M)$ 的输入样本聚类集合 θ_i,亦即 $X_j \in \theta_i$,且满足:

$$d_i = \min\|X_j - t_i\| \qquad (j = 1, 2, \cdots, N; i = 1, 2, \cdots, M) \tag{4-94}$$

式中,d_i 为最小欧氏距离。

(3)计算 θ_i 中样本的平均值(即聚类中心 t_i)。

$$t_i = \frac{1}{M_i}\sum_{x_j \in \theta_i} X_j \tag{4-95}$$

式中,M_i 为 θ_i 中的输入样本数。按以上步骤计算,直到聚类中心分布不再变化。RBF 的中心确定以后,如果 RBF 是高斯函数,则可用式(4-90)计算其均方差 σ。这样隐单元的输出就可

以计算出来了。

对于输出层线性权的计算可以采用误差—修正学习算法,例如最小二乘法(LMS)。这时,隐含层的输出就是 LMS 算法的输入。

3. 有监督学习选取 RBF 中心

在这种方法中,RBF 的中心及网络的其他自由参数都是通过有监督的学习来确定的。这是 RBF 网络学习的最一般化形式。对于这种情况,有监督学习可以采用简单有效的梯度下降法。

不失一般性,考虑网络为单变量输出,定义目标函数:

$$\xi = \frac{1}{2}\sum_{j=1}^{N} e_j^2 \tag{4-96}$$

式中,N 为训练样本数;e_j 为误差信号,由下式定义:

$$e_j = d_j - F^*(X_j) = d_j - \sum_{i=1}^{M} w_i G(\|X_j - t_i\|_{C_i}) \tag{4-97}$$

对网络学习的要求是,寻求网络的自由参数 w_i、t_i 和 R_i^{-1}(后者与权范数矩阵 C_i 有关),使目标函数 ξ 达到极小。当上述优化问题用梯度下降法实现时,可得网络自由参数优化计算的公式:

(1)线性权 w_i(输出层)

$$\frac{\partial \xi(n)}{\partial w_i(n)} = \sum_{j=1}^{N} e_j(n) G(\|X_j - t_i(n)\|_{c_i}) \tag{4-98}$$

$$w_i(n+1) = w_i(n) - \eta_i \frac{\partial \xi(n)}{\partial w_i(n)} \qquad (i=1,2,\cdots,M) \tag{4-99}$$

(2)RBF 中心 t_i(隐含量)

$$\frac{\partial \xi(n)}{\partial w_i(n)} = 2w_i(n) \sum_{j=1}^{N} e_j(n) G'(\|X_j - t_i(n)\|_{c_i}) \times R_i^{-1}[X_j - t_i(n)] \tag{4-100}$$

$$t_i(n+1) = t_i(n) - \eta_2 \frac{\partial \xi(n)}{\partial t_i(n)} \qquad (i=1,2,\cdots,M) \tag{4-101}$$

(3)RBF 的扩展 R^{-1}(隐含量)

$$\frac{\partial \xi(n)}{\partial R_i^{-1}(n)} = -w_i(n) \sum_{i=1}^{N} e_j(n) G'(\|X_j - t_i(n)\|_{c_i}) Q_{ji} \tag{4-102}$$

$$Q_{ji} = [X_j - t_i(n)][X_j - t_i(n)]^{\mathrm{T}} \tag{4-103}$$

$$R_i^{-1}(n+1) = R_i^{-1}(n) - \eta_3 \frac{\partial \xi(n)}{\partial R_i^{-1}(n)} \tag{4-104}$$

式中,$G(\cdot)$ 为格林函数对自变量的一阶导数。

关于以上计算公式有以下几点说明:

(1)目标函数 ξ 对线性权 w_i 是凸的,但对于 t_i 和矩阵 R^{-1} 则是非凸的。对于后一种情况,即 t_i 和 R^{-1} 最优值的搜索可能卡住在参数空间的局部极小点。

(2)学习速率 η_1、η_2 和 η_3 一般是不相同的。

(3)与 RBF 算法不同,上述的梯度算法没有误差回转。

(4)RBF 为高斯函数时,参数 R^{-1} 代表高斯函数的均方差(宽度)σ。

(5)梯度矢量 $\frac{\partial \xi}{\partial t_i}$ 具有与聚类相似的效应,即,使 t_i 成为输入样本聚类的中心。

初始化问题是递推算法一个极为重要的问题。为了减小学习过程收敛到局部极小的可能,搜索应始于参数空间某个有效的区域。为了达到这一目的,可以先用 RBF 网络实现一个标准的高斯分类算法,然后用分类结果作为搜索的起点。

为了使网络的结构尽可能简单(即隐含层单元数尽可能小),优化 RBF 的参数是必要的,特别是 RBF 的中心。当然,同样的扩展性能也可用增加网络复杂性的方法来实现,即中心固定,但隐单元数增加。

4. 正交最小二乘(OLS)法选取 RBF 中心

RBF 神经网络的另一重要的学习方法是正交最小二乘(Orthogonal Least Square,OLS)法,OLS 法来源于线性回归模型。在以下的讨论中,不失一般性,仍假定输出层只有一个单元。令网络的训练样本对为 $\{X_n, d(n)\}$, $n=1,2,\cdots,N$。其中,N 为训练样本数;$X_n \in R^n$ 为网络的输入数据矢量;$d(n) \in R^n$ 为网络的期望输出响应。根据线性回归模型,网络的期望输出响应可表示为

$$d(n) = \sum_{i=1}^{M} p_i(n)w_i + e(n) \quad (n=1,2,\cdots,N; i=1,2,\cdots M) \quad (4\text{-}105)$$

式中,M 为隐含层单元数,$M<N$;$P_i(n)$ 是回归算子,它实际上是隐含层 RBF 在某种参数下的响应,可表示为

$$p_i(n) = G(\|X_n - t_i\|) \quad (n=1,2,\cdots,N; i=1,2,\cdots M) \quad (4\text{-}106)$$

w_i 是模型参数,它实际上是输出层与隐含层之间的连接权;$e(n)$ 是残值。将式(4-105)写成矩阵方程形式,有:

$$d = PW + e \quad (4\text{-}107)$$
$$d = [d(1), d(2), \cdots, d(N)]^T$$
$$W = [w_1, w_2, \cdots w_M]^T$$
$$P = [P_1, P_2, \cdots, P_M]^T$$
$$P_i = [p_i(1), p_i(2), \cdots, p_i(N)]^T$$
$$e = [e(1), e(2), \cdots, e(N)]^T$$

式中,P 为回归矩阵,求解回归方程式(4-107)的关键问题是回归算子矢量 P_i 的选择,一旦 P 已定,模型参考矢量就可用线性方程组求解。RBF 的中心 $t_i(1 \le i \le M)$ 一般是选择输入样本数据矢量集合 $\{X_n | n=1,2,\cdots,N\}$ 中的一个子集。每定一组 $t_i(1 \le i \le M)$,对应于输入样本就能得到一个回归矩阵 P。这里要注意的是,回归模型中的残值 e 是与回归算子的变化及其个数 M 的选择有关的。每个回归算子对降低残值 e 的贡献是不相同的,要选择那些贡献显著的算子,删除贡献差的算子。

OLS 法的任务是通过学习选择合适的回归算子矢量 $P_i(1 \le i \le M)$ 及其个数 M,使网络输出满足二次性能指标要求。OLS 法的基本思想是,通过正交化 $P_i(1 \le i \le M)$,分析 P_i 对降低残值的贡献,选择合适的回归算子,并根据性能指标,确定回归算子 M。下面介绍 OLS 法。

先讨论回归矩阵 P 的正交问题,将 P 进行正交—三角分解:

$$P = UA \quad (4\text{-}108)$$

式中,A 为一个 $M \times N$ 的三角阵,且对角元素为 1,

$$A = \begin{bmatrix} 1 & \alpha_{12} & \alpha_{13} & \cdots & \alpha_{1N} \\ 0 & 1 & \alpha_{23} & \cdots & \alpha_{2N} \\ 0 & 0 & 1 & \cdots & \vdots \\ \vdots & \vdots & \vdots & 1 & \alpha_{M-1,N} \\ 0 & 0 & 0 & \cdots & 1 \end{bmatrix} \quad (4\text{-}109)$$

U 为一个 $N \times M$ 矩阵,其各列 u_i 正交,

$$U^T U = H \tag{4-110}$$

H 为一个对角元素为 h_i 的对角阵。

$$h_i = u_i^T u_i = \sum_{n=1}^{N} u_i^2(n) \tag{4-111}$$

将式(4-108)代入式(4-107),有:

$$d = UAW + e = Ug \tag{4-112}$$

$$g = AW \tag{4-113}$$

式(4-112)的正交最小二乘解为

$$\hat{g} = H^{-1} U^T d \tag{4-114}$$

或

$$\hat{g}_i = \frac{u_i^T d}{u_i^T u_i} \quad (1 \leqslant i \leqslant M) \tag{4-115}$$

式中,g_i 为矢量 $\hat{g}$ 的分量。$\hat{g}$ 和 $\hat{W}$ 应满足下面的三角方程:

$$A\hat{W} = \hat{g} \tag{4-116}$$

上述的正交化可用传统的 Cream-Sechmidt 正交化方法,或用 House-hoider 交换实现。这里采用 G-S 方法,该方法是每次计算 A 的一列,并做如下正交化:

$$\left.\begin{array}{l} u_i = P_i \\[2mm] \alpha_{ik} = \dfrac{u_i^T P_k}{u_i^T u_i} \\[4mm] u_k = P_k - \displaystyle\sum_{i=1}^{k-1} \alpha_{ik} u_i \\[4mm] (1 \leqslant i \leqslant k; k = 2, \cdots, M) \end{array}\right\} \tag{4-117}$$

假定矢量 A 和 e 互不相关,则输出响应的能量可表示为

$$d^T d = \sum_{i=1}^{M} g_i^2 u_i^T u_i + e^T e \tag{4-118}$$

上式两边除以 $d^T d$,得:

$$1 - \sum_{i=1}^{M} \varepsilon_i = q \tag{4-119}$$

$$\varepsilon_i = \frac{g_i^2 u_i^T u_i}{d^T d} \quad (1 \leqslant i \leqslant M) \tag{4-120}$$

定义为误差压缩比,而 $q = e^T e / d^T d$ 为相对二次误差。由式(4-119)可知,ε_i 越大,则 q 越小。而由式(4-118)又知,g_i 仅与 d 和 u_i 有关,因而 ε_i 也仅与 d 和 u_i 有关。d 是已知的,这样就可根据式(4-120)选择使 ε_i 尽可能大的回归算子 $u_i(P_i)$。由此可见,式(4-119)为寻找重要的回归算子提供了一种简单有效的方法。现将 OLS 法步骤总结如下:

(1)预选一个隐含层单元数 M。

(2)预选一组 RBF 的中心矢量 $t_i (1 \leqslant i \leqslant M)$。

(3)根据上一步选定的 RBF 中心,使用输入样本矢量 $X_n (n = 1, 2, \cdots, N)$,按式(4-106)计算回归矩阵 P。

（4）按式（4-117）正交化回归矩阵各列。

（5）按式（4-115）及式（4-120）分别计算：

$$g_i = \frac{u_i^{\mathrm{T}} d}{u_i^{\mathrm{T}} u_i} \quad (1 \leqslant i \leqslant M) \tag{4-121}$$

$$\varepsilon_i = \frac{g_i^2 u_i^{\mathrm{T}} u_i}{d^{\mathrm{T}} d} \quad (1 \leqslant i \leqslant M) \tag{4-122}$$

（6）由式（4-109）计算上三角阵 A，并由三角方程 $AW = g$ 求解连接权矢量 W，式中

$$g = [g_1, g_2, \cdots, g_M]^{\mathrm{T}} \tag{4-123}$$

（7）检查下式是否得到满足：

$$1 - \sum_{i=1}^{M} \varepsilon_i < \rho \tag{4-124}$$

式中，$0 < \rho < 1$ 为选定的容差。如果上式得到满足，则停止计算。否则，转第（2）步，即重新选择 RBF 的中心。

这里有一点需要说明，第一步选的 M 可能偏大或偏小，这就需要通过学习寻求一个合适的值。

4.3.4　RBF 网络的一些变形

4.3.4.1　广义 RBF 网络

正规化网络格林函数与输入训练数据 $X_i(i=1,2,\cdots,N)$ 是一一对应的，即隐单元数与输入样本数 N 是相同的。当 N 很大时，网络的实现复杂，且高维矩阵逆的计算易产生病态问题。解决这一问题的方法是减少隐单元数，即用小于 N 个格林函数逼近格林函数为 N 的正规化问题精确，则可构成如图 4.16 所示的广义（Generalized）RBF 网络（简称 GRBF 网络）。在图 4.16 中输出单元还设置了偏移，其作法是令隐含层一个单元 G_0 的输出衡为 1，而令输出单元与其相连的权 $w_{j0}(j=1,2,\cdots,m)$ 为该输出单元的偏移。由图 4.16 可见，网络的输出可表示为

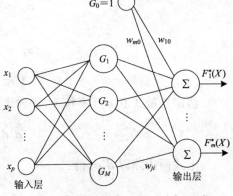

图 4.16　GRBF 网络

$$F_j^*(X) = w_{j0} + \sum_{i=1}^{M} w_{ji} G(\parallel X_j - t_i(n) \parallel_{c_i})(j=1,2,\cdots,m) \tag{4-125}$$

GRBF 网络与正规化 RBF 网络的结构相似，但有两个重要的不同之处：

（1）GRBF 网络的隐含层单元数为 $M < N$，而正规化 RBF 网络的隐含层单元数为 $M = N$。

（2）GRBF 网络的格林函数中心 t_i，隐含层单元数 M，权范数矩阵 R_i^{-1} 及连接 w_{ji} 是通过学习确定的，而正规化 RBF 网络格林函数的参数是已知的，仅连接权 w_{ji} 未知。

由于 RBF 网络的隐含层单元数为 $M < N$，格林函数的参数往往需要学习才能使解接近于正规化的精确解。

4.3.4.2　RBF 网络的其他变形

采用归一化 RBF 作为隐单元函数：

$$Z_j(x) = \frac{G\left(\dfrac{\|x - t_i\|}{\sigma_j^2}\right)}{\displaystyle\sum_{i=1}^{j} G\left(\dfrac{\|x - t_i\|}{\sigma_1^2}\right)} \tag{4-126}$$

这样,对所有输入样本 $\displaystyle\sum_{i=1}^{j} Z_j = 1$,即所有隐单元输出之和为 1。

RBF 的响应完全是局部的,Sigmoid 函数是全局的。RBF 的优点是对有限区域逼近时,有很大的灵活性,这是靠较大量隐单元达到的。另一种折中的方法是"高斯条"函数,它是"半局部"的,其形式为

$$Z_j(x) = \exp\left[-\frac{\|x - t_j\|^2}{2\sigma_j^2}\right] = \prod \exp\left[-\frac{(x_i - t_{ji})}{2\sigma_j^2}\right] \tag{4-127}$$

式中,j 为第 j 高斯条单元;i 为输入第 i 维(分量)。如果把每个高斯函数看成对每一维局部性条件的表示,则当任一局部性条件成立时,高斯条函数即做出响应,而 RBF 单元则要求每个局部条件都成立时才作出响应。可见高斯条单元像一个求和单元,而 RBF 则是求积的单元。应注意,高斯条函数的可调用参数比同一个规模的 RBF 多。各函数中心的选取可用监督学习方法。

4.3.5　RBF 网络应用

1. 用 RBF 网络解 XOR 问题

隐层激活函数选为高斯函数,XOR 网络如图 4.17 所示。

$$G(\|x - t_i\|) = \exp(-\|x - t_i\|^2) \qquad (i = 1,2) \tag{4-128}$$

因问题的对成性,隐单元到输出节点的权选为相同(用 w 表示),输入到隐单元的权为 1(固定)。输出可表示为

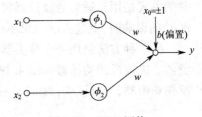

图 4.17　XOR 网络

$$y(x) = \sum_{i=1}^{2} wG(\|x - t_i\|) + b \tag{4-129}$$

t_i 为中心,$t_1 = [1,1]^T$,$t_2 = [0,0]^T$,b 取为 1。

用 g_{ji} 表示各相应输入下隐单元之输出(4 种可能输入):

$$g_{ji} = G(\|x_j - t_i\|) \qquad j = (1,2,3,4; i = 1,2) \tag{4-130}$$

希望的输出值为已知,$d = [1,0,1,0]^T$,将 w,b 作为待求参数并表示为 $w = [w,w,b]^T$,则有如下关系:

$$Gw = d \tag{4-131}$$

其中

$$G = \begin{bmatrix} g_{11} & g_{12} & 1 \\ g_{21} & g_{22} & 1 \\ g_{31} & g_{32} & 1 \\ g_{41} & g_{42} & 1 \end{bmatrix} = \begin{bmatrix} 1 & 0.1353 & 1 \\ 0.3678 & 0.3678 & 1 \\ 0.1353 & 1 & 1 \\ 0.3678 & 0.3678 & 1 \end{bmatrix} \tag{4-132}$$

给定数据(4 对)比特求参数(3 个),可以用最小二乘求伪逆,即

$$w = G^+ d = (G^T G)^{-1} G^T d$$

把 G 值及 d 值代入,得

$$G^+ = \begin{bmatrix} 1.656 & -1.158 & 0.628 & -1.158 \\ 0.628 & -1.158 & 1.656 & -1.158 \\ -0.846 & 1.301 & -0.846 & 1.301 \end{bmatrix}, \quad w = \begin{bmatrix} 2.284 \\ 2.284 \\ -1.692 \end{bmatrix}$$

检查结果见表4.1。

表4.1   检查结果

数据列号	输入(x_j)	希望输出(d_j)	实际输出(y_i)
1	(1,1)	1	+0.901
2	(0,1)	0	0.01
3	(0,0)	1	0.901
4	(1,0)	0	-0.01

2. RBF 网络工具自适应均衡

均衡器用于抵偿数字通信中信道的不完美带来的畸变。线路平衡如图4.18所示,图中,信源经编码(一般为二进制字符串)后送入信道,信道的传递函数为$H(Z)$,信道输出$s(n)$送加上高斯噪声$v(n)$后的$x(n)$为均衡器的输入。均衡器的目的是正确恢复a_n(对a_n做估计),通

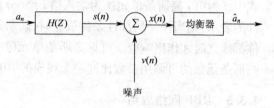

图4.18   线路平衡

常的方式是用自适应滤波仪器模拟$H(Z)$的逆来进行求a_n,但当$H(Z)$为非最小相位且有噪声$v(n)$的影响时,上述方法效果不佳。

另一种方法是用一个分类器,以判断某一码字是 +1 还是 -1,该分类器往往是非线性分类器。决策反馈均衡器如图4.19所示,图中给出一种由反馈输入的非线性滤波器组成的决策反馈均衡器,可以证明,对 $a(n-\tau)$ 的最优估计可以按下式计算:

$$a(n-\tau) = \begin{cases} +1, F_B[x(n) \mid a_f(n-\tau) = a_{fj}] \geq 0 \\ -1, F_B[x(n) \mid a_f(n-\tau) = a_{fj}] < 0 \end{cases} \tag{4-133}$$

式中,$F_B(\cdot \mid \cdot)$ 为一个最优条件决策函数,由下式表示:

$$F_B(x(n) \mid a_f(n-\tau) = a_{fj}) = \sum_{T_{x_i^+ \in s^+}} \alpha \exp\left(-\frac{1}{2\sigma_v^2} \| x(n) - x_i^+ \|^2\right) -$$

$$\sum_{T_{x_i^- \in s^+}} \alpha \exp\left(-\frac{1}{2\sigma_v^2} \| x(n) - x_i^- \|^2\right) \tag{4-134}$$

式中,α 为常数;σ_v 为噪声 $v(n)$ 之方差;$x(n)$ 为信道输出(均衡器输入);$\hat{\alpha}(n-\tau)$ 为对传送的符号 $\alpha(n)$ 延时 τ 个符号后的估计。

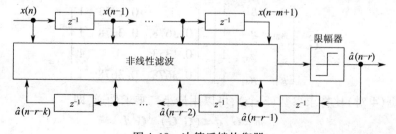

图4.19   决策反馈均衡器

3. 非线性系统的故障诊断

（1）自适应状态观测设计

考虑非线性时变系统：

$$x(k) = f(x(k), u(k), \beta(k)) \tag{4-135}$$

$$y(k) = g(x(k))$$

式中，$u \in E^l$；$y \in R^m$；$x \in R^n$；$f(\cdot)$ 为线性函数；$g(\cdot)$ 为已知的非线性观测函数；$\beta(\cdot)$ 为系统随时间变化的参数，它是一个随时间慢变的非线性函数。

自适应状态观测器结构图如图 4.20 所示。为了从非线性时变系统的输入 $u(k)$ 和 $y(k)$ 估计出系统的状态，用图 4.20 结构的基于模糊系统的径向基网络动态系统结构构成状态观测器，系统的输出作为估计的一个输入，其动态方程如下：

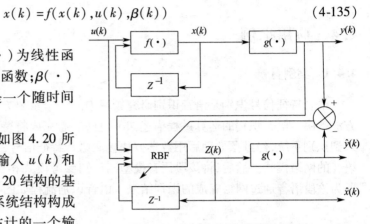

图 4.20　自适应状态观测器结构图

$$Z(k) = r(Z(k), u(k), y(k)) \tag{4-136}$$

$$\hat{y}(k) = g(Z(k))$$

式中，$Z \in R^n$，为基于模糊规则径向网络动态系统的状态图。

仿真系统：

$$x(k+1) = (1 + \beta(k))\sin x(k) - 0.2x(k) + u(k)$$

$$y(k) = 1.5(k) + x(k-1) \tag{4-137}$$

$$\beta(k) = \sin(0.035k)$$

系统的输入采用白燥声，学习速率取为 0.2，按上节的算法分别用基于 ASF Ⅰ、ASF Ⅱ 和 ASF Ⅲ 的 RBF 网络进行在线学习、估计，仿真观测器的规则节点分别稳定在 $m = 20$、$m = 17$ 和 $m = 5$，系统的初试收敛速度快。

（2）非线性系统的故障诊断

对于式（4-136），系统可以利用神经网络获得状态观测器，利用式（4-137）的输出值，进行下一步的系统的输出预报，便可以实现系统的故障检测，定义系统预报输出残差如下：

$$\varepsilon(k+1) = y(k+1) - \hat{y}(k+1) \tag{4-138}$$

式中，$\varepsilon(k)$ 为系统预报输出残差。根据状态观测器设计的特点，$\varepsilon(k)$ 应很快衰减为 0，从而达到进行预报的目的，但是，当系统存在故障时，相当于系统的物理结构发生了变化，即系统模型发生了变化，跟踪能力下降，导致系统的输出预报残差突变，利用这种突变就可以检测故障，设：

$$y(k) = \varepsilon(k)^T W \varepsilon(k) \tag{4-139}$$

式中，W 为对角加权阵，可根据实际问题具体特征选取，于是，故障检测规则为如下公式：

$$y(k) = \begin{cases} \leqslant T & \text{onfault} \\ > T & \text{fault} \end{cases} \quad (T \text{ 为故障检测的阈值}) \tag{4-140}$$

考虑到式（4-135），设计系统在 $k = 50$ 时出现故障，这里仅用基于 ASF Ⅲ 的 RBF 网络，采用上述方法检测。

上述提出的自适应观测器设计方法,由于网络基函数形式简单,即使多变量输入也不增加太多的复杂性,所以容易扩展到多深入多输出系统中,并且 FRBFs 也能同时处理定性和定量知识,有利于实际应用。

4.4 应用举例

4.4.1 案例背景

语音特征信号识别是语音识别研究领域中的一个重要方面,一般采用模式匹配与识别的方法解决。语音识别的运算过程描述如下:首先,需完成将待识别语音转化为电信号,然后输入到识别系统,经过预处理后用数学方法提取语音特征信号,提取出的语音特征信号即是该段语音的网络模式。然后,将该段语音模型同已知参考模式相比较,获得最佳匹配的参考模式,即为该段语音通过网络完成的识别结果。语音识别流程如图 4.21 所示。

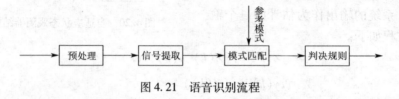

图 4.21 语音识别流程

本案例选取了民歌、古筝、摇滚和流行四类不同音乐,用 BP 神经网络实现对这四类音乐的有效分类。每段音乐都用倒谱系数法提取 500 组 24 维语音特征信号,提取出的语音特征信号如图 4.22 所示。

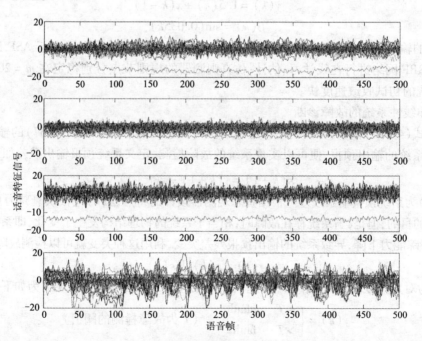

图 4.22 提取出的语音特征信号

4.4.2　模型建立

基于 BP 神经网络的算法流程如图 4.23 所示。

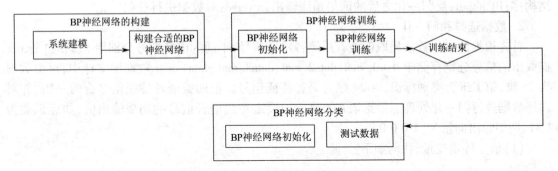

图 4.23　基于 BP 神经网络的算法流程

BP 神经网络的构建是根据系统输入输出数据特点确定 BP 神经网络结构的,由于语音特征输入信号有 24 维,待分类的语音信号共有 4 类,所以 BP 神经网络的结构为 24—25—4,即输入层有 24 个节点,隐含层有 25 个节点,输出层有 4 个节点。

BP 神经网络训练用 2 000 组语音特征信号训练数据,随机选择 1 500 组作为训练样本,500 组数据作为测试样本。最后的网络模型对测试数据所属语音类别进行分类。

4.4.3　MATLAB 实现

根据 BP 神经网络理论,在 MATLAB 软件中编程实现基于 BP 神经网络的语音特征信号分类算法。

1. 归一化方法

数据归一化方法是神经网络预测前对数据常做的一种处理方法。数据归一化处理把所有数据都转化为[0,1]的数,其目的是取消各维数据间数量级差别,避免因为输入输出数据数量级差别较大而造成网络预测误差较大。数据归一化的方法主要有以下两种。

(1)最大最小法。函数形式如下:

$$x_k = (x_k - x_{\min})/(x_{\max} - x_{\min}) \tag{4-141}$$

式中,$x_{\min}$ 为数据序列中的最小数;$x_{\max}$ 为序列中的最大数。

(2)平均数方差法。函数形式如下:

$$x_k = (x_k - x_{\mathrm{mean}})/x_{\mathrm{var}} \tag{4-142}$$

式中,x_{mean} 为数据序列的均值;x_{var} 为数据的方差。

以第一种归一化方法为例进行介绍,归一化函数采用 Matlab 自带函数"mapminmax",该函数有多种形式,描述如下:

```
[inputn,inputps]=mapminmax(input_train);
[outputn,outputps]=mapminmax(output_train);
```

input_train、output_train 是训练输入、输出原始数据,inputn 和 outputn 是归一化后的数据,inputps,outputps 为数据归一化后得到的结构体,里面包含了数据最大值、最小值和平均值等信息,可用于测试数据归一化和反归一化。测试数据归一化和反归一化函数为:

```
inputn_test=mapminmax('apply',input_test,inputps);% 测试输入数据归一化
```

```
BPoutput =mapminmax('reverse',an,outputps);% 网络预测数据反归一化
```

各个参数说明是,input_test:预测输入数据;inputn_test:归一化后的预测数据;apply:根据 inputps 的值对 input_test 进行归一化;an:网络预测结果;outputps:训练输出数据归一化得到的结构体;BPoutput:反归一化之后的网络预测输出;reverse:对数据进行反归一化。

2. 数据选择和归一化

首先根据倒谱系数法提取四类音乐语音特征信号,不同的语音信号分别用1、2、3、4 标识,提取出的信号分别存储于 data1. mat、data2. mat、data3. mat、data4. mat 数据库文件中,每组数据为 25 维,第 1 维为类别标识,后 24 维为语音特征信号。把四类语音特征信号合为一组,并对训练数据进行归一化处理。根据语音类别标识设定每组语音信号的期望输出值,如标识类为 1 时,期望输出向量为[1 0 0 0]。

(1)清空环境变量,代码如下:

```
clc
clear
```

(2)导入四类语音信号,代码如下:

```
loaddata1c1
loaddata2c2
loaddata3c3
loaddata4c4
```

(3)将四类语音特征信号合并为一组,代码如下:

```
data(1:500,:) =c1(1:500,:);
data(501:1000,:) =c2(1:500,:);
data(1001:1500,:) =c3(1:500,:);
data(1501:2000,:) =c4(1:500,:);
```

(4)输入输出数据,代码如下:

```
input =data(:,2:25);
output1 =data(:,1);
```

(5)设定每组输入输出信号:

```
for i =1:2000
  switch output1(i)
  case 1
    output(i,:) =[1  0  0  0];
  case 2
    output(i,:) =[0  1  0  0];
  case 3
    output(i,:) =[0  0  1  0];
  case 4
    output(i,:) =[0  0  0  1];
  end
end
```

(6)随机选定训练样本和测试样本,指令如下:

```
k =rand(1,2000);
[m,n] =sort(k);
input_train =input(n(1:1500),:)';
```

```
output_train = output(n(1:1500),:)';
input_test = input(n(1501:2000),:)';
output_test = output(n(1501:2000),:)';
```

（7）输入数据归一化：

```
[inputn,inputps] = mapminmax(input_train);
```

3. BP 网络结构初始化

包括随机初始化 BP 神经网络权值和阈值。

（1）设定网络结构

```
innum = 24;
midnum = 25;
outnum = 4;
```

（2）权值阈值初始化

```
w1 = rands(midnum,innum);
b1 = rands(midnum,1);
w2 = rands(midnum,outnum);
b2 = rands(outnum,1);
```

4. BP 神经网络训练

用训练数据训练 BP 神经网络,在训练过程中,根据误差调整网络的权值和阈值,代码如下:

```
for ii = 1:20                           % 训练误差初始化
    E(ii) = 0;
    for i = 1:1:1500                    % 选择本次训练数据
        x = inputn(:,i);
        for j = 1:1:midnum              % 隐含层输出
            I(j) = inputn(:,i)' * w1(j,:)' b1(j);
            Iout(j) = 1/(1 + exp(-I(j)));
        end
        yn = w2' * Iout' + b2;          % 输出层输出
        e = output_train(:,i) - yn;     % 预测误差
        E(ii) = E(ii) + sum(abs(e));
        dw2 = e * Iout;                 % 计算 w2,b2 调整量
        db2 = e';
        for j = 1:1:midnum              % 计算 w1,b1 调整量
            S = 1/(1 + exp(-I(j)));
            FI(j) = S * (1 - S);
        end
        fork = 1:1:innum
        forj = 1:1:midnum
            dw1(k,j) = FI(j) * x(k) * (e(1) * w2(j,1) + e(2) * w2(j,2) + e(3) * w2(j,3)
+ e(4) * w2(j,4));
            db1(j) = FI(j) * (e(1) * w2(j,1) + e(2) * w2(j,2) + e(3) * w2(j,3) + e(4) * w2(j,4));
        end
    end
    w1 = w1_1 + xite * dw1';            % 权值阈值更新
    b1 = b1_1 + xite * db1';
```

```
    w2 = w2_1 + xite* dw2';
    b2 = b2_1 + xite* db2';
    w1_1 = w1;                              % 结果保存
    w2_1 = w2;
    b1_1 = b1;
    b2_1 = b2;
  end
end
```

5. BP 神经网络分类

用训练好的 BP 神经网络分类语音特征信号,根据分类结果分析 BP 神经网络分类能力。

```
inputn_test = mapminmax('apply',input_test,inputps);        % 输入数据归一化

fori = 1:500                                                 % 网络预测
  forj = 1:1:midnum
    I(j) = inputn_test(:,i)'* w1(j,:)'b1(j);
    Iout(j) = 1/(1 + exp( -I(j)));
  end

  fore(:,i) = w2'* Iout'b2;                                  % 预测结果
end

fori = 1:500                                                 % 类别统计
  output_fore(i) = find(fore(:,i) = = max(fore(:,i)));
end

error = output_fore - output1(n(1501:2000))';               % 预测误差
k = zeros(1,4);

for i = 1:500                                                % 统计误差
  iferror(i) ~ = 0
    [b,c] = max(output_test(:,i));
    switch c
      case1
        k(1) = k(1) + 1;
      case2
        k(2) = k(2) + 1;
      case3
        k(3) = k(3) + 1;
      case4
        k(4) = k(4) + 1;
    end
  end
end
rightridio = (kk - k)./kk                                    % 统计正确率
```

6. 结果分析

用训练好的 BP 神经网络分类语音特征信号测试数据,BP 神经网络分类误差如图 4.24 所示。

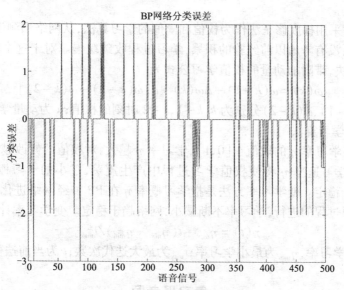

图 4.24　BP 神经网络分类误差

BP 神经网络分类正确率见表 4.2。

从 BP 神经网络分类结果可以看出,基于 BP 神经网络的语音信号分类算法具有较高的准确性,能够准确识别出语音信号所属类别。

表 4.2　BP 网络分类正确率

语音信号类别	第一类	第二类	第三类	第四类
识别正确率	0.729 3	1.000 0	0.877 0	0.956 9

4.4.4　案例扩展

1. 隐含层节点数

BP 神经网络的隐含层节点数对 BP 神经网络预测精度有较大的影响。节点数太少,网络不能很好地学习,需要增加训练次数,训练的精度也受影响;节点数太多,训练时间增加,网络容易过拟合。最佳隐含层节点数选择可参考如下公式:

$$l < n - 1 \tag{4-143}$$

$$l < \sqrt{(m+n)} + a \tag{4-144}$$

$$l < \log_2^{n} \tag{4-145}$$

式中,n 为输入层节点数;l 为隐含层节点数;m 为输出层节点数;a 为 0 ~ 10 的常数。

在实际问题中,隐含层节点数的选择首先是参考公式来确定节点数的大概范围,然后采用尝试方法来确定最佳的节点数。对于某些问题来说,隐含层节点数对输出结果影响较小。对于本案例来说,分类误差率和隐含层节点数的关系如图 4.25 所示。

从图 4.25 可以看出,本例中 BP 神经网络

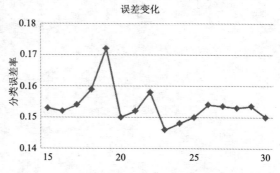

图 4.25　分类误差率和隐含层节点数的关系

分类误差率随着隐含层节点数的增加而减小。对于一般问题来说,BP 神经网络的分类误差随着隐含层节点数的增加呈现先减少后增加的趋势。

2. 动量方法

BP 神经网络采用梯度修正法作为权值和阈值的学习算法,从网络预测误差的负梯度方向修正权值和阈值,没有考虑以前经验的积累,学习过程收敛缓慢。对于这个问题,可以采用附加动量方法来解决,带附加动量的权值学习公式为

$$\omega(k) = \omega(k-1) + \Delta\omega(k) + a[\omega(k-1) - \omega(k-2)] \tag{4-146}$$

式中,$\omega(k)$、$\omega(k-1)$、$\omega(k-2)$ 分别为 k、$k-1$、$k-2$ 时刻的权值;a 为动量学习率。

3. 变学习率学习算法

BP 神经网络学习率 η 的取值在 $[0,1]$,学习率 η 越大,对权值的修改越大,网络学习速度越快。但过大的学习速率 η 将使权值学习过程中产生震荡,过小的学习概率使网络收敛过慢,权值难以趋于稳定。变学习率方法是指学习概率 η 在 BP 神经网络进化初期较大,网络收敛迅速,随着学习过程的进行,学习率不断减小,网络趋于稳定。变学习率计算公式为

$$\eta(t) = \eta_{max} - t(\eta_{max} - \eta_{min})/t_{max} \tag{4-147}$$

式中,η_{max} 为最大学习率;η_{min} 为最小学习率;t_{max} 为最大迭代次数;t 为当前迭代次数。

复习思考题

1. 典型的前馈型神经网络有哪些?
2. 线性阈值单元组成的前馈网络包含哪些?
3. 什么是 MP 模型? 它由什么组成?
4. MP 模型、感知器组成的神经网络和多层的感知器网络之间的区别和优缺点分别是什么?
5. BP 神经网络学习过程分为几个阶段? 详述各个阶段的过程。
6. BP 神经网络的误差曲面讨论中,梯度为零的情况有几种?
7. 什么是 RBF 神经网络? 它与多层前向网络之间的区别与相似之处分别是什么?
8. RBF 神经网络的目标函数应包含哪几项?
9. RBF 神经网络常用的学习方法有哪几种?

第5章 反馈神经网络

第4章我们讨论了前馈神经网络。从学习观点看,它是一种强有力的学习系统,系统结构简单且易于编程;从系统观点看,它是一种静态非线性映射,通过简单非线性处理单元的复合映射,可获得复杂的非线性处理能力;从计算观点看;它并不是一种强有力的系统,缺乏丰富的动力学行为。大部分前馈神经网络都是学习网络,并不注重系统的动力学行为。

本章我们要详细地研究反馈神经网络。从系统观点看,它是反馈动力学系统。从计算角度讲,它比前馈神经网络具有更强的计算能力。在反馈神经网络中,稳定性就是回忆,至少在没有学习过程时是如此(离线学习也属于这种情况)。稳定性是神经网络的 CAM 性质的体现,在前馈神经网络研究中,注重学习的研究而较少关心稳定性,像 BP 神经网络就是这样。目前,反馈神经网络中,大多数研究成果只关心全局稳定,像 Grossberg 自联想器和 Hopfield 神经网络模型就是这样,当然最好的研究方式是把两者有机地结合起来。从图论观点看,反馈神经网络可用一个完备的无向图来表示。如对离散的 Hopfield 神经网络模型,就可用一个加权无向图表示,权值与图的边相关联,闭值连于每一图的节点,网络的阶数对应于图的节点数。在这一章,我们主要研究 Hopfield 神经网络模型和双向联想记忆网络。

5.1 离散的 Hopfield 神经网络

离散 Hopfield 神经网络(DHNN)是离散时间系统,它可用一个加权无向图表示,图的每一边都附有一个权值,图的每个节点(神经元)都附有一个阀值,网络的阶数相应于图中节点数。有 N 个神经元的离散型 Hopfield 神经网络中,任一神经元 i 的工作原理如图 5.1 所示。

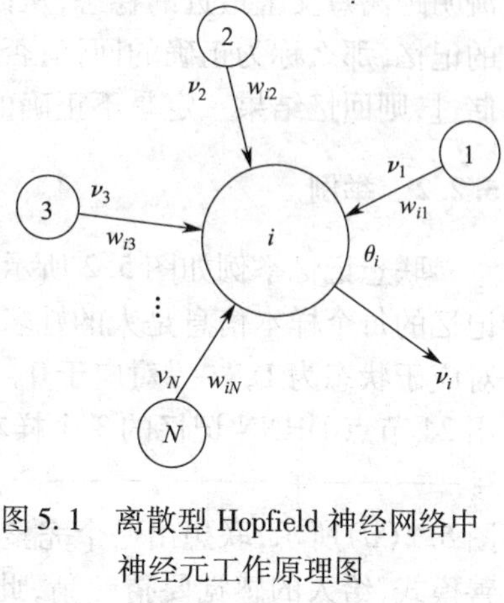

对于神经元 i 而言,v_1、v_2、$\cdots$、v_N 为 i 神经元的输入,它们对神经元 i 的影响通过连接权 w_{i1}、w_{i2}、$\cdots$、w_{iN} 来表示,θ_i 为神经元 i 的阈值,v_i 为其输出,则有

$$v_i(t+1) = \text{sgn}(H_i(t)) = \begin{cases} +1, H_i(t) \geqslant 0 \\ -1, \text{其他} \end{cases} \quad (5\text{-}1)$$

$$H_i(t) = \sum_{\substack{j=1 \\ j \neq i}}^{N} \omega_{ji} v_j(t) - \theta_i \quad (5\text{-}2)$$

图 5.1 离散型 Hopfield 神经网络中神经元工作原理图

由式(5-1)和式(5-2)可以看出,该网络是一个多输入、多输出、带阀值的二值非线性动力系统。在网络的连接权值和阀值满足一定的条件下,某种能量函数在网络运行过程中不断地下降,最后趋于稳定平衡点。我们可以利用这种能量函数作为网络计算求解的工具,常称该函数为计算能量函数(Computational Energy Function)。

定义离散型 Hopfield 神经网络能量函数为

$$E = -\frac{1}{2}\sum_{i=1}^{N}\sum_{\substack{j=1 \\ j\neq i}}^{N} w_{ij}\nu_i\nu_j + \sum_{i=1}^{N}\theta_i\nu_i \qquad (5\text{-}3)$$

在迭代运算过程中,能量函数的变化量:

$$\Delta E_i = \frac{\partial E}{\partial v_i}\Delta v_i = \Delta v_i\left(-\sum_{\substack{j=1 \\ j\neq i}}^{N}\omega_{ij}v_j\right) \qquad (5\text{-}4)$$

显然,当满足 $\theta_i \leqslant \sum\limits_{\substack{j=1 \\ j\neq i}}^{N}\omega_{ij}v_j$ 时:

$$\Delta E_i \leqslant 0$$

说明:式(5-4)所决定的能量变化量总是负的,即计算能量总是不断地随神经元 i 的状态变化而下降。其他神经元的状态变化与此类似。

5.2 联想记忆

5.2.1 基本原理

联想记忆功能是 DHNN 的一个重要应用特征,要实现联想记忆,神经网络必须具备两个基本条件:能够收敛于稳定状态,利用稳态记忆样本信息;具有回忆能力,能够从某一局部输入信息回忆起与其相关的其他记忆,或者由某一残缺的信息,回忆起比较完整的记忆。DHNN 模型作为一个反馈型神经网络,其稳定性和可学习性为实现联想记忆奠定了基础。

DHNN 实现联想记忆分为两个阶段,即学习记忆阶段和联想回忆阶段。学习记忆阶段实质上是设计能量井的分布,对于要记忆的样本信息,通过一定的学习规则训练网络,确定一组合适的权值和阈值,使网络具有期望的稳态,不同稳态对应于不同的记忆样本。联想回忆阶段是当给定网络某一输入模式的情况下,网络能够通过自身的动力学状态演化过程达到与其在海明距离意义上最近的稳态,从而实现自联想或异联想回忆。如果回忆出的结果为所要寻找的记忆,那么称为正确的回忆;否则称之为错误回忆。当然,如果所要寻找的记忆根本就没存储过,则回忆结果一定是不正确的,此时是不能回忆的。

5.2.2 举例

联想记忆举例如图 5.2 所示,该例子说明了 DHNN 实现联想记忆的一个基本方案。假设记忆的每个样本信息是人的姓名和职称,可以用一个个"+","-"符号向量表示,其中"+"对应于状态为 1,"-"对应于 0。每个记忆向量对应于一个能量井稳态,图 5.2(a)给出了一个用 24 节点 DHNN 记忆的 3 个样本信息。当我们要知道李华的职称时,可以将向量"——+++————+——————————"送给网络输入,则网络能够收敛于稳态,如图 5.2(b)所示,联想出一个完整的记忆"李华是教授"。当输入模式向量受噪声干扰为不完善模式,给人的感觉要猜一猜,此时,网络仍能收敛于相近的稳态,给出正确的记忆信息,如图 5.2(c)所示。

5.2.3 记忆的局限

DHNN 用于联想记忆有两个突出特点,即记忆是分布式的,联想是动态的,这与人脑的联想记忆实现机理相类似。利用网络能量井来存储记忆样本,按照反馈动力学活动规律唤起记忆,显示了 DHNN 联想记忆实现方法的重要价值。然而,DHNN 的局限性限制了它的广泛实用,主要表现在:第一,记忆容量的限制;第二,假能量井的存在,导致回忆出莫名其妙的记忆;第三,当记忆样本较为接近(指海明距离)时,网络不能回忆出正确的记忆;第四,能量局部极小问题。

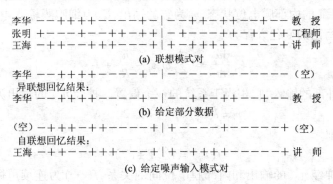

图 5.2　联想记忆举例

　　DHNN 的有效记忆容量是非常有限的。对于一个 N 节点的 DHNN,所能存储的总记忆样本数约为 $0.15N$ 个。这个结论是 Hopfield 用计算机仿真实验确定的,实验中存储的记忆模式随机产生。当存储的记忆样本数越多,回忆期间出错的结果也就越多;当记忆样本数低于 $0.15N$ 时,错误的回忆就很小。DHNN 的记忆容量还与记忆样本的选择有关,如果记忆样本是正交向量,而不是随机产生的向量,那么网络就能存储更多的有效记忆。

　　当记忆样本较多时,如果学习参数选择不当,就可能出现假能量井。例如一组记忆样本为:

　　记忆1:王海 + + + + ————∣ + + - + - +——会下围棋

　　记忆2:鸟 + +—— + +——∣ +—— + +—— +会飞

　　记忆3:王海 + + + +——∣- + +—— + - +——会开车

　　一般情况下,这 3 个记忆都可以按编码正确回忆,但是,"会下围棋"、"会飞"的编码是相关的,因此,有可能对王海这个人有什么特长回忆出的结果为"王海会飞",这是由假能量井造成的。

　　能量局部极小问题的存在在优化问题求解中是不利的,往往使问题的求解不令人满意。能量井分布如图 5.3 所示为一个二维能量状态分布,网络状态变化类似于小球在山地中的滚动。其中,A 点、C 点为两个能量局部极小点,B 点为能量全局最小点。假设优化问题的解对应于能量最小点,而从任意初始状态出发,网络可能停留在 A 点或 C 点,所得的解不满足期望要求,

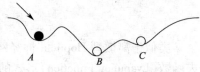

图 5.3　能量井分布

DHNN 也无能为力使逃离 A 点或 C 点,进入 B 点。如果将位于 A 点的小球摇动一下,就可以使其具备滚向更低的山谷 B 点的可能,随机神经网络正是基于此进行讨论的。

5.3　连续型 Hopfield 神经网络

　　离散型 Hopfield 神经网络中的神经元与实际神经元,甚至与简单的电路元件相比差异很大,这主要表现在:

　　(1)实际生物神经元的 I/O 关系是连续的。

（2）实际生物神经元由于存在时延，因而其动力学方程须由非线性微分方程来描述。

为此，1984 年 Hopfield 提出了连续时间 Hopfield 神经网络模型，该神经网络在时间上是连续的，各种神经元处于同步工作方式。

设 u_i 为神经元 i 的内部膜电位状态，v_i 为它的输出，C_i 为细胞膜输入电容，R_i 为细胞膜的传递电阻，则可以写出的变化方程为

$$C_i \frac{\mathrm{d}u_i}{\mathrm{d}t} = \sum_{j=1}^{N} \omega_{ij}v_j - \frac{u_i}{R_i} + I_i \tag{5-5}$$

式中，I_i 为由系统外部的输入，它相当于系统的一个偏置。神经元 i 的输出为

$$v_i = f(u_i) \qquad i = 1, 2, \cdots N \tag{5-6}$$

一般情况下，取

$$f(u_i) = 1/(1 + e^{u_i}) \tag{5-7}$$

式（5-7）表示神经元 i 的输出和内部膜电位间的关系，$f(\cdot)$ 为连续可微的 Sigmoid 函数，连续型 Hopfield 神经网络模型如图 5.4 所示，其采用对称的全连接方法构成，表示用运算放大器构造的模拟 Hopfield 神经元模型和 Hopfield 神经网络。

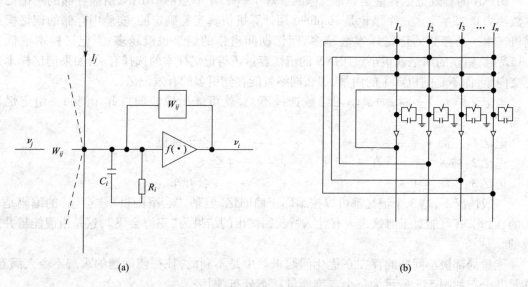

图 5.4　连续型 Hopfield 神经网络模型

类似于离散型 Hopfield 神经网络，我们也可为连续 Hopfield 神经网络建立一个李雅普诺夫函数（Lyapunov Function）形式的计算能量函数。

$$E = -\frac{1}{2}\sum_{i=1}^{N}\sum_{\substack{j=1\\j\neq i}}^{N} \omega_{ij}v_iv_j - \sum_{i=1}^{N} v_iI_i + \sum_{i=1}^{N} \frac{1}{\tau}\int_0^{v_i} f^{-1}(t)\,\mathrm{d}t \tag{5-8}$$

$$\frac{\mathrm{d}E}{\mathrm{d}v_i} = -\left(\sum_{\substack{j=1\\j\neq i}}^{N} \omega_{ij}v_i + I_i - \frac{u_i}{\tau}\right) = -\frac{\mathrm{d}u_i}{\mathrm{d}t}$$

从而有：

$$\frac{\mathrm{d}E}{\mathrm{d}t} = \sum_{i=1}^{N} \frac{\mathrm{d}E}{\mathrm{d}v_i} \cdot \frac{\mathrm{d}v_i}{\mathrm{d}t} = -\sum_{i=1}^{N} \frac{\mathrm{d}v_i}{\mathrm{d}t} \cdot \frac{\mathrm{d}u_i}{\mathrm{d}t} = -\sum_{i=1}^{N} \frac{\mathrm{d}u_i}{\mathrm{d}v_i}\left(\frac{\mathrm{d}v_i}{\mathrm{d}t}\right)^2 \tag{5-9}$$

当 $v_i = f(u_i)$ 为 Sigmoid 函数时，其逆函数 $u_i = f^{-1}(v_i)$ 为非减函数，即

$$\frac{\mathrm{d}u_i}{\mathrm{d}v_i} = \frac{\mathrm{d}}{\mathrm{d}v_i}(f^{-1}(v_i)) > 0$$

从而,式(5-9)恒有:

$$\frac{\mathrm{d}E}{\mathrm{d}t} \leqslant 0 \tag{5-10}$$

即当 $t \to \infty$ 时,网络达到稳态。网络的稳态平衡点对应于其计算能量函数的极小点,可广泛用于神经优化和联想记忆问题。

5.4　A/D 转换网络

Hopfield 神经网络的渐近稳定状态对应于能量函数的极小点,这是神经网络优化计算的基础。Hopfield 运用连续 Hopfield(CHNN)成功地实现了一个 4 位 A/D 转换器,本节介绍其实现原理。

A/D 转换器的实质是对于一个给定的模拟量输入,寻找一个二进制数字量输出值,使输出值与输入的模拟量之差为最小。一个 4 位 A/D 转换器可以用一个 4 节点的 CHNN 实现。

假设神经元的输出电压 $V_i(i = 0,1,2,3)$ 可在 0 和 1 之间连续变化,x 表示要转换的模拟输入量。当网络达到稳态或渐近稳态时,各节点输出为 0 或 1,若输出状态表示的二进制数值与模拟量 x 值相等,则表明转换器网络运行正确。输入与输出之间的关系可表达为

$$\sum_{i=0}^{3} V_i 2^i \approx x \tag{5-11}$$

可见,要使 A/D 转换结果 $V_3 V_2 V_1 V_0$ 为输入 x 的最佳数字表示,必须满足下面两个准则:

(1)每个输出位 V_i 具有 0 值或 1 值,至少比较接近这两个值。

(2)$V_3 V_2 V_1 V_0$ 值应尽量接近于 x 值。

利用最小方差概念,输出 V_i 按下列指标衡量:

$$E = \frac{1}{2}(x - \sum_{i=0}^{3} V_i 2^i)^2 \tag{5-12}$$

当括号中差的绝对值为最小时,指标 E 最小。将上式展开、组合,得:

$$E = -\frac{1}{2} \sum_{i=0}^{3} \sum_{j=0}^{3} (-2^{i+j}) V_j V_i - \sum_{i=0}^{3} 2^i x V_i + \frac{1}{2} x^2 \tag{5-13}$$

如果使式(5-11)定义的指标作为能量函数,并不能保证 V_i 的值充分接近逻辑值 0 或 1。因为该式所表示的能量函数中权矩阵对角元素为负的,不能保证网络最终一定收敛到稳定状态,使输出表示一个有效的数字。为了解决这个问题,可在式(5-12)中增加一个附加项,其形式为

$$-\frac{1}{2} \sum_{i=0}^{3} (2^i)^2 [V_i(V_i - 1)] \tag{5-14}$$

当 $V_i = 0$ 或 $V_i = 1$ 时,这个附加项都取得最小值 0。因而,V_i 在 0 与 1 之间变化时,该项使式(5-11)权矩阵对角元素均为零。因此,整个能量函数应为式(5-12)与式(5-14)之和,这样,才能满足 A/D 转换的两个准则。4 位 A/D 转换器网络的能量函数可表示为

$$E = -\frac{1}{2} \sum_{i=0}^{3} \sum_{\substack{j=0 \\ j \neq i}}^{3} (-2^{i+j}) V_j V_i - \sum_{i=0}^{3} (-2^{2i-1} + 2^i x) V_i \tag{5-15}$$

对比 CHNN 能量函数式(5.3.4)与式(5.4.5),可知网络连接权和输入偏置:

$$W_{ij} = \begin{cases} -2^{i+j}, & i \neq j \text{ 时} \\ 0, & i = j \text{ 时} \end{cases} \tag{5-16}$$

$$I_i = -2^{2i-1} + 2^i x \tag{5-17}$$

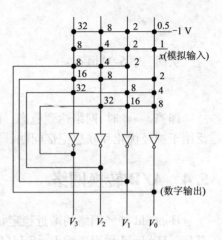

图 5.5   4 位 A/D 转换网络

由此可得 4 位 A/D 转换网络如图 5.5 所示,图中标出了反相运放输出与其他运放单元的输入连接权值,最上面一排连接,将外部恒定输入电压变为不同的偏置基电流,第二排将模拟输入电压 x 变为不同的输入电流,加到放大器输入端。

对于模拟量 0 ~ 15 V,网络按照一定的状态变化轨迹,均能给出正确的数字量转换结果。这里,值得强调的是,第一 Hopfield 神经网络用于 4 位 A/D 转换器的快速性依赖于硬件器件的强冗余性;第二,用 Hopfield 神经网络实现 4 位 A/D 转换时,数字解的正确性与网络的初始条件有关,这些初始条件由放大器初始时刻的输入电压确定;第三,用 Hopfield 神经网络实现更高位 A/D 转换是存在问题的,为此,人们已经提出并实现了新的网络方案。

5.5   Hopfield 神经网络用于求解组合优化问题

一般情况下,实际组合优化问题要求求解问题的速度越快越好,高速数字计算机的出现,曾促使人们提出了许多数值计算方法。然而,由于数字计算机的串行工作特性,大大限制了其计算速度和能力的进一步提高。

Hopfield 神经网络的提出开辟了优化计算的新途径,它已在组合优化、线性与非线性优化,图像处理与信号处理等问题的求解中表现出高度的并行计算的能力。神经网络计算从本质上跳出了传统优化计算和数值迭代搜索算法的基本思想,它将组合优化的解映射为非线性动力学系统的平衡态,而把优化准则和目标映射成动力系统的能量函数。正是由于它的并行分布式计算结构和非线性动力学演化机制,为优化算法的快速实现提供了新的途径。

在用神经网络模型求解中,优化计算的基本步骤如下:

(1)对于所研究的组合优化问题,选择合适的表示方法,使神经元的输出与问题的解彼此对应。

(2)根据问题的性质设计一个能量函数的表达式,从而使其全局极值对应于问题的最优解。

(3)由计算能量函数求得其对应的连接权值和偏置参数。

(4)构造出与其对应的神经网络和电路方程。

(5)进行计算机仿真求解。

以上各步骤中,能量函数的建立是关键的一步,一般计算能量函数由两部分组成:目标项和条件约束项。目标项随组合优化问题而定;条件约束项有时不止一项,我们知道,约束条件满足的解为合法解,但在一般优化问题中,对约束条件要求很强,必须满足所有条件,有时各条件之间会发生冲突,所以,在建立能量函数时尽量不要冲突,同时使它们的变量尽可能不相关,且计算能量函数中惩罚项的系数足够大,使任何非法解相对于合法解在惩罚函数上的增加足以补偿它在基本能量函数上的减少。

5.6　应用举例

5.6.1　案例背景

在日常生活中,经常会遇到带噪声字符的识别问题,例如交通运输中汽车牌照,由于汽车在使用过程中,要经受自然环境的风吹日晒,风沙磨损,造成字体模糊不清或被灰尘、泥土等遮掩,难以辨认。如何从这些残缺不全的字符中提取出完整的信息,是字符识别的关键问题。作为字符识别的组成部分之一,数字识别在邮政、交通及物流管理方面有着极高的应用价值。有很多种方法用于字符识别,主要分为神经网络识别、概率统计识别和模糊识别等。

传统的数字识别方法在有干扰的情况下不能很好地对数字进行识别,而离散型 Hopfield 神经网络具有联想记忆的功能,利用这一功能对数字进行识别可以取得令人满意的效果,并且计算的收敛速度很快。

根据 Hopfield 神经网络相关知识,设计一个具有联想记忆功能的离散型 Hopfield 神经网络,要求该网络可以正确地识别 0～9 这 10 个数字。当数字被一定的噪声干扰后,仍具有较好的识别效果。

5.6.2　模型建立

1. 设计思路

假设网络由 0～9 共 10 个稳态构成,每个稳态用 10×10 的矩阵表示,该矩阵可以直观地描述模拟 0～9 共计 10 个数字,即将数字划分成 10×10 的矩阵,有数字的部分用 1 表示,空白部分用 −1 表示,数字 1 的点阵图如图 5.6 所示。网络对这 10 个稳态即 10 个数字(点阵)具有联想记忆的功能,当有带噪声的数字点阵输入到该网络时,输出得到最接近的目标向量(即 0～9 共计 10 个数字所对应的 10 个稳态),从而达到正确识别的效果。

图 5.6　数字 1 的点阵图

2. 设计步骤

在此思路的基础上,设计 Hopfield 神经网络需要经过以下几个步骤,Hopfield 网络设计流程图如图 5.7 所示。

图 5.7　Hopfield 网络设计流程图

(1)输入输出设计——设计数字点阵(0～9)

数字 1 的点阵图如图 5.6 所示,有数字的部分用 1 表示,空白部分用 −1 表示,即可得到数字 1 和数字 −1 的点阵:

array_1 = [−1　−1　−1　−1　　1　　1　−1　−1　−1　−1;⋯ −1　−1　−1　−1　　1　　1　1　−1　−1　−1　−1;⋯

　　　　　　−1　−1　−1　−1　　1　　1　−1　−1　−1　−1;⋯

　　　　　　−1　−1　−1　−1　　1　　1　−1　−1　−1　−1;⋯

　　　　　　−1　−1　−1　−1　　1　　1　−1　−1　−1　−1]

array_2 = [−1　　1　　1　　1　　1　　1　　1　　1　　1　−1;⋯ −1　　1　　1　　1　　1　　1　　1　　1　　1　−1;⋯

$$-1 \ -1 \ -1 \ -1 \ -1 \ -1 \ -1 \ \ 1 \ \ 1 \ -1; -1 \ -1 \ -1 \ -1 \ -1 \ -1 \ -1 \ \ 1 \ \ 1 \ -1; \cdots$$
$$-1 \ \ 1 \ \ 1 \ \ 1 \ \ 1 \ \ 1 \ \ 1 \ \ 1 \ \ 1 \ -1; -1 \ \ 1 \ \ 1 \ \ 1 \ \ 1 \ \ 1 \ \ 1 \ \ 1 \ \ 1 \ -1; \cdots$$
$$-1 \ \ 1 \ \ 1 \ -1 \ -1 \ -1 \ -1 \ -1 \ -1 \ -1; -1 \ \ 1 \ \ 1 \ -1 \ -1 \ -1 \ -1 \ -1 \ -1 \ -1; \cdots$$
$$-1 \ \ 1 \ \ 1 \ \ 1 \ \ 1 \ \ 1 \ \ 1 \ \ 1 \ \ 1 \ -1; \ \ 1 \ \ 1 \ \ 1 \ \ 1 \ \ 1 \ \ 1 \ \ 1 \ \ 1 \ \ 1 \ -1]$$

其他的数字点阵依此类推。

（2）创建 Hopfield 神经网络

MATLAB 神经网络工具箱为 Hopfield 神经网络提供了一些工具函数。10 个数字点阵，即 Hopfield 神经网络的目标向量确定以后，可以借助这些函数，方便地创建 Hopfield 神经网络。具体过程见 MATLAB 实现部分。

（3）产生带噪声的数字点阵

带噪声的数字点阵，即点阵的某些位置的值发生了变化。模拟产生带噪声的数字矩阵方法有很多种，由于篇幅所限，本书仅列举两种比较常见的方法：固定噪声产生法和随机噪声产生法。

（4）数字识别测试

将带噪声的数字点阵输入到创建好的 Hopfield 神经网络，网络的输出是与该数字点阵最为接近的目标向量，即 0~9 中的某个数字，从而实现联想记忆的功能。

（5）结果分析

对测试的结果进行分析、比较，通过大量的测试来验证 Hopfield 神经网络用于数字识别的可行性与有效性。

5.6.3　MATLAB 实现

MATLAB 神经网络工具箱中包含了许多用于 Hopfield 神经网络分析与设计的函数。

（1）newhop 函数。newhop( )函数用于创建一个离散型 Hopfield 神经网络，其调用格式为

```
net = newhop(T);
```

其中，T 是具有 Q 个目标向量的 $R \times Q$ 矩阵（元素必须为 -1 或 1）；net 为生成的神经网络，具有在 T 中的向量上稳定的点，激活函数采用 satlins( )函数。

（2）sim 函数。sim 函数用于对神经网络进行仿真，其调用格式为

```
[Y,Af,E,perf] = sim(net,P,Ai,T)
[Y,Af,E,perf] = sim(net,{Q TS},Ai,T)
```

其中，P,Q 为测试向量的个数；Ai 表示初始的层延时，默认为 0。T 表示测试向量（矩阵或元胞数组形式）；TS 为测试的步数；Y 为网络的输出矢量；Af 为训练终止时的层延迟状态；E 为误差矢量；perf 为网络的性能。

1. 输入输出设计

以数字 1 和数字 2 的识别为例，利用这两个数字点阵构成训练样本 T：

```
T = [array_1;array_2]'
```

2. 网络建立

利用前面讲到的 newhop 创建一个离散 Hopfield 神经网络：

```
net = newhop(T);
```

3. 产生带噪声的数字点阵

首先介绍两种常见的模拟产生带噪声数字的方法：固定噪声产生法和随机噪声产生法。

（1）固定噪声产生法

固定噪声产生法指的是用人工方法改变数字点阵某些位置的值，从而模拟产生带噪声的

数字点阵。比如,数字 1 和数字 2 的点阵经过修改后的带噪声数字点阵变为

$$\textbf{noisy\_array\_1} = \begin{bmatrix} -1 & -1 & -1 & -1 & 1 & 1 & -1 & -1 & -1 & -1; -1 & -1 & 1 & -1 & 1 & -1 & -1 & -1 & -1; \cdots \\ -1 & -1 & 1 & -1 & 1 & 1 & -1 & -1 & -1 & -1; -1 & -1 & -1 & -1 & 1 & 1 & 1 & -1 & -1 & -1; \cdots \\ -1 & -1 & -1 & -1 & 1 & 1 & -1 & -1 & -1 & -1; -1 & -1 & -1 & -1 & 1 & 1 & 1 & -1 & -1 & -1; \cdots \\ -1 & -1 & -1 & -1 & 1 & 1 & -1 & -1 & -1 & -1; -1 & -1 & -1 & -1 & 1 & 1 & 1 & -1 & -1 & -1; \cdots \\ -1 & -1 & -1 & -1 & 1 & -1 & -1 & -1 & -1 & -1; -1 & -1 & 1 & 1 & 1 & 1 & 1 & -1 & -1 & -1 \end{bmatrix}$$

$$\textbf{noisy\_array\_2} = \begin{bmatrix} -1 & 1 & 1 & 1 & 1 & 1 & 1 & 1 & -1 & -1; -1 & 1 & 1 & 1 & 1 & 1 & 1 & 1 & -1; \cdots \\ -1 & -1 & -1 & -1 & -1 & -1 & 1 & 1 & -1 & -1; 1 & -1 & 1 & -1 & 1 & -1 & 1 & 1 & -1; \cdots \\ -1 & 1 & 1 & 1 & 1 & 1 & 1 & -1 & -1 & -1; -1 & 1 & 1 & -1 & -1 & -1 & -1 & -1 & -1; \cdots \\ -1 & 1 & -1 & -1 & -1 & -1 & -1 & -1 & -1 & -1; -1 & 1 & -1 & 1 & -1 & 1 & -1 & -1 & -1; \cdots \\ -1 & 1 & 1 & 1 & 1 & 1 & 1 & 1 & 1 & -1 \end{bmatrix}$$

（2）随机噪声产生法

利用产生随机数的方法来确定需要修改的点位置,就是将"1"换成"－1","－1"换成"1",完成点阵随机修改。带噪声的数字 1 和数字 2 的数字点阵产生程序如下:

```
noisy_array_1 = array_1;
noisy_array_2 = array_2;
for i = 1:100
    a = rand;
    if a < 0.1
      noisy_array_1(i) = -array_1(i);
      noisy_array_2(i) = -array_2(i);
    end
end
```

4. 识别测试

利用 sim( )函数,将带噪声的数字点阵输入已创建好的 Hopfield 神经网络,便可以对带噪声的数字点阵进行识别。实现的程序如下:

```
noisy_1 = {(noisy_array_1)'};
identify_1 = sim(net,{10,10},{},noisy_1);
identify_1{10}'
noisy_2 = {(noisy_array_2)'};
identify_2 = sim(net,{10,10},{},noisy_2);
identify_2{10}'
```

5. 结果分析

考虑到仿真结果的直观性和可读性,可以采用以下函数进行图形绘制:

subplot(m,n,p)函数用于在同一个图形中绘制 m 行 n 列共 $m \times n$ 个子图,p 为当前画的子图的位置,其值范围是 $1 \sim m \times n$。

imresize(A,scale)函数可以实现图形的缩放,scale > 1 时为放大,$0 <$ scale < 1 时为缩小。

imshow(I)函数将矩阵 I 所对应的图形显示出来。

固定噪声产生法和随机噪声产生法程序运行结果分别如图 5.8 和图 5.9 所示。

观察图 5.8 和图 5.9,通过联想记忆可知,对于带一定噪声的数字点阵,Hopfield 神经网络可以正确地进行识别。

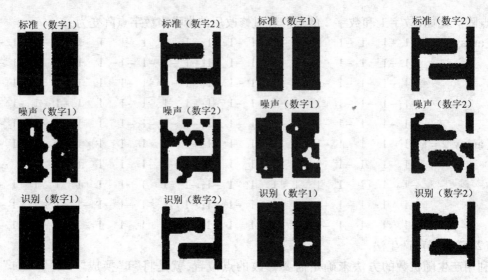

图 5.8 固定噪声产生法程序运行结果   图 5.9 随机噪声产生法程序运行结果

5.6.4 案例扩展

图 5.9 是噪声强度为 0.1 时的程序运行结果,识别效果很好。研究发现,随着噪声强度的增加,识别效果逐渐下降。噪声强度为 0.2 和 0.3 时的识别结果分别如图 5.10 和图 5.11 所示。

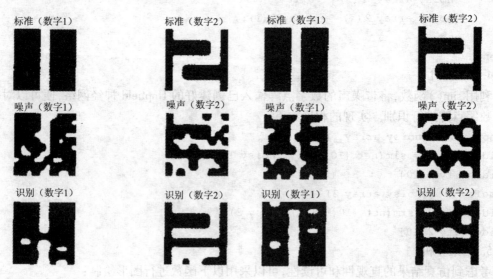

图 5.10 噪声强度为 0.2 时的识别结果   图 5.11 噪声强度为 0.3 时的识别结果

离散型 Hopfield 神经网络具有联想记忆的功能。将一些优化算法与离散 Hopfield 神经网络相结合,可以使其联想记忆能力更强,应用效果更为突出。例如,由于一般离散 Hopfield 神经网络存在很多伪稳定点,网络很难达到真正的稳态。将遗传算法应用到离散 Hopfield 神经网络中,利用遗传算法的全局搜索能力,对 Hopfield 神经网络联想记忆稳态进行优化,使待联想的模式跳出伪稳定点,从而使 Hopfield 神经网络在较高噪信比的情况下,保持较高的联想成功率。

复习思考题

1. 简述离散 Hopfield 神经网络(DHNN)的工作原理。

2. 联想记忆的基本原理是什么? DHNN 实现联想记忆分为哪两个阶段?

3. 离散 Hopfield 网络中的神经元与实际神经元,甚至与简单的电路元件相比差异很大,这主要表现在哪几方面?

4. Hopfield 运用连续型 Hopfield(CHNN)成功地实现了一个 4 位 A/D 转换器,其原理是什么?

5. 在用神经网络模型求解过程中,优化计算的基本步骤是什么?

第6章　模糊神经网络

在模糊控制设计中,由于专家知识的局限性及环境的可变性,任何一个专家都无法得到一个最佳的规则或最优的隶属度函数。而神经网络擅长于在海量数据中寻找特定的模式,可以用神经网络来辨识因果关系,通过在输入和输出数据中找出模式而生成模糊逻辑规则。因此,模糊控制思想与神经网络学习能力的结合,使得模糊控制规则和隶属函数可以通过对样本数据的学习自动地生成,克服了人为选择模糊控制规则主观性较大的缺陷。

本章在系统介绍模糊神经网络理论的基础上,详细讨论了模糊神经网络系统(FNN)的设计,介绍了当前常见的网络模型,针对铁路运输调度系统中的行车控制问题,运用模糊神经网络来设计求解。

6.1　模糊神经网络理论

模糊控制利用专家经验建立模糊集、隶属函数和模糊推理规则等实现非线性、不确定复杂系统的控制。神经网络控制则利用其学习和自适应能力实现非线性的控制和优化。这两种控制方式和手段在许多难以用精确数学模型表示的系统控制中发挥了巨大的作用。

然而,神经网络无法处理语言变量,也不可能将专家的先验知识注入到神经网络控制系统的设计中,从而使得原来并不属于"黑箱"结构的系统设计问题只能用"黑箱"系统设计理论来进行。而在模糊控制系统设计中,人们容易将专家的知识转化为模糊控制规则,这使模糊逻辑在人们经常碰到的不确定性系统的控制中显示出优势,但由于专家知识的局限性及环境的可变性,任何一个专家都无法得到一个最佳的规则或最优的隶属度函数。神经网络擅长于在海量数据中寻找特定的模式,可以用神经网络来辨识因果关系,通过在输入和输出数据中找出模式而生成模糊逻辑规则。所以,这两种技术具有互补性。将人工神经网络技术和模糊逻辑技术相互结合起来,就成为最近几年来许多学者竞相探讨研究的课题。

1994年6月,国际电气工程师与电子工程师学会(IEEE)在美国佛罗里达州的Orlando举办了一次规模甚大的世界计算智能大会。这次盛会首次将目前计算智能的三大热点会议,即国际神经网络(ICNN)、国际模糊系统会议(FUZZ-IEEE)和国际进化计算会议(ICEC)联合在一起同时同地召开。1999年7月在美国首都华盛顿召开的上世纪最后一次国际联合神经网络学术会议,也将神经网络领域从神经元到知觉,从学习算法到机器人,从混沌到控制等内容都包括在内。

所有这些都说明,经过长时间的探索研究和实践,要想仿效或逐步接近人类数百万年进化而达到的大脑高级智能行为,无论是传统的AI,单独的模糊逻辑,还是单独的人工神经网络等都无法完成。于是,人工神经网络开始和模糊逻辑相互融合起来。

6.1.1　模糊逻辑和神经网络的比较

模糊逻辑和神经网络是当前受人关注的两项信息处理新技术。它们各自有可以互补的优点和弱点。模糊逻辑与神经网络的特性比较见表6.1。

表6.1　模糊逻辑与神经网络的特性比较

方式 ＼ 类别	模糊逻辑	神经网络
运算方式	max—min	积和计算
处理方式	由上而下	由下而上
输入—输出关系	用规则表达因果	用权重表达映射
知识功能	知识逻辑表达	知识学习获取
使用规模	中小规模皆有效果	宜大规模才显智能
擅长处理	非精确定性分析	数据拟合映射
在计算智能中地位	相当于软件编程	相当于硬件结构

　　模糊逻辑和神经网络都是属于不需要用数学公式建模的信息处理方法,都可以从数据中提炼系统的输入—输出的规律。如果说人工神经网络是模仿大脑生物神经网络的硬件结构的话,那么能够处理非确定性信息的模糊逻辑技术就是适合描述高级智能活动的软件方法了。于是自然想到,能灵活的将知识用规则表达运用的模糊逻辑技术和具有自组织能力以学习获取知识的人工神经网络结构方法,二者有机融合在一起构成模糊神经网络(FNN)。

　　模糊逻辑中常采用的是最大最小运算规则,这样虽然要损失掉一些信息,但是却有利于实时地抓住主要信息部分,迅速进行处理或做出决策。人工神经网络采用输入与对应权值乘积求和的运算方式,来近似地表征生物神经元突触处的时空迭加效应。由于权重可以通过学习来调节数值的大小,因而具有知识的获取和存储的作用。

　　由此可见,从实现高级智能的目的出发,将人工神经网络和模糊控制技术有机地融合在一起,以形成优势互补的体系,是一条值得深入探讨和完善的途径。

6.1.2　模糊神经元与可调神经元

1. 模糊神经元

模糊神经元的结构图如图6.1所示。

用 $x_j(j=1,2,\cdots,n)$ 表示模糊神经元的输入信号。单体模糊神经元 A_i 的净输入由输入信号向量与突触强度集进行模糊合成运算得到,即

$$Net_i = (x_1,x_2,\cdots,x_n)\circ(w_{1i},w_{2i},\cdots,w_{ni}) \quad (6\text{-}1)$$

式中,符号"∘"为模糊合成运算。

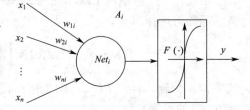

图6.1　模糊神经元的结构图

　　若令 $X=\{x_1,x_2,\cdots,x_n\}$,$W=\{w_1,w_2,\cdots,w_n\}$,则合成运算表示为

$$X\circ W = \bigvee_{i=1}^{n}(x_i \wedge w_i) \quad\quad (6\text{-}2)$$

式中,"∨"和"∧"分别为取大运算和取小运算。

　　单体模糊神经元的输出,由 $y=F(\text{net})$ 的函数映射运算得到。$F(\cdot)$ 为激励函数,可以采用多种形式,如简单线性模糊型、线性阈值单元、Sigmoid 函数或多项式阈值函数模型等。

在进行模糊推理时,有约束因子 R 对应于动态推理神经网络的有向连接权值,若表征逻辑蕴含强度的约束因子 R 满足 $0 \leqslant R \leqslant 1$,则存在真值路径:

$$A \xrightarrow{R} C$$

式中,$\mu_C(x') = \mu_A(x') \wedge R$。

2. 可调神经元

神经生物学的研究表明,当神经元树突收到其他神经元轴突经突触传递过来的信息时,便刺激或抑制其向细胞体输入信号。通常人工神经网络模型中连接权值的调整就是模仿这种机制而设置的。细胞体的功能是对由树突传来的信号加以处理和变换,然后由轴突输出信号。细胞体的这种作用在人工神经元中用表征输入与输出间的激励函数 $f(\cdot)$ 来代表。常用的激励函数如 Sigmoid 函数、RBF 函数等,它们的参数一经选定就不再改变了。因此,现有的人工神经网络学习算法中,只有权值是可调的。

为了增加人工神经网络的自适应调节性能,并且能更好地利用与待解决问题相关联的某些先验知识,提出了一种激励函数可自适应调节的神经元模型,称为 TAF 模型,对于 TAF 神经元,输出 $O = f(X, W)$,X 为输入向量,W 为权向量。在学习过程中,不但 W 可调节,激励函数 $f(\cdot)$ 也可调节。

TAF 神经元网络的设计和学习步骤为:首先,根据给定问题的先验知识,选定合适的激励函数族,这种函数族可能有多种;其次,根据问题求解的要求,选用某种学习方法如 BP、LMS 等,对网络进行训练,求出所需的结果。

例如,在用 TAF 解决分布在二维平面上的双螺线上样本点 $P(x, y)$ 的两类划分问题时,先从阿基米德螺线的参数方程:

$$\begin{cases} x = (k\theta + a)\cos\theta \\ y = (k\theta + a)\sin\theta \end{cases}$$

写出螺线样本点 $P(x, y)$ 所应满足的关系式:

$$\frac{x}{y} = \tan \frac{\sqrt{x^2 + y^2} - a}{k}$$

当设计一个包括两个隐单元的 2—2—1 层次型网络来解决双螺线问题时,作为隐单元的激励函数可选择为

$$f(x, y, w_1, w_2, v, c) = \left[w_1 x \tan \frac{\sqrt{(w_1 x)^2 + (w_2 y)^2} - c}{v} - y \right]^2$$

式中,x、y 为输入样本 $P(x, y)$ 的坐标;w_1、w_2 为两个输入节点至隐单元的权值;v、c 为激励函数族 $f(\cdot)$ 的可调参数。

学习训练的过程和通常的神经网络相同,即根据双螺线上不同的 $P(x, y)$ 坐标参数,来确定 w_1、w_2、v 和 c 各参数,使网络输出满足规定的评价函数。

不难看出,当 x 和 y 输入不是精确值,而是某种区间模糊值时,该神经元的激励函数就是模糊可调了。

6.1.3　模糊神经网络类型

目前,实现模糊控制的神经网络从结构上看主要有以下两类。

（1）模糊神经元网络。即在神经网络结构中引入模糊逻辑，使其具有直接处理模糊信息的能力，如把普通神经元中的加权求和方法运算变成"并"和"交"等形式的模糊逻辑运算，以构成模糊神经元。

（2）直接利用神经网络的学习功能和映射能力，去等效模糊系统中各个模糊功能块，如模糊化、模糊推理、模糊决策等。采用此形式的神经网络模糊控制，从广义上说属于有监督学习控制方法。这种方法可以从给出的代表性样本集合中直接提取模糊规则，更进一步地，这种模糊神经网络系统也可以用于知识库的优化（例如调整隶属函数等）。这种在规则提取之前，就能辨识规则相关节点的新方法，使得系统能够适用于多变量输入的场合。这样，专家知识就不再是系统所必须的前提，同时专家知识又可以存在于自动提取生成的知识库中。

在第（1）类方式下，将神经网络的常用数值输入改为隶属函数表达的模糊输入，或用 max—min 的运算来代替人工神经元的积和运算。

在第（2）类方式下，利用神经网络从输入/输出样本中学习到映射规律的能力，来建立模糊逻辑所需的规则。研究表明，虽然模糊逻辑能在传统的精确方法无能为力的一些应用场合中显示出巨大的能力，但是随着待解决问题复杂度的增加，决定和调整表征系统行为的隶属度函数和模糊规则就变得很困难。一旦模糊规则确定下来后，它无法随着外界环境条件的变迁而得到自适应的调整。人工神经网络在有足够的合适输入/输出样本的训练学习中，将映射规则反映在调整好的权值矩阵上，当有新的待判别的输入到来时，神经网络即可按照符合规律的内插和外延方式产生新的输出。

模糊神经网络的结构可以根据应用的场合不同而不同。下面介绍几种模糊神经网络。

（1）模糊联想记忆网络

模糊联想记忆（FAM）神经网络是由 Kosko 于 1987 年提出来的，它是一种两层前馈网络（模糊联想记忆网络如图 6.2 所示）。设模糊集 A、B 为模糊子集 $A = \{a_1, a_2, \cdots, a_n\}$，$B = \{b_1, b_2, \cdots, b_n\}$，$A$ 定义为 n 维单位超立方体 $I^n = [0,1]^n$ 中的一点，B 定义为 p 维超立方体 $I^p = [0,1]^p$ 中的一点。对任意给定的一对行向量 (A, B)，我们定义模糊 Hebb 矩阵：

$$W = A^T \circ B \tag{6-3}$$

$W = \{w_{ij}\}_{n \times p}$ 中的元素 w_{ij} 由 Kosko 定义为

$$w_{ij} = \min(a_i, b_j)$$

也可以有其他的确定矩阵权值的方法，如：

$$w_{ij} = \min(1, 1 - a_i + b_j)$$

$$w_{ij} = \begin{cases} b_j, & a_i \geq b_j \\ 1, & a_i < b_j \end{cases}$$

（2）模糊认知映射网络

模糊认知映射（FCM）网络是 Kosko 于 1985 年提出来的，FCM 通常用做原理机，其原理结构图如图 6.3 所示。它使用微分 Hebb 规则进行学习，其方程为

$$\dot{w}_{ij} = -w_{ij} + \dot{S}(\alpha_i^k) \dot{S}(\alpha_j^k) \tag{6-4}$$

式中，$\dot{w}_{ij}$ 为 w_{ij} 的导数；w_{ij} 为单元 i 到单元 j 的连接权；$\dot{S}$ 为 S 型函数的时间导数。

FCM 网络中，各单元表示各个不同的概念，单元之间的连接权表示相应概念之间的因果关系。正的连接权表示概念之间的因果关系增强，负的连接权表示概念之间因果关系减弱。

连接权为零则表示概念之间无因果关系。当 FCM 用做推理机时,它能存储 m 种模糊值推理模式,即

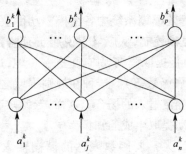

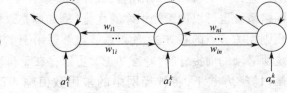

图 6.2　模糊联想记忆网络　　　　图 6.3　模糊认知映射(FCM)网络原理结构图

$$A_k = (\alpha_1^k \alpha_2^k \cdots \alpha_n^k) \quad k = 1, 2, \cdots, m$$

FCM 具有在线自适应能力和实时回想能力,它主要应用于给定初始状态下,求下一响应的场合,如专家系统。

(3)紧支持集高斯型函数模糊神经网络

紧支持集高斯型基函数是一种局部化基函数,由紧支持集高斯型基函数构成的 FNN 与径向基函数(RBF)神经网络十分相似,可按数据聚类来确定紧支持集高斯型基函数的中心。

图 6.4 表示一个紧支持集高斯型函数模糊网络的原理结构图。图中,$N_j(U_j, V_j, X)(j = 1, 2, \cdots, p)$ 为隐含层第 j 个紧支持集高斯型基函数,$X = (x_1, x_2, \cdots, x_n)$ 为 n 维输入空间向量,$U_j(u_{j1}, u_{j2}, \cdots, u_{jn})$ 为该基函数中心,$V_j(v_{j1}, v_{j2}, \cdots, v_{jn})$ 为其"半径",每个基函数确定了输入空间 R^n 中的一个"超球"。输入空间中可能有多个"超球"部分重叠。任何一输入 X 可能处于一个或多个"超球"之中,从而激活相应的"超球",其激活程度取决于该输入点离"超球"中心的 Euclidian 范数 $\| \cdot \|_2$ 距离测量或无限范数 $\| \cdot \|_\infty$

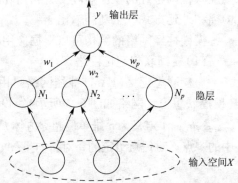

图 6.4　紧支持集高斯型函数模糊
神经网络原理结构图

的距离测量。网络的输出由激活的基函数输出(即"超球"的激活强度)决定,即

$$y = \sum_{j=1}^{p} w_j N_j(U_j, V_j, X)$$

其中,第 j 个紧支持集高斯型基函数由下式来确定:

$$N_j(U_j, V_j, X) = \begin{cases} \exp\left[\sum_{i=1}^{n} \left(1 - \dfrac{v_{ij}^2}{v_{ij}^2 - (u_{ij} - x_i)^2} \right) \right], x_i \in (u_{ij} - v_{ij}, u_{ij} + v_{ij}) \\ 0, 其他 \end{cases}$$

需要指出的是,对任意的网络输入,隐含层所激活的基函数都不是一个固定的数目。

(4)多层前向型模糊神经网络

①多层前向型模糊神经网络结构

　　就像 BP 神经网络是人工神经网络中应用得最广泛的一种类型那样,多层前向型模糊神经网络也是模糊逻辑和人工神经网络技术相结合的最常见的一种形式,这类 FNN 在模糊实时控制、模糊模式识别和模糊决策等领域中得到广泛的应用。这里介绍一种用多层前向传播神经网络逼近的模糊神经网络系统(模糊神经网络的结构图如图 6.5 所示)。

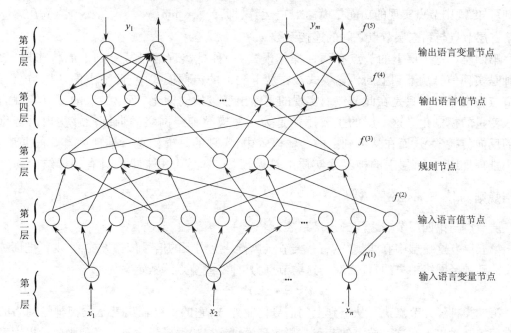

图 6.5　模糊神经网络的结构图

　　第一层为输入层,节点用来表示输入语言变量。

　　最后一层是输出层,每个输出变量有两个节点:一个用于训练神经网络需要的期望输出信号的馈入,另一个表示模糊神经网络实际推理决策的输出信号。

　　第二层和第四层的节点用来表示输入和输出语言变量语言值的隶属函数。

　　第三层节点称为规则节点,用来实现模糊逻辑推理。

　　第三层与第四层节点之间的连接模型实现了连接推理工程,从而避免了传统模糊推理逻辑的规则匹配推理方法。图中箭头方向表示系统信号的走向。从下到上的信号流向表示模糊神经网络训练完成以后的正常信号流向,而从上到下表示模糊神经网络训练时所需的期望输出的反向传播信号流向。

　　每一层神经元的输出为

$$\text{output} = y_i^k = f(u)$$

式中,u 为神经元的输入加权和;f 表示神经元的激励函数。

　　为了满足模糊控制的要求,对每一层的神经元函数应有不同的定义,分别介绍如下。

　　第一层。这一层的节点只是将输入变量值直接传送到下一层,所以,$y_j^{(1)} = u_j^{(1)}$ 且输入变量与第一层节点之间的连接系数 $w_{ij}^{(1)} = 1$。

$$y_j^{(1)} = x_j \qquad j = 1, 2, \cdots, n$$

　　第二层。如果采用一个神经元节点来实现语言值的隶属度函数变换,则这个节点的输出就可以定义为隶属度函数的输出,如钟型函数就是一个很好的隶属度函数。

$$u_j^{(2)} = M_{x_{ji}}(m_{ji}^{(2)}, \sigma_{ji}^{(2)}) = \frac{(y_i^{(2)} - m_{ji}^{(2)})^2}{(\sigma_{ji}^{(2)})^2}, f_j^{(2)} = e^{u_j^{(2)}}$$

式中，m_{ji} 和 σ_{ji} 分别为第 i 个输入语言变量 x_i 的第 j 个语言变量值隶属度函数的中心值和宽度。

第三层。这一层的功能是完成模糊逻辑推理条件部的匹配工作。因此，由最大、最小推理规则可知，规则节点实现的功能是模糊"与"运算，即，$u_j^{(3)} = \min(y_1^{(3)}, y_2^{(3)}, \cdots, y_p^{(3)})$，$f_j^{(3)} = u_j^{(3)}$ 且第二层节点与第三层节点之间的连接系数 $w_{ij}^{(3)} = 1$。

第四层。这一层上的节点有两种操作模式：一种是实现信号从上到下的传输模式；另一种是实现信号从下到上的传输模式。在从上到下的传输模式中，此节点的功能与第二层的节点完全相同。只是在此节点上实现的是输出变量的模糊化，而第二层的节点实现的是输入变量的模糊化。这一层的主要用途是为了使模糊神经网络的训练能够实现语言化规则的反向传播学习，而在从下到上的传输模式中，实现的是模糊逻辑推理运算。根据最大、最小推理规则，这一层上的神经元实质上是模糊"或"运算，用来集成具有同样结论的所有激活规则。$u_j^{(4)} = \max(y_1^{(4)}, y_2^{(4)}, \cdots, y_p^{(4)})$，$f_j^{(4)} = u_j^{(4)}$ 或 $u_j^{(4)} = \sum_{i=1}^{p} y_i^{(4)}$，$f_j^{(4)} = \min(1, u_j^{(4)})$，且第三层节点与第四层节点之间的连接系数 $w_{ij}^{(4)} = 1$。

第五层。这一层中有两类节点：一类节点执行从上到下的信号传输方式，实现了把训练数据反馈到神经网络中去的目的，对于这类节点，其神经元节点函数定义为

$$u_j^{(5)} = y_j^{(5)}, f_j^{(5)} = u_j^{(5)}$$

第二类神经元节点执行从下到上的信号传输方式，它的最终输出就是模糊神经网络的模糊推理控制输出。在这一层上的节点主要实现模糊输出的解模糊运算。下列函数可以用来模拟重心法的去模糊运算：

$$u_j^{(5)} = \sum w_{ij}^{(5)} y_i^{(5)} = \sum (m_{ij}^{(5)} \sigma_{ij}^{(5)}) y_i^{(5)}, f_i^{(5)} = \frac{u_j^{(5)}}{\sum \sigma_{ij}^{(5)} y_i^{(5)}}$$

②多层前向型模糊神经网络的学习方法

混合学习算法对于以上模糊神经网络结构是非常有效的，学习过程具体包括两大部分：自组织学习阶段和有教师指导学习阶段。为此必须首先确定和提供的内容包括：初始模糊神经网络结构；输入/输出样本训练数据；输入/输出语言变量的模糊分区（如每一输入输出变量语言值的多少等）。

混合学习算法第一阶段的主要任务是进行模糊控制规则的自组织、输入/输出语言变量各语言值隶属函数参数的辨识，以得到一个符合该被控对象的合适的模糊控制规则和初步的隶属函数分布；第二阶段的主要任务是优化隶属函数的参数以满足更高精度的要求。

a. 自组织学习阶段

首先估计覆盖在已有训练样本数据上的隶属函数域，来确定现有配制的模糊神经网络结构中各语言值的隶属度函数的中心位置和宽度。隶属度函数的中心值 m_i 估计算法采用 Kohonen 的自组织映射法，宽度值 σ_i 则与重叠参数 r 及中心点 m_i 邻域内分布函数值相关。由于 Kohonen 神经网络能够实现自组织映射，因此，如果输入样本足够多时，则输入样本与 Kohonen 输出节点之间的连接权系数经过一段时间的学习后，其分布可以近似地看作输入随机样本的概率密度分布。如果输入的样本有几种类型，则它们会根据各自的概率分布集

中到输出空间的各个不同区域内。Kohonen 自组织学习算法计算隶属度函数中心值 m_i 的公式为

$$\| x(t) - m_{\text{closest}}(t) \| = \min_{1 \leq i \leq k} \{ \| x(t) - m_i(t) \| \} \tag{6-5}$$

式中,初始的 $m_i(0)$ 为一个小的随机数;$k = |T(x)|$ 为语言变量 x 语言值的数目。

$$m_{\text{closest}}(t+1) = m_{\text{closest}}(t) + \alpha(t)[x(t) - m_{\text{closest}}(t)]$$

$$m_i(t+1) = m_i(t) \qquad m_i(t) \neq m_{\text{closest}}(t)$$

式中,$\alpha(t)$ 为一个单递减的标量学习因子。

此语言变量语言值所对应的宽度 σ_i 的计算通过下列目标函数的极小值来获取,即:

$$E = \frac{1}{2} \sum_{i=1}^{V} \left[\sum_{j \in N_{\text{neaest}}} \left(\frac{m_i - m_j}{\sigma_i} \right)^2 - r \right]^2 \tag{6-6}$$

式中,r 为重叠参数;N_{neaest} 为最近邻域法的阶数。

自组织学习法只是找到语言变量的初始分类估计值,一般采用一阶最近邻域法求取:

$$\sigma_i = \frac{|m_i - m_{\text{closest}}|}{r} \tag{6-7}$$

记 $\sigma_i^{(3)}(t)$ 为规则节点的激励强度,$\sigma_j^{(4)}(t)$ 为第四层输出语言值节点输出,则可以通过对样本数据的竞争学习得出其模糊推理规则。再记 w_{ij} 为第 j 个输出语言值节点与第 i 个规则节点的连接权系数,则对于每一个样本数据权值的更新公式为

$$\Delta w_{ij}(t) = \sigma_j^{(4)} [-w_{ij}(t) + \sigma_i^{(3)}] \tag{6-8}$$

在极端的情况下,如果第四层的神经元是一个阈值函数,则上述算法就退化为只有胜者才能学习的一个简单学习公式。

为了简化神经网络的结构,可以再通过规则结合的办法来减少系统总的规则数,如果:

(a)该组节点具有完全相同的结论。

(b)在该组规则节点中某些条件不是相同的。

(c)该组规则节点的其他条件输入项包含了所有其他输入语言变量的某一语言值节点的输出。

当存在一组规则节点满足以上 3 个条件,则可以用具有唯一相同条件的一个规则节点来代替这一组规则节点。

b. 有教师指导学习阶段

此阶段利用训练样本数据实现输入/输出语言变量各语言值隶属函数的最佳调整,同时,它也为模糊神经网络的在线学习提供保证。有教师指导下的模糊神经网络学习问题可以这样来描述:给定的训练样本数据 $x_i(t)$,$(i = 1, 2, \cdots, n)$,期望的输出样本值 $y_i(t)$,$(i = 1, 2, \cdots, m)$,模糊分区 $|T(x)|$ 和 $|T(y)|$ 及模糊逻辑控制规则。有教师学习过程的实质是最优地调整隶属度函数的参数 $(m_{ij}^{(2)}, \sigma_{ij}^{(2)}, m_{ij}^{(5)}, \sigma_{ij}^{(5)})$ 的过程。

模糊控制规则确定以后,学习的任务就是调整隶属度函数的参数,以满足更高精度的要求。因此,有教师学习算法也可以套用传统的反向传播学习算法的思想,取学习指标函数:

$$e = \frac{1}{2} [y(t) - \hat{y}(t)]^2 \rightarrow \min \tag{6-9}$$

式中,$y(t)$ 为当前时刻的期望系统输出;$\hat{y}(t)$ 为当前时刻的模糊神经网络实际输出。

对于每一个样本数据对,从输入节点开始通过前向传播计算出各节点的输出值,然后再从

输出节点开始使用反向传播,计算出所有隐含节点的偏导数,广义学习规则为

$$\Delta w \propto -\frac{\partial e}{\partial w}$$

$$w(t+1) = w(t) + \eta\left(-\frac{\partial e}{\partial w}\right) \tag{6-10}$$

式中,η 为学习速率或步长。

$$\frac{\partial e}{\partial w} = \frac{\partial e}{\partial y} \cdot \frac{\partial y}{\partial w} = \frac{\partial e}{\partial u} \cdot \frac{\partial u}{\partial w} = \frac{\partial e}{\partial u} \cdot \frac{\partial u}{\partial f} \cdot \frac{\partial f}{\partial w}$$

下面将详细给出图 6.5 所示的模糊神经网络结构各层连接系数的反向传播计算法(注:这里讨论的隶属度函数为钟型函数,其中,m_{ji} 和 σ_{ji} 为可调参数)。中心值 $m_{ji}^{(5)}$ 的更新公式为

$$m_{ji}^{(5)}(t+1) = m_{ji}^{(5)}(t) + \eta[y(t)-\hat{y}(t)]\frac{\sigma_{ji}^{(5)}y_i^{(5)}}{\sum_i \sigma_{ji}^{(5)}y_i^{(5)}} \tag{6-11}$$

隶属函数宽度 $\sigma_{ji}^{(5)}$ 的更新公式:

$$\sigma_{ji}^{(5)}(t+1) = \sigma_{ji}^{(5)}(t) + \eta[y(t)-\hat{y}(t)]\frac{m_{ji}^{(5)}y_i^{(5)}(\sum_i \sigma_{ji}^{(5)}y_i^{(5)}) - (\sum_i m_{ji}^{(5)}\sigma_{ji}^{(5)}y_i^{(5)})y_i^{(5)}}{(\sum_i \sigma_{ji}^{(5)}y_i^{(5)})^2} \tag{6-12}$$

系统输出误差反向传播到上一层的广义误差 $\delta_j^{(5)}$ 为

$$\delta_j^{(5)} = -\frac{\partial e}{\partial u_j^{(5)}} = -\frac{\partial e}{\partial f_j^{(5)}} \cdot \frac{\partial f_j^{(5)}}{\partial u_j^{(5)}} = y(t)-\hat{y}(t) \tag{6-13}$$

第四层:在从下向上的传输模式中,广义误差信号 $\delta_j^{(4)}$ 为

$$\delta_j^{(4)} = \frac{\partial e}{\partial u_j^{(4)}} = \frac{\partial e}{\partial u_j^{(5)}} \cdot \frac{\partial u_j^{(5)}}{\partial u_j^{(4)}} = \frac{\partial e}{\partial u_j^{(5)}} \cdot \frac{\partial u_j^{(5)}}{\partial y_j^{(5)}} \cdot \frac{\partial y_j^{(5)}}{\partial u_j^{(4)}} = \frac{\partial e}{\partial u_j^{(5)}} \cdot \frac{\partial}{\partial y_j^{(5)}}\left[\frac{\sum_i m_{ji}^{(5)}\sigma_{ji}^{(5)}y_i^{(5)}}{\sum_i \sigma_{ji}^{(5)}y_i^{(5)}}\right]$$

$$= [y(t)-\hat{y}(t)]\frac{m_{ji}^{(5)}\sigma_{ji}^{(5)}(\sum_i \sigma_{ji}^{(5)}y_i^{(5)}) - (\sum_i m_{ji}^{(5)}\sigma_{ji}^{(5)}y_i^{(5)})\sigma_{ji}^{(5)}}{(\sum_i \sigma_{ji}^{(5)}y_i^{(5)})^2} \tag{6-14}$$

第三层广义误差信号 $\delta_j^{(3)}$ 的计算公式为

$$\delta_j^{(3)} = \frac{\partial e}{\partial u_j^{(3)}} = \frac{\partial e}{\partial y_j^{(3)}} \cdot \frac{\partial y_j^{(3)}}{\partial u_j^{(3)}} = \frac{\partial e}{\partial u_j^{(4)}} \cdot \frac{\partial u_j^{(4)}}{\partial f_j^{(3)}} = \delta_j^{(4)}\frac{\partial u_j^{(4)}}{\partial y_i^{(3)}} = \delta_j^{(4)} \tag{6-15}$$

如果输出语言变量有 m 个,则

$$\delta_j^{(3)} = \sum_{k=1}^{m} \delta_j^{(4)} \tag{6-16}$$

第二层输入语言变量各语言值隶属度函数中心值 $m_{ji}^{(2)}$ 的学习公式为

$$m_{ji}^{(2)}(t+1) = m_{ji}^{(2)}(t) - \eta\frac{\partial e}{\partial a_j^{(2)}}e^{f^{(2)}}\frac{2(u_i^{(2)}-m_{ji}^{(2)})}{(\sigma_{ji}^{(2)})^2} \tag{6-17}$$

输入语言变量各语言值隶属度函数宽度值 $\sigma_{ji}^{(2)}$ 的学习公式为

$$\sigma_{ji}^{(2)}(t+1) = \sigma_{ji}^{(2)}(t) - \eta\frac{\partial e}{\partial f_j^{(2)}}e^{u_j^{(2)}}\frac{2(y_i^{(2)}-m_{ji}^{(2)})^2}{(\sigma_{ji}^{(2)})^2} \tag{6-18}$$

整个混合学习过程的流程可以用图 6.6 表示。由于混合学习算法在第一阶段已经进行了大量的自组织学习训练，因此，第二阶段有教师学习的 BP 学习算法通常比常规的 BP 算法收敛要快。上面推导出来的学习算法是针对第二层中用单一神经元来实现语言值的隶属度函数，但它可以扩展到用子神经网络逼近的隶属度函数的情形。利用反向传播的思想，可以将输出误差信号反传到子网络中去，从而可以实现子网络参数的学习和调整。

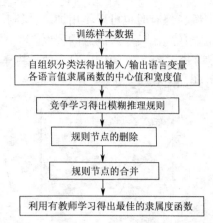

图 6.6　模糊神经网络混合学习的流程图

6.2　应用神经网络构造模糊控制系统

6.2.1　数学描述

神经元模型数学描述为

$$y_i = f\left[u(\theta_i, w_{1i} \cdot x_1, w_{2i} \cdot x_2, \cdots) \right]$$

这里 f 是传递函数，w_{1i}、w_{2i}、$\cdots$ 是输入 x_1、x_2、$\cdots$ 的权值，θ_i 是神经元的偏置权值（又称为阈值），u 是网络输入的计算函数，一般用作求和运算。

已有研究表明，多层前向网络可以逼近任意连续函数和非连续函数。因此，模型系统可以映射成为前馈类型的神经网络，这些系统称为模糊神经网络。在许多模糊神经网络中的神经元结构也都不尽相同，传递函数则一般限定为线性函数或反曲函数，同时函数 u 可以利用模糊"取小"或"取大"运算来代替求和运算。在下面的内容中，如果对 u 不进行特殊声明，它就是求和函数。

6.2.2　模糊规则神经元

模糊规则的基本形式与普通规则类似，也是由前件部和后件部所组成，按照数理逻辑理论的定义，所谓的前件是指规则的前提条件，后件是指规则推理后得到的结果或结论。一条模糊规则的前提可以用一个规则神经元来进行表示。模糊神经元的形式有以下 3 种：

（1）具有一个模糊变量作为前提的简单规则。

（2）具有许多模糊变量作为前提的合取规则。

（3）具有许多模糊变量作为前提的析取规则。

对于"求最大—最小"，产生式求和，都可以直接使用模糊神经元来实现。例如，一条具有两个输入的析取规则的前提就可以使用一个单独的神经元实现，其参数为：f 是线性的，θ_i 等于 0，u 取最大且有 $w_{1i} = w_{2i}$。

6.2.3　前提隶属函数

实际上，任何一个隶属函数都能通过一个多层感知器网络来获得，条件是要对该网络进行单独的训练。但有时也可以不用训练,仅利用较少的神经元,通过反曲函数的移动,比例和对称处理也能达到比较令人满意的程度。

考虑 3 个形容程度的词所对应的模糊子集:低(L)、中(M)、高(H),它们的前提隶属函数的形成方式如图 6.7 所示。

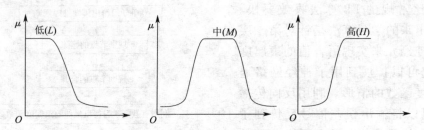

图 6.7　3 个程度模糊子集前提隶属函数的形成方式

在形成隶属函数时,下面两个反曲函数非常有用:

$$f_1[I_i,C,\alpha] = \frac{1}{1 + e^{-C(I_i-\alpha)}} \tag{6-19}$$

$$f_2[I_i,C,\alpha] = \frac{1}{1 + e^{C(I_i-\alpha)}} \tag{6-20}$$

式(6-19)是式(6-20)对于 Y 轴的对称函数。系数 C 是正的变量,用以改变曲线的斜率(如果 C 趋于无穷大,反曲函数将变为阶梯函数),α 也是正的变量,用以进行反曲函数的移位变化。通过参数的改变可得到以下各式来对应各模糊子集的隶属函数:

低:$L = f_2[x_i, C_L, f_L]$

高:$H = f_1[x_i, C_H, f_H]$

中:M 的实现可以有几种途径,一种是先利用上面两种类型的两个反曲神经元进行处理,再利用第三个线性神经元 $u = \min$ 来联接另外两个反曲神经元,联接的权值固定。

$$M_1 = f_1[x_i, C_{M_1}, f_{M_1}]$$

$$M_1 = f_1[x_i, C_{M_1}, f_{M_1}]$$

$$M = \min\{M_1, M_2\}$$

实现 M 的另一种途径是利用第三个线性神经元完成第一个反曲神经元和另一个反曲神经元之间的减法运算:$M = \sum\{M_1, -M_2\}$

注意:在上面两种情形下都有 $f_{M_1} < f_{M_2}$。

6.2.4　结果隶属函数

设 U 为有限集,其元素从模糊系统规则推理得出,所有可能输出值的集合:

$$U = \{U_1, U_2, \cdots, U_n\}$$

这里,$\forall i: 0 \leqslant U_i \leqslant 1$,模糊输出必须经过"去模糊化"后才能得到精确输出 U_{out}。

结果隶属函数生成示意图如图 6.8 所示,对应于集合 U 的最大隶属度 μ 如图 6.8 中实线所示的集合为

$$\mu = \{\mu_1, \mu_2, \cdots, \mu_n\}$$

图 6.8 同时给出了利用两层线性神经元生成结果隶属函数的方法示意。每一层的每个神

经元都代表一个输出隶属函数(在本例中共有 3 个这样的函数,第二层神经元的传递函数取为 $u = \max$,用于选择输出取值较大的隶属函数,两层之间的连接权值是输出隶属函数 L、M、H 三者所可能的隶属度。

当一条规则的强度达到最大可能值(对应于标准化后的数值 1)时,模糊输出对应的结果隶属函数对应于图中的虚线,规则强度低一些时表示隶属度的取值按比例减小(如图 6.8 中的实线所示)。结果隶属函数可以利用类似于前提隶属函数所使用的,通过调整层间连接权值的方法进行修正。

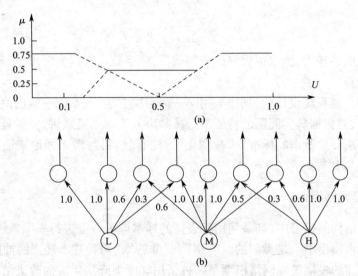

图 6.8　结果隶属函数生成示意图

6.2.5　去模糊化

去模糊化方法一般采用以下方法进行。

(1)最大隶属度法

最大隶属度法就是选择模糊集中隶属度最大的那个元素作为精确控制量的方法。如果论域上多个元素同时出现最大隶属度值,则取它们的平均值作为解模糊判决结果。最大隶属度法能够突出主要信息,而且计算简单。但很多次要的信息都被丢失了,因此,显得比较粗糙,只能用于控制性能要求一般的系统中。

(2)中位数法

中位数法是充分利用控制器输出模糊集 U 所有信息的一种方法,即将隶属函数曲线与横坐标所围成的面积平分为两部分,将两部分分界点所对应的论域元素 u' 称为模糊集的中位数,并将其作为系统控制量,u' 应满足:

$$\sum_{u_{\min}}^{u'} \mu_c(u) = \sum_{u'}^{u_{\max}} \mu_c(u) \tag{6-21}$$

与第一种方法相比,中位数法概括了更多的信息,但计算比较复杂。特别是在连续隶属函数时,需求解积分方程,因此,应用场合要比加权平均法的少。

(3)加权平均法

加权平均法是指将输出模糊集合中各元素进行加权平均后的输出值作为输出控制量。模糊量的判决输出可由下式给出：

$$u' = \frac{\sum\limits_{i=1}^{m} k_i u_i}{\sum\limits_{i=1}^{m} k_i} \tag{6-22}$$

为了简单起见，通常选取隶属函数作为加权系数，则判决结果可表述为

$$u' = \frac{\sum\limits_{i=1}^{m} \mu_c(u_i) u_i}{\sum\limits_{i=1}^{m} \mu_c(u_i)} \tag{6-23}$$

这种方法灵活性较大，为取得较好的控制效果，权系数可根据实际操作经验和实验观测来反复进行调整选择。

在实际模糊控制系统设计中，到底采用哪一种判决方法好，不能一概而论。每一种方法都有各自的优缺点，需根据具体问题的特征来选择判决方法。一般来讲，针对具体应用而专门设计的去模糊化方法要比所谓的标准"去模糊化"方法有效，目前尚无理论来证明到底哪种方法是最优的"标准"方法。

6.2.6　模糊神经网络模型

在神经网络结构的模型中，都是利用代表性的样本训练数据进行模型系统的构造和修正。模糊化方法在各个模型中也是类似的，"若则"和"非若则"两种基本规则的抽取在各种模型中都存在。本节所述的模糊神经网络模型是一种采用梯度下降法生成的改进结构 FNNG。

设有规则 $R1$、$R2$ 和 $R3$ 及输入 $x = A_1$、$y = B_1$，输出为 Out1、Out2 和 Out3，又设 L、M 和 H 分别表示低、中和高。在 FNNG 中考虑"若则"和"若非则"两种规则类型，根据规则类型的不同而选取规则强度为正或负，输出则是对具有反曲传递函数的输出神经元进行直接求和计算。设有如下规则：

$R1$：若 x 为 L 且 y 为 M，则 Out1。

$R2$：若 x 为 H 或 y 为 L，则 Out2。

$R3$：若 x 为 M，则 Out3。

又设上述规则中出现的 x 和 y 的 5 种前提隶属函数分别取为 μ_{Lx}、μ_{My}、μ_{Hx}、μ_{Ly} 和 μ_{Mx}，则规则前提的计算公式为

$$K_1 = \cap \{\mu_{Lx}(A_1), \mu_{My}(B_1)\} \tag{6-24}$$
$$K_2 = \cup \{\mu_{Hx}(A_1), \mu_{Ly}(B_1)\} \tag{6-25}$$
$$K_3 = \mu_{Mx}(A_1) \tag{6-26}$$

这里 ∩ 和 ∪ 为模糊子集的合取和析取，K_1、K_2 和 K_3 分别对应为规则 $R1$、$R2$ 和 $R3$ 的强度。

模糊模型 FNNG 与普通模糊模型的不同之处在于，它利用下式将那些点火规则进行求和，然后经过传递函数得到精确的输出：

$$\text{Out1} = f_i \left(\sum_{i=1}^{r} w_{ij} \cdot K_j \right)$$

式中，r 为规则数目；w_{ij} 为从第 i 个规则结点到第 j 个输出结点的连接权值，取值也可以为负，这样在每个输出结点上都体现了所有规则的共同作用；f_i 为输出神经元的反曲传递函数。

因为所有的规则都具有权重,而输出是对权重的求和,所以,对于具有多变量前提的规则来说,规则的合取和析取都可以通过分解的方法进行处理解决,亦即,将每个前提都分解为最多具有两个输入模糊变量的规则进行处理。

6.2.7　模糊神经网络系统的优化

完成上述包括初始化知识库在内的工作以后,就得到了一个初始模糊系统,下一步要做的是利用同样的样本数据对系统进行优化。在未经优化的初始模糊系统中,所生成的规则数目要比实际的情况多得多,所以用户必须给出一个限制条件或一个权重衡量标准,以删除那些"弱"的规则。然而,如果将某些重要的规则也删掉了,则模糊系统的性能将受到削弱。所以说,减小规则数目和提高系统性能两者是一对矛盾。系统优化的方式有"在线方式"和"离线方式"两种。

1. 参数调整

最初生成的前提隶属函数可以通过训练数据进行调整。改变参数 α 的值可以使隶属函数产生位移,改变参数 C 的值可以使反曲函数的斜率变化。对于结果隶属函数则可以通过修改两层神经元之间的联接权值来进行优化处理,如图 6.8 所示。

对于利用规则相联结点进行规则归纳的方法而言,通过做第二次训练可以进行规则的再归纳。经过 FNNG 的优化过程之后,具有较弱权值的规则结点最终将被删除。

2. 规则优化

规则优化过程是必不可少的,因为规则数目的多少将直接影响到系统实际应用时的响应时间。一个已经生成的规则库应当能够利用输入/输出数据,通过对 FNNG 模型的学习训练进行有效的归纳整理。为了得到少数对输出有较大影响的规则,可以利用删除某些规则与输出层之间的权值的方法。

3. 不完善规则的修正

许多情况下,用来描述系统的模糊规则都是根据先验的可能性集合来确定的,这时可以认为,对系统的正确性描述就是给出了一个有限的规则集合,这些规则带有权值以表明其正确或准确的程度。这里讨论利用神经网络方法学习和修正这种权重或隶属度的方法。

(1)问题的提出

许多系统都可以用模糊规则来表示,然而不一定总能容易地获得这种表示。一般的情况下,模糊逻辑控制规则是通过对专家经验的分析或进行反复的实验后才得到的,当专家无能为力的时候,就必须寻找一种自动生成方法来解决模糊系统的辨识问题。

本节的参考模型是一种"连续系统",其数学表示为

$$y = f(x) \tag{6-27}$$

式中, $x \in R^n$; $y \in R^n$; $f: R^n \rightarrow R^n$ 是连续的,而且该系统是基于模糊规则的,它可以由一个有限的模糊控制集来形容。

从理论上看,基于规则系统都是"可逼近"的,也就是说,对于任何给定的连续系统,都可以得到一个基于规则的系统以给定的精度来逼近该连续系统。

某些情况下,规则是从给定的可能性集合中得到的(例如语言变量集合),这个时候对系统的正确描述应当是一个有限的规则集,每个规则都具有一个权值来代表其正确性(准确性)。

基于神经网络的学习方法可以用来得到这样的系统描述，例如前馈神经网络就是一种普通的逼近器，它是一种从$[0,1]^n$到$[0,1]^m$的连续映射。借助一个具有适当隐层神经元数目的多层网络，就能够得到一个连续的从输入变量到输出变量的映射。学习的数据是指可作为训练样本集合的经验数据库。

下面从实际的辨识过程出发，用相同的大写字母来表示模糊子集和隶属函数，并且按照下述方法进行模糊离散化。

设 A 是一个模糊子集，它是论域$[u_0,u_1]$上的隶属函数。取一个自然数 k，并对论域进行划分，得到如下的元素：

$$s_i = u_0 + (i-1)(u_1-u_0)/(k-1) \tag{6-28}$$

式中，$i=\{1,2,\cdots,k\}$，这样，得到一个向量：

$$\boldsymbol{a} = (a_1,a_2,\cdots,a_k) = [A(s_1),A(s_2),\cdots,A(s_k)] \tag{6-29}$$

式中，$a_i = A(s_i) \in [0,1]$，相应地有向量 $\boldsymbol{s}=(s_1,s_2,\cdots,s_k)$。

当模糊系统由规则描述出来后，对于前提和结果中的任何模糊子集都能够进行离散化，设规则中前提有 r 个变量，结果有 t 个变量，这样，每条规则都可以看作是一个从 $[0,1]^{\sum\limits_{i=1}^{s} n_i}$ 到 $[0,1]^{\sum\limits_{j=1}^{t} m_j}$ 的映射，这里 n_i 和 m_j 是模糊变量相应被离散化的数量。

还有，任何一个模糊系统的输入都可以规范化为一个 n 维变量$(x_1,x_2,\cdots,x_n)$，而输出都可以规范化为 m 维变量$(y_1,y_2,\cdots,y_m)$，其中，x_i、$y_j \in [0,1]$，$(i=1,2,\cdots,n;j=1,2,\cdots,m)$。

因此，可以将任何模糊系统都看作是一个从$[0,1]^n$到$[0,1]^m$的映射。

（2）模型的建立

首先考虑一个单入单出的简单系统，而且针对简单系统的下述过程可以很容易地直接扩展到复杂系统中去。

单入单出的简单系统示意图如图 6.9 所示，解析表示为

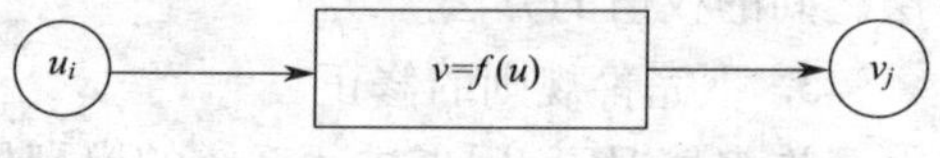

$$v = f(u) \tag{6-30}$$

图 6.9　单入单出的简单系统示意图

式中，$u \in R^n$；$v \in R^n$；$f:R^n \to R^n$ 假定 f 是未知的，但是已知一个通过检测得到的有限样本集合(u_i,v_j)。虽然 u_i 和 v_j 可以是模糊变量，然而在大多数情况下，由于检测仪器得到的数据都是非模糊的，所以上述的样本集合是非模糊的（清晰的）。

所以，对于上述定义在论域 $U \to V$ 的连续系统，开始只是知道一组清晰的输入/输出样本集合$(u_i,v_j)[u_i \in U,v_j \in V(i=1,2,\cdots,N);(j=1,2,\cdots,N)]$。这也是最初对该系统所了解的基本知识，对此可以直接表示为下述的规则集形式：

R_j：如果 u 是 u_j，则 v 是 $v_j(j=1,2,\cdots,N)$。

现在引入语言变量 H_u 和 H_v 来表示数值变量 u 和 v，相应地就可以得到下述的规则集：

$$R_j：如果 H_u 是 u_j，则 H_v 是 v_j；j=1,2,\cdots,N \tag{6-31}$$

得到式（6-31）的过程称为初始化。

设模糊变量 H_u 和 H_v 取值的符号化表示为$\{L_1,L_2,\cdots,L_s\}$和$\{E_1,E_2,\cdots,E_t\}$，其中的每一符号都具有语义。如"大、小、多"等，L_i 属于论域 U，$i=1、2、\cdots、s$；而 E_j 属于论域 V，$j=1、2、\cdots、t$。

按上述说明就可以将所有可能的规则用如下形式表述：

$$R_{ij}: 如果 H_u 是 L_i，则 H_v 是 E_j。 \tag{6-32}$$

式中，$i \in \{1,2,\cdots,s\}$；$j \in \{1,2,\cdots,t\}$。这样，整个系统就可以用所有可能的规则组成的集合来表示：

$$f: U \to V \text{ 等价于 } \{R_{ij}, i=1,2,\cdots,s; j=1,2,\cdots,t\}$$

又可定义为笛卡儿积的形式：

$$\Re = \Big\{ \{L_1, L_2, \cdots, L_s\} \times \{E_1, E_2, \cdots, E_t\} \Big\} \tag{6-33}$$

显然，利用式(6-33)的形式来描述系统比其他形式更为恰当。

为此对每条规则 R_{ij} 赋予一个权重值 λ_{ij} 来度量规则 R_{ij} 在相应系统 $f: U \to V$ 中的真实程度。

第一个目标是找出所设连续系统 $f: U \to V$ 中每条规则 R_{ij} 的权重值 λ_{ij} 这项工作完成后就可以得到下述形式的对系统 $f: U \to V$ 的描述：

$$f: U \to V \text{ 等价于 } \{\lambda_{ij} R_{ij}; i=1,2,\cdots,s; j=1,2,\cdots,t\} \tag{6-34}$$

式(6-34)较式(6-33)对 $f: U \to V$ 的描述更为完整。

为了避免处理大量的没有实际意义的规则，必须挑选那些权重"足够大"的规则。在此，"足够大"也是一个需要加以定义的模糊陈述，事实上可以定义变量 $\delta \geq 0$，然后得到系统的最终描述为

$$f: U \to V \text{ 等价于 } \Big\{ (\lambda_{ij} R_{ij}, \lambda_{ij} \geq 1-\delta); i=1,2,\cdots,s; j=1,2,\cdots,t \Big\} \tag{6-35}$$

（3）系统辨识过程

根据上述模型，系统的辨识过程按以下的步骤进行：

①将参考论域 U 和 V 离散化，得到 $U = \{u_1, u_2, \cdots, u_n\}$，$V = \{v_1, v_2, \cdots, v_m\}$。

②设模糊变量 H_u 和 H_v 的取值分别为语言符号 $\{L_1, L_2, \cdots, L_s\}$ 和 $\{E_1, E_2, \cdots, E_t\}$。

③对于每一个"直接的"规则，赋予权重值 $\lambda = 1$ 来表示它的真实程度。

④序对 (u_l, v_r)、$l = \{1,2,\cdots,n\}$、$r = \{1,2,\cdots,m\}$ 来表示观测的结果，并由此定义参考模型 $W = U \times V$。

⑤对于 W 可以建立如式(6-33)的语言变量的笛卡儿积 $\Re$ 或 W。

⑥引入权重变量 Λ_1，其取值范围为 $[0,1] \in R$。

⑦这样就由论域为笛卡儿积 $\Re$ 的变量 $H_{U \times V}$，来定义所有可能规则的集合。

在定义上述这些新的概念以后，就可以得到一个"中间过渡系统" $W \to [0,1]$，由下述规则定义：

$$R_i: 如果 H_{U \times V} 是 (u_i, v_j)，则 \Lambda_1 \text{ 等于 } 1。 \tag{6-36}$$

下一步的目标是求得一个"中间系统"，由下述规则定义：

$$R_{ij}: 如果 H_{U \times V} 是 (L_i, E_j)，则 \Lambda_1 \text{ 等于 } \lambda_{ij}。 \tag{6-37}$$

一旦得到式(6-37)定义的新系统，也就完成了第一步的目标，即利用具有权重的所有可能规则描述了最初给定的系统。

（4）过渡系统的求解

通过上述的分解过程得到一个"过渡系统"，可以表示为从 $[0,1]^{n+m}$ 到 $[0,1]$ 的映射。

由于定义的初始系统是连续的（即输入输出的细小变化将引起相应的隶属度 Λ_1 的微小变化），所以很容易证明"过渡系统"也是连续的。正是基于此，就能够利用具有反曲特性函数的三层前馈神经网络来描述"过渡系统"。下面首先定义训练模型的网络拓扑结构。

（5）网络拓扑结构

定义一个三层前馈神经网络结构，其网络拓扑结构示意图如图 6.10 所示。隐层和输出层采用反曲特性函数：$f(x) = 1/(1 + e^{-x})$。

现在所讨论的系统是一个从 $[0,1]^{n+m}$ 到 $[0,1]$ 的映射，所以输入层需要 $n+m$ 个神经元（在图中设 $r=n+m$），而输出层则需要一个神经元。显然，输入层的输入是一个属于 $[0,1]^{n+m}$ 的向量，输出层则是一个属于 $[0,1]$ 的变量。

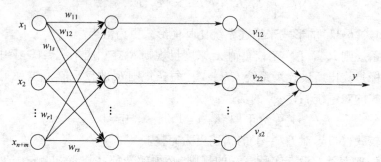

图 6.10　三层前馈神经网络拓扑结构示意图

利用 BP 算法即可以对前述的模型进行训练，最后可得到一个"足够逼近"的用神经网络表示的映射关系函数。

（6）模型训练算法和样本获取方法

神经网络训练的学习一般选取 BP 算法。神经网络的构成和训练需要选择样本，样本为 $n+m$ 维向量，在此，提出了下述方法来选择有序对。

①首先是由系统直接得到的有序对 $\left((u_i, v_i), 1\right), \left(i = 1, 2, \cdots, N\right)$。

②由于系统是连续的，"中间系统"也是连续的，所以，存在有序对 $\left((u_i, v_j \pm \varepsilon), 1\right)$，这里 ε 取很小的值。

③同样基于系统的连续特性，可以选择有序对 $\left((u_i, v_j \pm \rho), \lambda_i\right)$，这里 ρ 是一个实数，$\lambda_i = 1 - k\rho$，$k\rho$ 是一个与 ρ 成比例的实数。

上述 3 种类型都是从系统的"直接规则"得到的，而所要达到的目的是从"直接规则"生成一个能够体现 U 的变化引起 V 的变化的模糊系统，为此，需要下面的样本类型。

④通过模糊化操作，得到序对 $\left((u_i, [v_i - \varepsilon, v_i + \varepsilon]), 1\right)$。

⑤由①可以反推得到序对 $\left((u_i, v_i \pm \beta), 0\right)$，$\beta$ 的选择标准是 $v_i \pm \beta$，与 v_i 相差很远。

⑥与④的生成过程相似，将⑤模糊化，可以得到序对

$$\left((u_i, [v_i - \beta - \varepsilon, v_i - \beta + \varepsilon]), 0\right) 和 \left((u_i, [v_i + \beta - \varepsilon, v_i + \beta + \varepsilon]), 0\right)。$$

训练样本由输入矢量和输出矢量组成，是 $n+m+1$ 维向量，其中包括在上述序对中的分量置 1，其余分量置 0。一旦训练结束，就可以得到规则的权重值，在输入层是代表某个规则前提和后果的 $n+m$ 维向量，输出的就是该规则的权重。

在求得所有规则的权重以后，就能够选择保留那些权重足够大的规则。

上述过程可以扩展到多变量的情形，即论域 U 和 V 可以是有限论域的积。

4. 知识综合

对于神经网络和模糊系统来说,其输入变量特性的定义大都建立在直觉的基础之上。在传统神经网络技术中,几乎没有什么办法来分析一个输入是否有效。FNNG 则可通过系统性能的训练来自动地完成这项工作。在完成知识库的提取之后,那些在规则库中没有出现的冗余输入将被抛弃。进一步,如果专家的意见与某个规则的生成强度不一致,那么又可以检查那些强度不够的规则的前提输入,这些输入可能是由于前面规则生成过程中或隶属函数生成过程中的错误引起的。

有几种方法可以实现 FNNG 模型的知识综合,一种方法是将专家直觉的知识作为模糊规则和隶属函数加入到系统中;另一种方法是在线学习。

由于人类专家的知识与系统自动提取的知识之间不免有一定的偏差,所以不能忽视专家的知识。专家的知识可以在 FNNG 生成之前,也可以在生成之后加入到 FNNG 的训练过程中。

专家知识可以当作新的模糊规则加入到 FNNG 中,这些规则的权值可以作为最终规则,也可以由系统重新训练。

6.3　应用案例

根据模糊神经网络(FNN)的功能、结构,以及 FL 与 NN 的融合方式不同,在 FNN 及其应用领域中提出了各种类型的网络连接方式和学习算法。下面举几种有代表性的模糊神经网络来加以阐明。

6.3.1　手写体数字识别用 FNN

在邮政信箱编号、金融支票、账单发票等场合,常常需要对手写体的数字进行识别。由于手写体的特征中包含有模糊的信息,因而在提取和表征识别用神经网络的输入信息时,要采用模糊逻辑中的隶属函数表达式。

手写体数字识别用 FNN 的原理拓扑结构图如图 6.11 所示。它是一个有单隐含层的前反馈神经网络,输入层有 56 个神经元,用来输入从 32×32 二进制图像中抽取的 56 个信息。隐含层的神经元数最多可达 15 个,输出层神经元数为 10 个,其具体数目要根据样本数和类别数来确定。

进行识别时,先要将待识别样本的笔画进行细化。在拓扑结构特征上要考虑 3 方面的特征,即:

(1)笔画的端点数。所谓端点即只与一个黑色像素相邻的像素点。

(2)封闭圈数。它定义为将图像的某一部分完全隔离开的闭合笔画的数目。

(3)不属于封闭圈的端点的数目。

从 32×32 的二进制图像中抽取 56 个模糊特征,第 i 个学习样本的特征矢量表达为:$F_i = \{f_{i0}, f_{i1}, \cdots f_{i55}\}$,在水平方向上有 32 个特征。用 l 表示图像的行向号,L_1(或 R_1)分别表示 l 行最左边(或最右边)一点的横坐标,W_l 表示该行的宽度,C_1 表示"1"和"0"交互变化的次数,则它们相应的隶属函数可以表示为图 6.12。

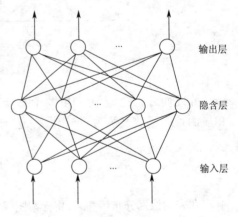

图 6.11　手写体数字识别用 FNN 的
原理拓扑结构图

输出层
隐含层
输入层

$$\mu(L_1) = \begin{cases} 1 & L_1 \leqslant 10 \\ \dfrac{27 - L_1}{17} & 10 < L_1 \leqslant 27 \\ 0 & L_1 > 27 \end{cases}$$

$$\mu(R_1) = \begin{cases} 0 & R_1 \leqslant 10 \\ \dfrac{R_1 - 10}{17} & 10 < R_1 \leqslant 27 \\ 1 & R_1 > 27 \end{cases}$$

$$\mu(W_1) = \begin{cases} 0 & W_1 \leqslant 10 \\ \dfrac{W_1 - 10}{17} & 10 < W_1 \leqslant 27 \\ 1 & W_1 > 27 \end{cases}$$

$$\mu(C_1) = \begin{cases} 0 & C_1 = 0 \\ 0.5 & C_1 = 1 \\ 1 & C_1 \geqslant 2 \end{cases}$$

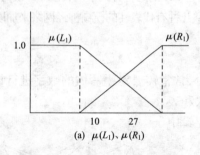
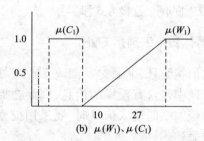

图 6.12　隶属函数 $\mu(L_1)$、$\mu(R_1)$ 与 $\mu(W_1)$、$\mu(C_1)$

除此而外,在垂直方向取 8 个特征。令 C_m 表示在该方向上"1"与"0"交互变化的次数,则相应的隶属函数表示为

$$\mu(C_m) = \begin{cases} \dfrac{C_m}{3} & C_m \leqslant 3 \\ 1 & C_m > 3 \end{cases}$$

在表达像素分布特性时,将样本图像划分为 16 个 8×8 的区域,然后将像素分布特征定义为

$$F_{ij} = \frac{D_n - D_{min}}{D_{max} - D_{min}} \tag{6-38}$$

式中,D_n 为第 n 个区域中像素"1"的数目;D_{max} 和 D_{min} 分别为 D_n 的最大值和最小值。

利用上述用隶属函数表达的模糊特征来训练三层前馈式神经网络,然后用训练好的神经网络配合分类树进行识别,所得到的手写体数字识别结果见表 6.2,即对训练过的样本识别率为 100%,对测试样本则为 92.31%。

表 6.2　模糊信息输入神经网络手写数字识别结果

样本数	正确识别率	误识率
训练样本 105	100%	0%
测试样本 78	92.31%	7.69%

6.3.2 聚类分析用 FNN

聚类分析是一种非监督式模式识别,其目的是根据某些特性的异同按一定准则划分为类,同类样本间具有最大相似性,不同类样本间的相似性小。比较简单的聚类算法是硬聚类算法,在样本分类中取非此即彼的 $\{0,1\}$ 二值。但是在现实世界中,事物的状态和灰度方面有连续的过渡性,因而 Dunn 在 1974 年将模糊集合应用于 ISODATA 聚类算法。

为了将数值计算能力很强的人工神经网络技术与知识表达能力很强的模糊逻辑技术有机地结合起来用于聚类分析,出现了把模糊 C—均值算法和 Kohonen 自组织神经网络相结合的模糊 Kohonen 聚类神经网络(简称 FCMNN)和模糊 C—球壳聚类神经网络(简称为 FCSSNN)等。

下面以模糊 C—均值聚类神经网络为例来阐明模糊神经网络用于聚类的具体步骤。

FCMNN 采用的是一个两层前向反馈型神经网络,其拓扑结构图如图 6.13 所示。输入层的神经元数 p 与输入数据的维数相等,输出层的神经元数 c 与数据集的类别数相等。输入层神经元为线性神经元,输出层神经元为模糊神经元,即将神经元的状态由 $\{0,1\}$ 两值扩展到 $[0,1]$ 间的连续区间上。

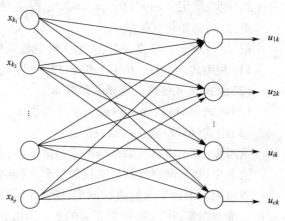

图 6.13 FCMNN 拓扑结构图

FCMNN 采用模糊竞争学习算法,对于每次输入的训练矢量,所有的权矢量都朝着这个训练矢量修正权值,而且每个权矢量对应于各类聚类中心修正的步长,正比于训练矢量隶属于该权矢量的程度。

设 t 时刻输入训练样本为 x_k,则权矢量按下式进行修正:

$$v_{ij,t} = v_{ij,t-1} + \alpha_{i,t} u_{ik}^m (x_k - v_{ij,t-1}) \tag{6-39}$$

式中,$\alpha_{i,t}$ 为 t 时刻第 i 个权矢量的学习系数;m 为模糊系数;u_{ik}^m 值由下列公式确定:

$$I_k = \phi \Rightarrow u_{ik} = \frac{1}{\sum_{j=1}^{v} \left[\frac{d_{ik}^2}{d_{jk}^2}\right]^{\frac{1}{m-1}}} \tag{6-40a}$$

$$I_k \neq \phi \Rightarrow u_{ik} = 0, \qquad \forall i \in \bar{I}_k, \qquad \sum_{i \in I_k} u_{ik} = 1 \tag{6-40b}$$

此处

$$I_k = \{i \mid 1 \leq i \leq c, d_{ik} = 0\} \qquad \bar{I}_k = \{1, 2, \cdots, c\} - I_k \tag{6-41}$$

$$d_{ik}^2 = (x_k - v_i)^{\mathrm{T}} (x_k - v_i), \qquad \forall i = 1, 2, \cdots, c; k = 1, 2, \cdots, n \tag{6-42}$$

式(6-39)表示的模糊竞争学习算法不仅保留了样本间的相近信息,而且可以有效克服竞争学习方法中神经元学习不足的缺点。同时,采用降模糊技术和频率敏感技术可以改善模糊竞争学习算法的性能。

所谓降模糊技术是指在学习开始阶段将模糊度系数 m 取得大一些(例如 $m_0 = 2.5$),这样初始阶段所有类别的权矢量都会得到较大的修正,然后按下列公式随时间 t 来逐步减少 m 的大小。

$$m_t = m_0 - \frac{(m_0 - m_1)t}{t_{\max}} \tag{6-43}$$

式中，m_1 为最小的模糊度系数取值（例如 $m_1 = 1.5$）；$t_{\max}$ 为最大的学习次数。

频率敏感技术也能够用来克服神经元学习不足的缺点，它的基本原则是使各类修正步长与各类响应次数成反比。如果定义 t 时刻第 i 个神经元竞争胜利的频率为 $F_{i,t}$，则

$$F_{i,t} = F_{i,t-1} + u_{ik} \tag{6-44}$$

从而将式（6-39）中的步长因子 $\alpha_{i,t}$ 取为

$$\alpha_{i,t} = \frac{1}{F_{i,t}} \tag{6-45}$$

利用 FCMNN 进行聚类分析时，首先利用模糊竞争算法对网络进行训练，网络训练完成收敛后，利用最后的权矢量和式（6-40）对数据集进行模糊分类。整个算法步骤如下：

第一步：固定 c、$\varepsilon(\varepsilon>0)$、$m_1$、$m_0$、$t_{\max}$ 等学习参数。

第二步：初始化权矢量 $V_0 = (v_{1,0}, v_{2,0}, \cdots, v_{c,0}) \in R^{cp}$，及 $F_{i,0} = 1$。

第三步：对于 $t = 1$、2、$\cdots$、$t_{\max}$，设 t 时刻输入样本为 x_k。

（1）利用式（6-30）、（6-41）和（6-42）计算 $u_{ik,t}$。

（2）由式（6-43）修正模糊度参数 m_i。

（3）由式（6-44）、（6-45）修正学习参数 $\alpha_{i,t}$。

（4）由式（6-39）修正网络权值。

第四步：对于所有的训练样本重复第三步，直到误差小于 ε 或达到设定的循环次数 $t_{\max}$。

第五步：利用网络收敛后的权矢量和式（6-40）、（6-41）和（6-42）对样本集进行分类。

下面用一个数字示例进行阐明，图6.14（a）是一个原始数据集，它表示一个含有25个样本的二维数据集，进行划分为五类的 5 - 均值聚类分析，图6.14（b）是进行分类后得到的结果，每个圆圈之中包含的样本为一类。

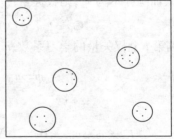

(a) FCMNN原始数据集   (b) 分类结果

图6.14   利用 FCMNN 进行聚类分析示例

6.3.3   提取规则用 FNN

在某些十分复杂的控制工程中，数学建模几乎不可能办到，因此，就需要从有关控制大量数值数据中抽取形如"IF-THEN"控制规则。

模糊神经网络为模糊规则的抽取提供了新的有效途径。用于抽取模糊规则的 FNN，常常采用模糊系统的联结主义表达方式构成的多层前馈人工神经网络，这种 FNN 抽取模糊规则有两个步骤，即结构学习阶段和参数学习阶段。FNN 的结构决定了模糊规则的条数及隶属函数

的形状。在多数情况下,FNN 的结构可以事先确定,因而,模糊规则的抽取问题主要表现为 FNN 的参数学习过程。

构成一个模糊系统的基本模块是模糊化→模糊推理→模糊判决,FNN 在输入—输出端口上与模糊系统等价,而内部的权值、结构则可以通过学习加以调整修正。

前馈型 FNN 可分为前层、中层和后层,前层完成隶属函数功能以实现模糊化,中层构成联结主义的推理机,后层则完成模糊判决。前、中、后层可由单层节点层构成,也可以由多层节点层构成。每个节点层的节点数及全体可根据模糊系统所采取的具体模块形式来预置,通过一定的学习算法自动产生隶属函数的合适形状和模糊规则。由于模糊系统基本模块的实现方法有多种形式,因此,这种 FNN 的具体结构因模糊系统的具体描述及网络的学习算法和函数三者的选取不同而各异。

通常在模糊推理规则中,语言连词 AND 和 IF-THEN 采用"与"运算($\wedge$),OR 采用"或"运算($\vee$),其基本形式的数学描述如下。

设 $U_1,U_2,\cdots,U_{n+1}$ 为 $n+1$ 个有界论域,且 $U_i=[a_i,b_i]$,每个论域 U_i 按一定规则分为 n_i 个凸模糊子集 A_{ij}($i=1,2,\cdots,n+1$;$j=1,2,\cdots,n_i$),其隶属函数为 $\mu_{A_{ij}}(x_i)$,记 $V_i=\{A_{ij}|j=1,2,\cdots,n_i\}$,则:

(1)模糊控制规则集为

$$\mathop{OR}_{j=1}^{m}\{IF\mathop{AND}_{i=1}^{n}(x_i\in A_{ij})\quad THEN\quad x_{n+1}\in A_{(n+1)j}\}\tag{6-46}$$

式中,$A_{ij}\in V_i$;$x_i\in U_i$;m 为规则条数。

(2)合成算法为

$$\mu_B(x_n+1)=\bigvee_{j=1}^{m}(\bigwedge_{i=1}^{n}\mu_{A_{ij}}(x_i)\wedge\mu_{A_{(n+1)j}}(x_n+1))\tag{6-47}$$

式中,$B\in F(n+1)$;$F(n+1)$ 为 U_{n+1} 上所有模糊集合全体构成的集类;μ_B 为 B 的隶属函数。

(3)模糊决策采用重心法,即

$$x_{n+1}=\frac{\int_{x\in U_{n+1}}\mu_B(x)x\mathrm{d}x}{\int_{x\in U_{n+1}}\mu_B(x)\mathrm{d}x}\tag{6-48}$$

上式也称为去模糊(Defuzzification)公式。

按上述 3 个顺序过程,可得到映射关系:

$$f:(U_1\times U_2\times\cdots\times U_n)\rightarrow U_{n+1}\tag{6-49}$$
$$x_{n+1}=f(x_1,x_2,\cdots,x_n)$$

这里$(x_1,x_2,\cdots,x_n)\in U_1\times U_2\times\cdots\times U_n$ 为模糊推理系统输入,$x_{n+1}\in U_{n+1}$ 为系统输出。

用多层前向式 FNN 来表达上述模糊推理规则时,其示例性拓扑结构如图 6.15 所示。图中论域个数为 $n+1=3$,即

$$V_1=\{A_{11},A_{12}\}$$
$$V_2=\{A_{21},A_{22},A_{23}\}$$
$$V_3=\{A_{31},A_{32},A_{33}\}$$
$$B\in F(V_3)=F(A_{31},A_{32},A_{33})$$

用图 6.15 所表示的 FNN 具有以下特点:

（1）它不但在输入—输出端口上与基本模糊系统等效,而且内部结构也与模糊系统的模糊化、模糊推理及模糊判决相对应,也即 FNN 的内部可以用模糊系统的有关概念去解释,因而可以说 FNN 内部是透明的。

（2）模糊系统的模糊规则及隶属函数的生成与修改,转变为 FNN 中的局部节点或权参数的确定和调整。同时,由于权值是局部调整,学习速度也较快。

（3）模糊系统能够带进任意紧集上的连续函数,其逼近精度随论域上模糊子集的细化程度提高而改进。因而,可以通过调整 FNN 实现隶属函数功能的节点个数,以及相应规则节点数来实现所需要的逼近精度。

（4）为把数值数据转化成人们便于理解的"IF-THEN"语言规则提供了工具。

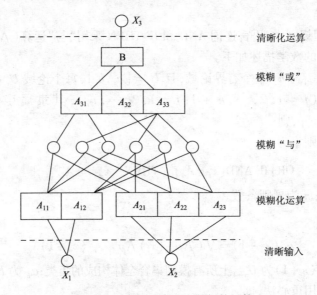

图 6.15　提取规则 FNN 的拓扑机构

模糊规则抽取可理解为给定样本集合 $S_1 = \{(Z_i, Y_i^*) \mid Z_i \in R^n, Y_i^* \in R^m, i = 1, 2, \cdots, n\}$ 和允许误差 δ 后,按一定的推理计算模型求出 R^i 具体表达的过程。

用数据形式给出的样本集合见表 6.3,若采用 Sugeno 模糊推理计算模型,则模糊规则表达形式及计算公式如下:

$$R^i: \text{IF} \quad x_1 \quad \text{IS} \quad A_{1j} \quad \text{AND} \quad x_2 \quad \text{IS} \quad A_{2l} \quad \text{AND} \quad x_3 \quad \text{IS} \quad A_{3k} \quad \text{THEN} \quad y = f_i \tag{6-50}$$

$$\mu_i = A_{1j}(x_1) \cdot A_{2l}(x_2) \cdot A_{3k}(x_3) \tag{6-51}$$

$$\hat{\mu}_i = \frac{\mu_i}{\sum_{k=1}^{n} \mu_k} \tag{6-52}$$

$$y^* = \sum_{i=1}^{n} \hat{\mu}_i f_i \tag{6-53}$$

式中,A_{1j}、A_{2l}、A_{3k} 为模糊变量;$A_{1j}(x_1)$、$A_{2l}(x_2)$、$A_{3k}(x_3)$ 为隶属函数;f_i 为常数。表 6.3 为有关样本。

设 $j = 1, 2, \cdots, j_0$;$l = 1, 2, \cdots, l_0$;$k = 1, 2, \cdots, k_0$;j_0、l_0 和 k_0 是模糊子集的个数,则 $n = j_0 \times l_0 \times k_0$ 为模糊规则的最大条数值。若取 $j_0 = l_0 = k_0 = 2$,则 $n = 8$。

隶属函数的形状如图 6.16 所示。

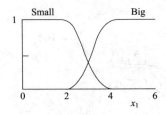 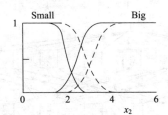 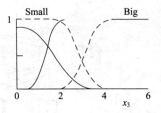

图 6.16　隶属函数的形状

表 6.3　用数据形式给出的样本集合

No	x_1	x_2	x_3	$y*$	No	x_1	x_2	x_3	$y*$
1	1	3	1	11.110	11	1	5	3	5.724
2	1	5	2	6.521	12	1	1	4	9.766
3	1	1	3	10.190	13	1	3	5	5.870
4	1	3	4	6.043	14	1	5	4	5.406
5	1	5	5	5.242	15	1	1	3	10.190
6	5	1	4	19.020	16	5	3	2	15.390
7	5	3	3	14.150	17	5	5	1	19.680
8	5	3	2	14.360	18	5	1	2	21.060
9	5	1	1	27.420	19	5	3	3	14.150
10	5	3	2	15.390	20	5	5	4	12.680

$$\text{Big}(x) = \text{Sigmoid}(\alpha_i(x - \beta_i)) = \frac{1}{1 + \exp(-\alpha_i(x - \beta_i))}$$

$$\text{Small}(x) = 1 - \text{Sigmoid}(\alpha_j(x - \beta_j))$$

式中,α_i、β_i、α_j、$\beta_j \in R$。

根据式(6-51)、式(6-52)和式(6-53),可以构成如图 6.17 所示的 FNN,其中,各层输入—输出关系为

(A)层:$y_{ai} = I_i = x_i$

(B)层:$y_{bi} = (I_i - w_{ci})$

(C)层:$y_{ci} = \text{Sigmoid}(w_{gi}I_i) = \text{Sigmoid}(w_{gi}(I_i - w_{ci}))$

(D)层:$y_{di} = \begin{cases} I_i = \text{Sigmoid}(w_{gi}(x_i - w_{ci})) & （节点18,20,22） \\ 1 - I_i = 1 - \text{Sigmoid}(w_{gi}(x_i - w_{ci})) & （节点17,19,21） \end{cases}$

(E)层:$y_{ei} = \prod\limits_i I_i$

(F)层:$y_{fi} = \sum\limits_i w_{fi}I_i$

$w_c = \{w_{c1}, w_{c2}, \cdots, w_{c6}\}$ 为可变阈值,$w_g = \{w_{g1}, w_{g2}, \cdots, w_{g6}\}$ 和 $w_f = \{w_{f1}, w_{f2}, \cdots, w_{f6}\}$ 为可变权值,w_g 为(C)层的输入权值,w_c 和 w_g 取值不同则可以得到不同形状的隶属函数。(D)~(F)层实现推理并给出结论。(F)层输入权值为 w_f,$w_f = f_i$。图中标有"1"或" –1"的为固定权值,可采用各种算法对可变权和阈值进行学习。规则抽取问题就成为寻找 w_c、w_g 和 w_f 数值问题。

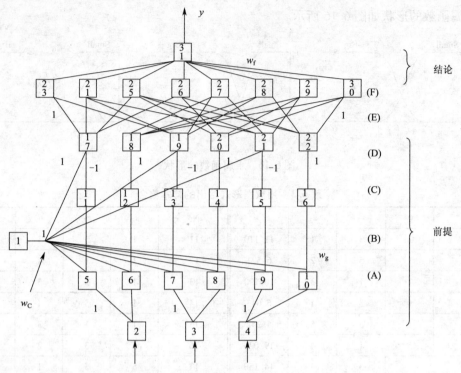

图 6.17　FNN 的一种具体实现形式

对表 6.3 中的学习样本,设定初始隶属函数形状如图 6.16 中虚线所示,采用如下的 Cam Delta 学习算法:

$$m'_{ij} = m_{ij} + c_1 * e_i * x_{ij}$$
$$w'_{ij} = w_{ij} + m'_{ij}$$

式中,c_1 为学习步长,取值 $0.01 \sim 0.15$;e_i 为反传误差;w_{ij} 为可变权或阈值;m_{ij} 为累积权值修正量。

经过 728 次学习后,FNN 的实际输出值和样本值误差的均方根小于 0.01。经过算法学习后得到一组可变权阈值 w_c^*,w_g^* 和 w_f^*。由 w_c^*,w_g^* 决定的隶属函数形状如图 6.16 的实线所示。

最后所得到的模糊规则,见表 6.4,其中 $f_i = w_{fi}^*$。例如表中第二行表示第二条规则,即

R^2: IF　x_1　IS　Small　AND　x_2　IS　Small　AND　x_3　IS　Big
　　　　THEN　y　IS　7.74

将所得到的模糊规则(表 6.4)和原来的样本数据(表 6.3)进行比较,就可以发现,有一些数据能较好地用规则来加以描述,有一些数据则较差一些,这种现象称为模糊规则泛化误差。

表 6.4　模糊规则表

IF			THEN
x_1	x_2	x_3	f_i
Small	Small	Small	19.80
Small	Small	Big	7.74
Small	Big	Small	9.47
Small	Big	Big	4.89
Big	Small	Small	18.19
Big	Small	Big	20.99
Big	Big	Small	20.45
Big	Big	Big	15.04

6.4　模糊神经网络求解列车运行安全模糊控制问题

6.4.1　列车运行控制

铁路列车的运行速度、密度及舒适度的要求不断提高,原有的列车运行安全自动控制系统

已不能满足要求。因此,对列车运行安全自动控制系统的研究和应用就成了必然的趋势,特别是近些年来由于电子技术的进步,计算机科学的发展和控制理论的完善,更加速了研究和应用的步伐。到目前为止,铁路列车运行安全自动控制系统出现了 4 个阶段,即列车自动停车 ATS (Automatic Train Stop)阶段,列车超速防护 ATP(Automatic Train Protection)阶段,列车自动控制 ATC(Automatic Train Control)阶段及列车自动操作 ATO(Automatic Train Operation)阶段。

对于上述 4 个阶段的划分而言,从第二阶段即 ATP 阶段开始,列车运行的安全控制系统就成为了列车自动控制系统中不可缺少的基本子系统。随着列车运行速度的日益提高,特别是为了适应已经来临的列车提速和高密度运行要求,研制和应用列车安全控制系统变得非常必要和迫切。从理论上来区分,列车安全控制系统的方向可以分为两类,一类是 PID 反馈控制,另一类是智能化控制。

目前世界上研制和投入使用的列车安全控制系统大都是采用 PID 反馈控制方法,PID 是比例积分微分控制的简称。PID 控制是一种负反馈控制,负反馈作用是缓解被控对象中的不平衡,达到自动控制的目的。列车运行安全 PID 控制系统按控制模式分为两类:分级速度控制方式和速度—距离式曲线控制方式,下面简单介绍其控制原理。

分级速度控制曲线如图 6.18 所示,在这种方式中,控制系统对列车的速度在每个分区的出口处进行检查。在每个闭塞分区内,只要列车的速度不超过前一个闭塞分区的出口速度,则列车运行安全控制系统不实施制动控制。正常情况下,列车由司机驾驶,只要司机按 A 曲线控制列车的速度和制动,则安全控制系统就不介入对列车的控制。曲线 B 是分级限速曲线,系统在每一"台阶"处对列车速度进行离散的定点检查,一旦发现列车超速撞上曲线 B,则系统按曲线 B 控制列车,实施制动。速度—距离模式曲线如图 6.19 所示,控制系统根据列车当前的速度、目标速度、目标距离、列车制动率等信息,实时地计算出一条速度—距离模式曲线 C。曲线 A 仍是司机正常驾驶列车的运行曲线,系统按曲线 C 对列车的速度进行连续检查,一旦发现列车超速撞上曲线 C,则系统按曲线 C 控制列车,实施制动。

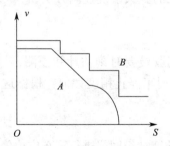

图 6.18　分级速度控制曲线

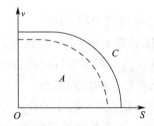

图 6.19　速度—距离模式曲线

上述两种控制模式虽然实现机制不同,但核心是相同的,即实时跟踪设定的速度—距离曲线,一旦列车超速,则实施制动。这在高速运行条件下,将导致列车制动系统的频繁动作,从而限制了列车运行质量的提高并造成列车设备的损坏。更重要的是,由于列车运行过程的复杂性,不可能建立精确的数学模型对其进行描述,只能为其建立近似模型,而速度模式曲线的生成是根据确定的数学模型计算出来的。另外,速度模式曲线的选取在理论上并无一定的算法,很大程度上要依靠系统设计者的经验和用户要求,若速度模式曲线的选取过于保守,则可能提前制动而干扰司机的正常操作,从而影响到运输效率;反之,如果速度模式曲线的选取不过于保守,则可能发生不能及时制动的情况,不利于行车安全。所以说,模式曲线无法准确反映列车制动情况下的速度—距离关系,因而,模式曲线的计算必然与实际列车制动状况有很大偏差。

由此可见,基于确定性数学模型的速度控制方式不能实现列车的"自动驾驶"这一自动控制发展的目标,而近年来迅速发展的智能控制理论和技术为实现智能化列车运行控制系统提供了极大可能性,专家系统、模糊控制、神经网络、学习控制及信息等智能控制技术都已经运用在智能化列车运行控制系统的研究和应用中。尤其是模糊控制和神经网络由于其独特的优点和相互之间的互补性,使得这两种技术越来越受到人们的重视,它们的发展和应用使得智能化的列车运行控制系统正逐步得以实现。

6.4.2 列车运行智能控制

随着科学技术的高度发展,被控对象结构上的日益复杂化和大型化,系统信息的模糊性、不确定性、偶然性和不完全性,基于精确数学模型的传统控制理论对此类控制问题已无能为力。而随着计算机技术的飞速发展和人工智能的出现并逐渐地形成一门学科,智能控制开始在自动控制领域发挥着越来越重大的作用。

智能控制是多种学科知识的综合,其中,最重要的几个相关理论是基于知识的专家系统、模糊控制、神经网络控制、学习控制和基于信息论的智能控制。

目前,列车运行中常用的智能控制方法有:

(1)基于模糊控制的 ATO 系统

模糊控制方法可用来实现类似于人类控制的完成多目标模糊性能指标的操作,利用该方法研究开发的 ATO 系统能够满足人们对列车安全性、乘座舒适性、目标速度跟随性和停车准确性等诸多方面的要求。

(2)基于规则的 TASC 控制

基于规则的 TASC 控制实际上是一种基于知识的专家系统控制方法,它和 ATO 的控制目标是一致的。

(3)模糊多目标预测控制 ATC

预测模糊控制的基本思想是:在列车控制中驾驶员要时刻估计和预测,采用某种控制以后,乘客的舒适性如何?列车走行时间长短如何?列车停止精度如何?根据这些指标的预测和评价,驾驶员选择最好的控制指令。

(4)神经网络方法在 TASC 中的应用

本方法是利用一种直控神经元构造一个三层前馈神经网络进行列车定位停车控制。该神经网络在学习阶段按普通神经网络方法进行学习,在控制阶段一般情况下正常判识,当遇到特殊情况,可直接由输入值通过直控神经元控制网络的输出。

直控神经元模型如图 6.20 所示,在正常情况下,K_D 不起作用,其输出为

$$y_i = \text{sgn}(\sum_j w_{ij}x_{ij} - \theta_i) \tag{6-54}$$

在判识阶段,当遇到 $K_D = 1$ 时,则输出由下式决定

$$y_i = K_D = 1 \tag{6-55}$$

式中,$K_D = L(x_1, x_2, \cdots, x_n)$。

式(6-55)表明,当遇到特殊情况时,输出由 K_D 直接控制,这样就可以保证在出现危险情

况时,系统进行紧急处理,以体现"故障—安全"原则。

直控神经网络的构成如图 6.21 所示。

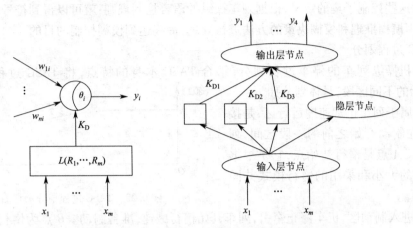

图6.20 直控神经元模型   图6.21 直控神经网络构成

与普通三层前馈网络不同的是,前 3 个输出神经元的输入端加入了直接控制信号 K_{D1}、K_{D2} 和 K_{D3},y_4 之所以没有加入 K_D,是因为当 $y_4 = 1$ 时,表示列车正常运行。输入层的各个单元代表列车运行参数的各种组合,输出层单元数为 4,分别代表不同的制动方式,包括紧急制动、常用制动、电阻制动和正常运行。中间层的神经元个数根据网络的运行速度和结果适当选取,学习过程可采用 BP 学习算法。

6.4.3 列车自动停车模糊神经网络控制

电气列车运行包括:列车的起动,在两站之间控制列车走行速度不超过某一限制速度,在下一站时控制列车停在目标位置上。本节对列车安全控制问题的讨论是针对列车自动停车控制(TASC)。

1. TASC 评价指标和控制规则

TASC 的评价指标有:

(1)乘客舒适性(C):可分两档,好(G),坏(B)。

(2)停止精度(A):用预计停止位置与实际停止位置之间的误差来表示,可分两档,很好(VG),好(G)。

(3)走行时间(R):在标志点以前开始定位停车会使列车走行时间拖长,因此,可用列车到达标志点的富裕时间作为走行时间的评价指标,可分为五档,VG—很好,G—好,M—中,B—坏,VB—很坏。

(4)安全性(S):在前方有比当前列车速度低的限制速度时,用到达限制速度点所需时间来评价,可分三档,G—好,B—坏,VB—很坏。

TASC 控制规则。利用 TASC 的语言控制规则和上述的性能指标,就可以确定符号化的模糊控制规则,通常可分为四个控制集,各个控制子集的变量个数根据机车类型和列车编组情况的不同而不同,四个控制子集如下:

①DN 表示级位改变的大小。

②PN 表示牵引级位。

③BN 表示动力制动级位。

④KN 表示空气制动时的列车风管的减压量。

通过对这些控制子集的定义,根据列车操纵的语言控制规则,就可以得到符号化的模糊控制规则,利用模糊推理和模糊决策的方法进行处理,最终达到模糊控制的目的。

2. TASC 过程划分

根据司机操纵列车的停车过程划分,结合 TASC 本身的特点,将 TASC 过程划分为如图 6.22所示的不同区段,具体划分如下:

OA 段:属于列车正常速度运行区,是接近制动区,在制动开始之前的一段区间,列车速度为 v_t。A 点是惰行初始点,它是根据列车制动率的大小和采用的惰行模式共同计算出来的。

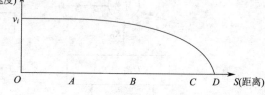

图 6.22　TASC 过程划分示意图

AB 段:进入制动区,机车停止牵引,列车开始惰行减速,准备制动。B 点为惰行终止点,同时也是制动初始点,它是根据列车制动率和运行速度共同计算出来的。

BC 段:是减压制动阶段,B 点为制动操作初始点,它是根据列车制动率、运行速度、制动模式、预期减压量等来共同计算确定的。

CD 段:是追加减压制动阶段,C 点为追加减压操作初始点,它是根据列车制动率、运行速度、已有减压量等来共同计算确定的。

D 点:该点为列车停车目标点。

3. 模糊神经网络控制的模型建立

(1)列车运行安全 FNN 控制系统模型的建立

根据对 TASC 过程的分析,可以知道在 TASC 全过程的关键之处是列车的制动距离,进行列车运行安全控制的前提是保证列车的制动距离。影响列车制动距离的主要独立参数有列车管减压量、制动初速度、牵引辆数、下坡道加算坡度和列车换算制动率。可将列车制动距离的数学公式形式化表示为

$$S_b = f(r, v_0, n, i_j, \vartheta_h) \tag{6-56}$$

式中,r 为列车管减压量;v_0 为制动初速度;n 为牵引辆数;i_j 为下坡道加算坡度;ϑ_h 为列车换算制动率。

对于列车制动而言,随着选择列车管减压量 r 的不同,制动初速度 v_0 的不同,牵引辆数 n 下坡道加算坡度 i_j 的不同和制动过程中列车换算制动率 ϑ_h 的不同,系统所应当选择的制动初始点也是不同的。因此,对列车制动过程的控制就是对制动初始点的选取。

鉴于以下几个原因,在 FNN 控制系统对列车制动过程的控制中,可以仅仅讨论列车制动率 ϑ_h 对制动距离 S_b 的影响。

①在不干扰司机正常操作的前提下,使列车管减压量的选择尽量兼顾到列车制动过程的平稳性,减小冲撞和损害事故。对货物列车的常用减压量采用 100 kPa。

②对于某一控制对象来说,其牵引辆数 n 在运行区间是不变的,可以看作是常量。

③对于制动初速度 v_0 来说,由于其测量的精度可以满足系统的控制要求,所以将其对制动控制的影响归并到制动距离模糊变量隶属函数之中,通过其对该隶属函数形状的作用来体现其对制动过程的影响。

④对于下坡道加算坡度 i_j 来说,由于在一列特定编组列车的运行区段中的坡道类型有限,可以将下坡道加算坡度 i_j 取为定值。

⑤对于列车制动率 ϑ_h 来说,虽然能够事先给出一个近似的值,但它在列车运行过程中的准确值是无法直接测量的,而且随着列车运行或制动状态的改变,车速的变化,线路环境的不同,其值是在不断变化的。而对列车制动率 ϑ_h 的选取又直接影响到列车制动过程的控制质量,所以,将列车制动率 ϑ_h 的选取作为最主要的控制目标。

由此可知,对于一列在指定区间内运行的特定列车而言,牵引辆数 n 和下坡道加算坡度 i_j 均可给定。列车管减压量 r 取值为 100 kPa。模糊控制系统控制输出列车制动初始点距目标停车点的距离 S,对应的模糊变量为 $\tilde{S}$,P 代表列车换算制动率,其对应的模糊变量为 $\tilde{P}$。v 代表列车运行速度,它对 S 的影响体现在 S 的隶属函数的修正上,在模糊变量 $\tilde{S}$ 的去模糊化过程中对其进行修正。因此,FNN 控制器公式化表示可简化为

$$\tilde{S} = F(\tilde{P}) \tag{6-57}$$

式中,F 为列车制动初始点到目标停车点的距离 $\tilde{S}$ 和列车换算制动率 $\tilde{P}$ 之间的模糊关系。

图 6.23 给出了列车换算制动率取值不同的情况下列车制动过程的示意图。

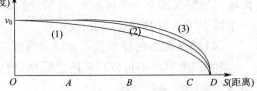

图中,曲线(2)示意了当列车制动率为 ϑ_h 时,列车在 A 点开始制动过程,列车停止点为 D;曲线(1)示意了当列车制动率小于 ϑ_h 时,列车要提前在 O 点开始制动过程,才能保证列车停止点为 D;曲线(3)示意了当列车制动率大于 ϑ_h 时,列车可以滞后到 D 点停车。

图 6.23　列车换算制动率取值不同时
列车制动过程示意图

(2)FNN 模型的辨识

对系统辨识过程的步骤进行扩展可以得到上述模型的另一种描述,即

$$\tilde{F}:\tilde{P}\to\tilde{S} \tag{6-58}$$

或

$$\{(R_{ij},\lambda_{ij}),i=1,2,\cdots,r,j=1,2,\cdots,s\} \tag{6-59}$$

又可定义为笛卡儿积的形式:

$$\Re = \{\{L_1,L_2,\cdots,L_r\} \times \{E_1,E_2,\cdots,E_s\}\} \tag{6-60}$$

式(6-57)是由式(6-58)直接推出的,而式(6-59)和(6-60)则是对应于模糊规则形式的系统描述。其中,序对 (R_{ij},λ_{ij}) 表示规则 R_{ij} 在系统 $\tilde{F}:\tilde{P}\to\tilde{S}$ 中的真实程度为 λ_{ij}。系统的辨识过程可以按下述步骤进行:

①将参考论域 P 和 S 离散化得到 $P=(p_1,p_2,\cdots,p_m)$ 和 $S=(S_1,S_2,\cdots,S_n)$。

②设模糊变量 H_v 和 H_s 的取值分别为语言符号 $\{L_1,L_2,\cdots,L_s\}$ 和 $\{E_1,E_2,\cdots,E_t\}$。

③对于每一个"直接的"规则赋予权重值 $\lambda=1$ 来表示它的真实程度。

④利用有序对 (P_a,S_b),$a=(1,2,\cdots,m)$,$b=\{1,2,\cdots,n\}$ 表示的观测结果来定义参考模型 $W=P\times S$。

⑤对于 W 可以建立下式的语言变量的笛卡儿积:R_{ij}:如果 P 是 P_i,则 S 是 S_j。

⑥对于参考模型 W 定义变量 $H_{P\times S}$,取值范围为 $\Re$ 或 W。

⑦引入权重变量 Λ_1,其取值范围为 $[0,1]\in R$。

这样,就由论域为笛卡儿积$\mathfrak{R}$的变量$H_{P\times S}$,定义了所有可能规则的集合。

在定义了上述这些新的概念以后,就可以得到一个"中间过渡系统"$W\to[0,1]$,它由下述规则定义:

$$R_i: \text{如果 } H_{P\times S}\text{是}(u_i,v_i),\text{则 } \Lambda_1 \text{ 等于 } 1。 \tag{6-61}$$

下一步的目标是求得一个"中间系统",由下述规则定义:

$$R_{ij}: \text{如果 } H_{P\times S}\text{是}(L_i,E_j),\text{则 } \Lambda_1 \text{ 等于 } \lambda_{ij}。 \tag{6-62}$$

一旦得到式(6-62)定义的新的系统,就完成了第一步的目标,即完成了利用具有权重的所有可能规则来描述最初给定的系统。

(3)FNN模型的网络拓扑结构

通过上述的分解过程得到一个"过渡系统",可以表示为从$[0,1]^{n+m}$到$[0,1]$的映射。这样就可以定义一个三层前馈神经网络来表示上述的系统,隐层和输出层也是采用形如$f(x)=1/(1+e^{-x})$的反曲特性函数。

在此所讨论的系统是一个从$[0,1]^{n+m}$到$[0,1]$的映射,所以输入层需要$n+m$个神经元,而输出层则仅需要一个神经元,显然,输入层的输入是一个属于$[0,1]^{n+m}$的向量,输出层则是一个属于$[0,1]$的变量。

(4)FNN网络的样本获取方法和训练算法

利用BP算法即可以对前述的模型进行训练,最后得到一个与系统足够逼近的用神经网络表示的映射关系函数。

神经网络的构成和训练需要选择样本,样本由输入矢量和输出矢量组成,为$m+n+1$维向量,该向量的维数由两个变量P和S的离散化方式来确定。

4. 列车运行安全模糊神经网络控制的可行性分析

由分析可知,对于列车运行过程,建立被控对象的数学模型时(包括生成和选取速度模式曲线)存在模糊性,另外,列车运行自动控制的模糊性还来自于以下几方面:

(1)测量信息存在模糊性

主要在于列车运行安全控制系统中存在如列车牵引重量、速度和距离、下坡道加算坡度和弯道曲线半径、列车的编组情况等测不准参数,以及如列车制动率、换算摩擦系数、制动空走时间、列车惰行单位基本阻力、坡道附加阻力、曲线附加阻力、隧道空气附加阻力、大风阻力、制动气的空气泄漏等不可测参数。

(2)应用已测知信息时存在模糊性

对某些已获取的信息,如列车的牵引重量、列车编组情况、动力制动等,由于各种原因,未对这些信息所区分的不同情况加以区别对待。

(3)设计控制目标函数时存在模糊性

列车的运行是一个复杂的多目标的系统过程,人们在对其建立目标函数时,只能忽略和近似某些因素,而求出它的近似经验公式,且这种公式仍需不断修正,所以说,对列车动态行为的了解是模糊的。

由以上分析可知,列车运行安全控制是一个模糊控制问题,而神经网络和模糊控制之间的互补性决定了模糊神经网络在列车运行安全控制中具有现实意义上的可行性。

5. 控制模型对"故障—安全"原则的保障

"故障—安全"原则是铁路运输的基本要求,本内容引入一种直控神经元,通过输入变量对这种神经元的作用来直接控制系统的输出,以处理可能出现的各种特殊情况,从而保证了"故障—安全"原则。

(1) ZFNN 控制模型

在 FNN 模型中加入若干个直控神经元,从而构成一种改进的 FNN,称为 ZFNN;ZFNN 组成示意图如图 6.24 所示。

(2) 直控神经元分析

输入变量 l_1、l_2 和 l_3 的取值是 0 或 1,它们不同取值的含义如下:

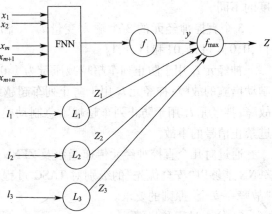

当 $l_1 = 0$ 时,表示列车当前的运行状态尚未撞上减压量为 1.0 kg/cm^2 的一般常用制动模式曲线,此时列车应当处于牵引状态、惰行状态或正常的司机控制进行的常用制动状态,三者必居其一;而当 $l_1 = 1$ 时,表示列车当前的运行状态已经撞上了减压量为 1.0 kg/cm^2 的制动模式曲线,此时列车应当进行在 ZFNN 系统控制下的减压量为 1.0 kg/cm^2 的一般常用制动。

图 6.24 ZFNN 组成示意图

当 $l_2 = 0$ 时,表示列车当前的运行状态尚未撞上最大常用制动模式曲线,此时,列车应当处于牵引、惰行状态、正常的司机控制进行的常用制动状态或 ZFNN 系统进行的减压量为 1.0 kg/cm^2 的一般常用制动状态,四者必居其一;而当 $l_2 = 1$ 时,表示列车当前的运行状态已经超越了减压量为 1.0 kg/cm^2 的制动模式曲线,而且撞上了最大常用制动模式曲线,此时,列车应当进行最大常用制动状态。

当 $l_3 = 0$ 时,表示列车当前的运行状态尚未撞上紧急制动模式曲线,此时,列车应当处于牵引状态、惰行状态、正常的司机控制进行的常用制动状态,ZFNN 系统进行的减压量为 1.0 kg/cm^2 的一般常用制动状态或 ZFNN 系统进行的最大常用制动状态,五者必居其一;当 $l_3 = 1$ 时,表示列车当前的运行状态已经超越了最大常用制动模式曲线,而且撞上了紧急制动模式曲线,此时,列车应当进行紧急制动。

上述 3 个直控神经元各自的传递函数分别设计为

$$Z_1 = L_1(l_1) = \begin{cases} 2 & l_1 = 1 \\ 0 & l_1 = 0 \end{cases} \tag{6-63}$$

$$Z_2 = L_2(l_2) = \begin{cases} 3 & l_2 = 1 \\ 0 & l_2 = 0 \end{cases} \tag{6-64}$$

$$Z_3 = L_3(l_3) = \begin{cases} 4 & l_3 = 1 \\ 0 & l_3 = 0 \end{cases} \tag{6-65}$$

$f_{\max}$ 为 ZFNN 的合成输出神经元,其输入变量为 y、Z_1、Z_2 和 Z_3,输出变量为 Z,且传递函数为

$$Z = f_{\max}(y, Z_1, Z_2, Z_3) = \max\{y, Z_1, Z_2, Z_3\} \tag{6-66}$$

由式 (6-63) 到式 (6-66) 可知,ZFNN 的输出 Z 的取值范围是 $\{[0,1], 2, 3, 4\}$,Z 取值属于

区间$[0,1]$时，输入变量l_1、l_2和l_3的值均等于0，表示列车处于在 TASC 常用制动阶段，在当前输入的距离和速度条件下，代表了某种规则的隶属度，一旦隶属度大于某一阈值，则进行一般常用制动的操作控制；Z取值为2、3和4分别代表列车处于l_1、l_2和l_3等于1的情况，这些数值大小的选择体现了各种非常状态紧急程度的不同，以及它们对列车运行安全控制影响程度的不同。

3 个直控神经元的 3 个输入变量l_1、l_2和l_3的所有可能组合共有 4 种，即为$\{0,0,0\}$、$\{1,0,0\}$、$\{1,1,0\}$和$\{1,1,1\}$。

神经元l_1用于防止列车超越减压量为 1.0 kg/cm^2 的一般常用制动模式曲线后仍未采取制动措施的故障；神经元l_2用于防止列车超越最大常用制动模式曲线而仍未采取制动措施的故障；神经元l_3用于防止列车超越紧急制动模式曲线而仍未采取制动措施，进而可能发生冒进禁止信号的事故。

通过对几个直控神经元传递函数及 ZFNN 输入神经元传递函数的综合考虑和设计，使得 ZFNN 能够以"安全优先"的级别对 TASC 过程中列车可能出现的各种情况进行处理，满足了"故障—安全"原则的要求。

6. 仿真过程和步骤

ZFNN 控制系统的生成流程如图 6.25 所示，简单介绍如下：

（1）设置系统及其环境的各种参数。

（2）给出初始训练样本。

（3）确定 FNN 的输入神经元，输出神经元和中间隐层神经元的数目。

（4）进行神经网络的训练，利用 BP 学习算法进行学习和训练，经过一定步数的学习后将得到一个 FNN 的控制系统。

（5）在已生成的 FNN 控制系统的基础上，加入直控神经元，生成列车运行安全 ZFNN 控制系统。

7. ZFNN 控制系统仿真模型的生成

（1）仿真对象的参数

仿真对象参数如下：

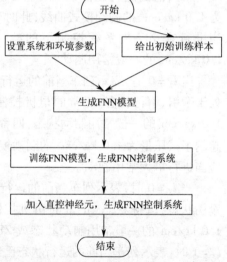

图 6.25　ZFNN 控制系统的生成流程

①东风4型内燃机车牵引货物列车 50 辆，载重 50 t 及其以上，装有 GK 型制动机的重车 30 辆，空车 4 辆，重车中关门车 2 辆；载重 50 t 及以上，装有 K2 型制动机的重车 10 辆；载重 30 t，装有 K1 型制动机的重车 5 辆；四轴守车 1 辆。

②机车计算重量 P 为 135 t，牵引重量 G 为 3 202.3 t，其中，空车重量 72.8 t。

③列车管空气压力 p_1 为 5 kg/cm^2。

则可以将列车运行安全控制系统模型表示为

$$S_b = f(r, v_0, n, i_j, \vartheta_h) \tag{6-67}$$

根据上面给出的仿真对象的条件，可知 $r = 1.0$ kg/cm^2，$n = 50$。列车制动率的理论值 $\vartheta_h = 0.309$。

下坡道加算坡度 i_j 的变化范围为 -1.2% ~0，制动初速度 $v_0 = 160$、170、$\cdots$、200 km/h 时，

不失一般性,假定坡道坡度 i_j 为 0.3% 。

（2）FNN 模型的建立

我们定义 FNN 模型公式如下

$$S = F(P) \tag{6-68}$$

式中,S 和 P 可以看作是满足函数对应关系 F 的两个矢量,它们是 FNN 模型初始训练样本生成的基础。这两个矢量的构成方法如下：

①首先设矢量式中 P 的元素个数为 11,即 $P = \{p_1, p_2, \cdots, p_{11}\}$,利用理论值 $\vartheta_h = 0.309$ 为中心参考元素,即 $P_s = \vartheta_h$。矢量 P 中的其他元素的取值是以 ϑ_h 为中心,利用一个适当的步长 step 进行加减运算之后得到的,矢量 P 中的元素从小到大升序排列。

②结合设定对象的参数条件,考虑每一个可能过程中的理论参考点 $\hat{S}_b$,对于不同的列车制动的初速度 v_0,理论参考点 $\hat{S}_b$ 和制动距离的变化计算与矢量 P 相对应的矢量 $S = \{s_1, s_2, \cdots, s_{11}\}$ 的值,矢量 S 中的元素从大到小降序排列,并将其中的最小元素 s_{11},作为控制模型 FNN 输出模糊变量在去模糊过化时的步长。

结合我国货物列车运行速度的实际情况,v_0 取值为 $160 \sim 200$ km/h,并且取 v_0 的变化步长等于 5 km/h。列车制动率,制动初速度和列车制动距离间的关系如图 6.26 所示,不同的列车制动率 ϑ_h 和不同的制动初速度 v_0,所对应的列车制动距离 S_b 也不同。

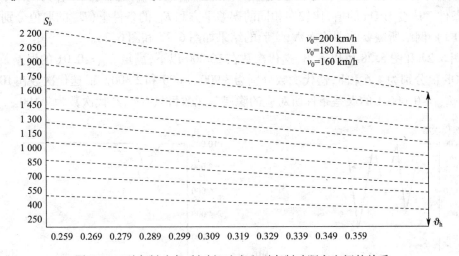

图 6.26　列车制动率、制动初速度和列车制动距离之间的关系

图 6.26 中的垂直双箭头实线与各条曲线的交点为:控制模型 FNN 在不同制动初速度 v_0 下,输出模糊变量去模糊化过程中的理论参考点。

由此,式（6-68）又可以写成如下形式：

$$S_{bi} = F(P_i) \quad (i = 1, 2, \cdots, 11) \tag{6-69}$$

利用上式即可开始进行初始样本的生成过程。经过适当的改进,可获得以下 6 种样本类型：

①$((p_1, s_1), 1), ((p_2, s_2), 1), \cdots, ((p_{11}, s_{11}), 1)$。

②$((p_1, s_2), 0.8), ((p_2, s_3), 0.8), \cdots, ((p_{10}, s_{11}), 0.8), ((p_2, s_1), 0.8), ((p_3, s_2), 0.8), \cdots, ((p_{11}, s_{10}), 0.8)$。

③$((p_1,s_3),0.3),((p_2,s_4),0.3),\cdots,((p_9,s_{11}),0.3),((p_3,s_1),0.3),\cdots,((p_{11},s_9),0.3)$。

④$((p_2,(s_1,s_2,s_3)),1),((p_3,(s_2,s_3,s_4)),1),\cdots,((p_{10},(s_9,s_{10},s_{11})),1)$。

⑤$((p_1,s_5),0),((p_2,s_6),0),\cdots,((p_7,s_{11}),0),((p_1,s_6),0),\cdots,((p_6,s_{11}),0),\cdots,$
$((p_{11},s_1),0)$。

⑥$((p_1,(s_4,s_5,s_6)),0),((p_2,(s_5,s_6,s_7)),0),\cdots,((p_6,(s_9,s_{10},s_{11})),0),((p_1,(s_5,s_6,s_7)),0)\cdots,((p_5,(s_9,s_{10},s_{11})),0),\cdots,((p_1,(s_1,s_2,s_3)),0)$。

对于上面生成的训练样本进行标准化处理后,得到样本数目分别为 11、20、18、9、56、42,初始样本总数为 156,可作为输入变量,应用于 FNN 模型的学习训练过程。

（3）FNN 的网络生成及网络训练

①FNN 各层神经元数目的确定

FNN 模型采用标准的三层神经网络,训练算法是带有动量因子 α 的改进 BP 学习算法。神经网络输入层神经元数目为 22,输出层的单元数目为 1。

为了找出恰当的 FNN 中间层的神经元数目 HIDn,在确定了 FNN 输入层神经元数目和输出层的单元数目后,利用生成的初始训练样本进行了大量的实验,在仿真实验过程中选取动量因子 $\alpha = 0.075$,学习率常数 $\eta = 0.15$。仿真过程如下:

a. 设整个网络的所有样本的平均误差平方和是 E_{out},以 E_{out} 数值的大小作为网络学习过程结束的条件。改变 HIDn 的值,比较在相同的误差平方和 E_{out} 的条件下（E_{out} 的取值分别为 0.01 和 0.000 1）,网络所需要的训练次数,实验的结果如图 6.27 和图 6.28。

由图 6.27 和图 6.28 可以看出,迭代次数在 10 000 以下,满足 $E_{out} \leqslant 0.01$ 的误差条件所对应的 HIDn 值分别为 4、6 和 8,迭代次数分别为 3 900、4 600 和 2 300。而迭代次数在 10 000 以下,满足 $E_{out} \leqslant 0.000 1$ 的误差条件所对应的隐层单元数目只有 4,迭代次数为 7 100。

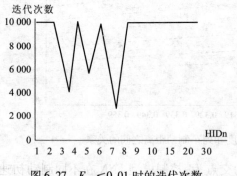

图 6.27　$E_{out} \leqslant 0.01$ 时的迭代次数

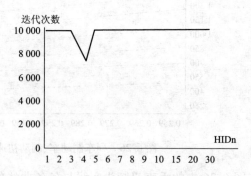

图 6.28　$E_{out} \leqslant 0.000 1$ 时的迭代次数

b. 以网络学习的耗用时间为衡量参数,在前述仿真环境下,以 5 min 耗时为限,比较不同的隐层神经元数目条件下网络的平均误差平方和 E_{out} 的值,实验结果如图表明在耗时 5 min 以内,只有隐层神经元数目为 4 时,网络的平均误差平方和 E_{out} 的值令人满意（$E_{out} \leqslant 0.000 1$）。

c. 当中间隐层的神经元数目大于 8 时,在一个较大的迭代次数条件下（迭代次数大于 32 768）,神经网络的训练都不能收敛到一个令人基本满意的程度（$E_{out} \leqslant 0.01$）。

根据以上分析,在系统中选择 FNN 的中间隐层神经元数目等于 4。

②FNN 的网络训练

通过上面的讨论,确定了 FNN 的输入神经元数目为 22,中间隐层神经元数目为 4,输出神经元数目为 1。利用所产生的初始训练样本对 FNN 进行训练,网络训练的收敛过程结果非常理想,最终训练结束后网络的平均误差平方和 E_{out} 仅为 0.000 1。

8. ZFNN 的系统生成

(1)直控神经元的加入

参见图 6.24 所示的 ZFNN 组成示意图后,要生成一个完整的 ZFNN 控制系统,在我们完成了 FNN 构造和训练的基础上,还需要加入 3 个直控神经元。这 3 个直控神经元的模型构造按模糊神经网络控制的模型建立中给出的方法即可完成。

(2)直控神经元输入函数的确定

直控神经元的输入是随着列车运行状态的不同而在实时地变化着,它们的输入函数都是二值函数,取值非 0 即 1。

图 6.29 表示了在前面给定的仿真列车制动过程中,采用不同制动方式的真实制动模式曲线。

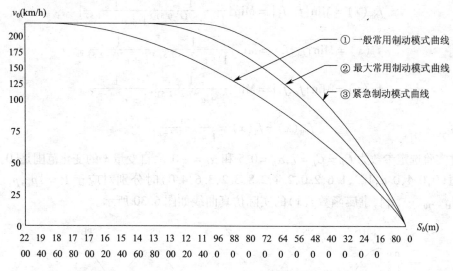

图 6.29　仿真列车在不同制动方式下的真实制动模式曲线

根据列车运行速度和距离目标停车点的距离,可知 3 个直控神经元输入函数的取值分别为:

①当列车运行在模式曲线①以下时,直控神经元的输入取值为 $(l_1, l_2, l_3) = (0,0,0)$。

②当列车运行在模式曲线①以上,模式曲线②以下时,直控神经元的输入取值为 $(l_1, l_2, l_3) = (1,0,0)$。

③当列车运行在模式曲线②以上,模式曲线③以下时,直控神经元的输入取值为 $(l_1, l_2, l_3) = (1,1,0)$。

④当列车运行在模式曲线③以上时,直控神经元的输入取值为 $(l_1, l_2, l_3) = (1,1,1)$。

9. 模糊控制规则的获取和应用

(1)模糊控制规则的形式

我们进行如下模糊变量定义:

①设模糊控制系统的参考论域为 P 和 S,将它们进行离散化后可得到 $P = \{p_1, p_2, \cdots, p_{11}\}$ 和

$S = \{s_1, s_2, \cdots, s_{11}\}$。

②设模糊变量 H_P 和 H_S 的取值均为 5 个，即 $H_P = \{L_1, L_2, \cdots, L_5\}$ 和 $H_S = \{E_1, E_2, \cdots, E_5\}$，它们相应的语言表述分别为"较大（PB）"，"稍大（PS）"，"中（Z）"，"稍小（NS）"，"较小（NB）"。

③设权重变量是 Λ_1，其取值范围为 $[0,1] \in R$。

④模糊控制规则的形式为

$$R_{ij}：如果 H_{U \times V} 是 (L_i, E_j)，\Lambda_1 等价于 \lambda_{ij} \tag{6-70}$$

式中，λ_{ij} 为 L_i 与 $E_j(i,j=1,2,3,4,5)$ 的匹配程度或相应规则成立的隶属度。

（2）模糊变量的隶属函数

模糊变量 H_P 和 H_S 的隶属函数均取反曲函数，它们分别是

$$f_{NB}(x) = f_1(x) = \frac{1}{1+e^{7(x-0.5)}} \tag{6-71}$$

$$f_{NS}(x) = Min\{f_2, f_3\} = Min\{\frac{1}{1+e^{-7(x-0.5)}}, \frac{1}{1+e^{7(x-1.5)}}\} \tag{6-72}$$

$$f_Z(x) = Min\{f_4, f_5\} = Min\{\frac{1}{1+e^{-7(x-1.5)}}, \frac{1}{1+e^{7(x-2.5)}}\} \tag{6-73}$$

$$f_{PS}(x) = Min\{f_6, f_7\} = Min\{\frac{1}{1+e^{-7(x-2.5)}}, \frac{1}{1+e^{7(x-3.5)}}\} \tag{6-74}$$

$$f_{PB}(x) = f_8(x) = \frac{1}{1+e^{-7(x-3.5)}} \tag{6-75}$$

通过实验选定参数为 $C_H = C_L = 7, \alpha_H = 0.5$ 和 $\alpha_L = -0.5$，自变量 x 的变化范围是 $[0,4]$，当 x 取实数值 $(0,0.4,0.8,1.2,1.6,2.0,2.4,2.8,3.2,3.6,4.0)$ 时分别对应于 $P = \{p_1, p_2, \cdots, p_{11}\}$ 和 $S = \{s_{11}, s_{10}, \cdots, s_1\}$，隶属函数 $f(x)$ 的实际仿真曲线如图 6.30 所示。

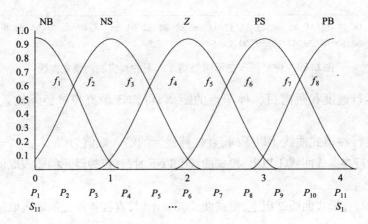

图 6.30　隶属函数 $f(x)$ 的实际仿真曲线

（3）模糊控制规则的自动获取

列车运行的模糊控制规则有如下形式：

"若列车制动率较大，则制动点的选取应当滞后于理论制动点"。

"若列车制动率较小，则制动点的选取应当提前于理论制动点"。

"若列车制动率相当,则制动点的选取应当等于理论制动点"。

……

经过对初始学习样本的训练,就可以得到各个规则的权重值,在得到所有规则的权重以后,确定一个阈值,选择那些权重值超过阈值的规则作为 FNN 控制系统的控制规则。

下面举例来说明。

通过对隶属函数的计算,可以得到每对模糊变量(H_P,H_S)的标准化规范表示(即表示为每个元素均为闭区间[0,1]取值的矢量),这些规范化的表示就可以直接作为 FNN 的输入变量,这样,每条可能的规则都将对应于一个 FNN 的输入矢量。最后,根据 FNN 输出值的大小来判断相应的规则是否成立。下面是一些任意组合的可能规则的例子。

R_1:"若 Q 为较小($H_P=$NB),则 S 为较大($H_S=$PB)"。对应于 FNN 的输入矢量 X_1 的输出值 y_1 分别为

$$X_1 = \begin{bmatrix} 0.98,0.67,0.11,0.01,0.01,0.01,0.01,0.01,0.01,0.01,0.01 \\ 0.98,0.67,0.11,0.01,0.01,0.01,0.01,0.01,0.01,0.01,0.01 \end{bmatrix}$$

$$y_1 = 0.99$$

R_2:"若 Q 为较小($H_P=$NB),则 S 为稍大($H_S=$PS)"。对应于 FNN 的输入矢量 X_2 的输出值 y_2 分别为:

$$X_2 = \begin{bmatrix} 0.98,0.67,0.11,0.01,0.01,0.01,0.01,0.01,0.01,0.01,0.01 \\ 0.03,0.34,0.90,0.90,0.34,0.03,0.01,0.01,0.01,0.01,0.01 \end{bmatrix}$$

$$y_2 = 0.83$$

R_3:"若 Q 为较小($H_P=$NB),则 S 为中($H_S=$Z)"。对应于 FNN 的输入矢量 X_3 的输出值 y_3 分别为

$$X_3 = \begin{bmatrix} 0.98,0.67,0.11,0.01,0.01,0.01,0.01,0.01,0.01,0.01,0.01 \\ 0.01,0.01,0.01,0.11,0.67,0.98,0.67,0.11,0.01,0.01,0.01 \end{bmatrix}$$

$$y_3 = 0.01$$

$$R_4:\cdots\cdots$$

$$R_5:\cdots\cdots$$

所有可能的模糊控制规则的总数是 25,根据权重阈值 λ 选择的不同,最终所得系统控制规则的数目也不同。例如对于上面所述的几条规则,取 $\lambda>0.83$,则仅有规则 R_1 满足条件,可作为最终的系统规则,而 R_2 和 R_3 将被摒弃;若取 $\lambda\geqslant0.83$,则规则 R_1 和 R_2 均作为最终的系统规则。

本例的仿真过程中选取规则权重阈值为 $\lambda=0.80$,得到 R_1 和 R_2 在内的一共 11 条规则。

(4)模糊控制规则前提变量的模糊化

模糊控制规则的前提变量是 H_P,相应的输入变量 P 的取值范围为 $P=\{p_1,p_2,\cdots,p_{11}\}$,$P$ 中的每一个元素 $p_i(i=1,2,\cdots,11)$,对应于在图 6.30 所示的 5 个模糊子集{NB,NS,Z,PS,PB},分别有一个明确的隶属度,采用"取最大"的原则,即可确定每个 p_i 应当归属于哪个模糊子集。

例如元素对应于 5 个模糊子集的隶属度分别为

$$(\mu_{NB}^{p_2},\mu_{NS}^{p_2},\mu_Z^{p_2},\mu_{PS}^{p_2},\mu_{PB}^{p_2}) = (0.67,0.34,0.01,0.01,0.01)$$

由上式可知 $p_2\in$NB。

这里给出的仿真实例取 $p=p_2$（即制动率满足 $0.262<\vartheta_h<0.272$ 时的输入情形），相应的有 $H_{p_2}=\text{NB}$。

利用上述方法，得到仿真实例中输入矢量 $P=\{p_1,p_2,\cdots,p_{11}\}$ 中所有元素分别应归属的模糊子集，如下式所示：

$$H_p=(H_{p_1},H_{p_2},H_{p_3},H_{p_4},H_{p_5},H_{p_6},H_{p_7},H_{p_8},H_{p_9},H_{p_{10}},H_{p_{11}})$$
$$p=(\text{NB},\text{NB},\text{NS},\text{NS},Z,Z,Z,\text{PS},\text{PS},\text{PB},\text{PB})$$

（5）模糊控制规则结果的去模糊化

对应于仿真结果模糊变量的去模糊化过程，包括规范化模糊变量的"去模糊化"和隶属函数曲线进行平移处理两个子过程。

①规范化模糊变量的"去模糊化"

以反算列车制动率 $\vartheta_h=0.29$ 为例，根据前面的分析得到 $p=p_2$ 和 $H_{p_2}=\text{NB}$，又由规则 R_1 和 R_2 可以推出 $H_S=\text{PB}$ 和 $H_S=\text{PS}$。由重心法可得

$$S_{\text{out}}^{COG}=\frac{\sum_{i=1}^{n}\mu_i\cdot s_i}{\sum_{i=1}^{n}\mu_i}=\frac{\int_0^4 f(x)\cdot x\mathrm{d}x}{\int_0^4 f(x)\mathrm{d}x}$$
$$=\frac{\int_0^3 f_6(x)\cdot x\mathrm{d}x+\int_3^{3.5}f_7(x)\cdot x\mathrm{d}x+\int_{3.5}^4 f_8(x)\cdot x\mathrm{d}x}{\int_0^3 f_6(x)\mathrm{d}x+\int_3^{3.5}f_7(x)\mathrm{d}x+\int_{3.5}^4 f_8(x)\mathrm{d}x} \tag{6-76}$$

式中，$f_6(x)$、$f_7(x)$ 和 $f_8(x)$ 的定义见式（6-74）和式（6-75）。

②实际精确输出值的获取

根据列车制动率 ϑ_h 的不同取值，制动距离 S_b 的值是不同的。

将模糊控制系统输出的规范化数值 S_{out}^{COG} 转化为实际的制动点位置（即制动距离 S_b），首先必须要确定两点，一是列车制动距离的理论参考点 $\hat{S}_b$ 的确定，二是在制动初速度 v_0 给出后，确定隶属函数曲线中单位步长所对应的制动距离变化的步长 steps_{v_0}。前者相当于对图 6.30 所示的隶属函数曲线进行相应的平移处理，后者是规范化数值向实际数值化的参照标准。

图 6.30 所示的隶属函数曲线步长的数值计算公式如下：

$$\text{steps}_{v_0}=\frac{S_{bv_0}^{p_1}-S_{bv_0}^{p_{11}}}{4} \tag{6-77}$$

根据图 6.26 所示的结果可得到表 6.5 的数据，表中给出了不同的制动初速度 v_0 与 $S_{bv_0}^{p_1}$，$S_{bv_0}^{P_{11}}$ 及列车制动距离 S_b 的变化步长 steps 之间的数值对应关系。

表 6.5　制动初速 v_0 与 $S_{bv_0}^{p_1}$，$S_{bv_0}^{P_{11}}$ 和 steps_{v_0} 对应关系

$v_0(\text{km/h})$	170	175	180	185	190	195	200	205	210
$S_{bv_0}^{p_1}(\text{m})$	550	700	860	1 030	1 215	1 420	1 640	1 875	2 125
$S_{bv_0}^{P_{11}}(\text{m})$	380	510	644	782	930	1 095	1 270	1 455	1 650
steps_{v_0}	42.5	47.5	54	62	71.25	81.25	92.5	105	118.8

由图 6.20 可以得出当 $S_{\text{out}}^{COG}=0$ 时，$S_b=\hat{S}_b$，其他情况时有：

$$S_b = \hat{S}_b + S_{out}^{COG} \times steps_{v_0} \tag{6-78}$$

在仿真实例中,列车制动率理论参考点为 $\vartheta_b = 0.309$,相应地 $P_{11} = 0.359$。当制动初速度 $v_0 = 190$ km/h 时,列车制动距离的理论参考点为 $\hat{S}_b = 930$ m,因而控制系统的输出矢量 $S = \{S_1, S_2, \cdots, S_{11}\}$ 的理论参考点为 $S_{11} = \hat{S}_b = 930$ m。也就是说,当输出标准化数值 $S_{out}^{COG} = 0$ 时,$\hat{S}_b = 930$ m。

由表 6.5 得到制动初速度 $v_0 = 190$ km/h 时,相应的制动距离变化步长 $steps_{v_0} = 71.25$ m。根据式(6-77)的结果,利用式(6-78)计算得出当列车制动率 $\vartheta_h = 0.269$ 和制动初速度 $v_0 = 190$ km/h时,控制模型 FNN 的输出结果是

$$S_b = \hat{S}_b + S_{out}^{COG} * steps_{v_0} = 930 + 3.188 * 71.25 = 1157.2(m)$$

根据本节讨论提出的 ZFNN 控制模型的算法,利用式(6-78)计算得出在不同制动初速度 v_0 和不同制动率 ϑ_h 条件下的制动距离 S_b,由计算制动距离即可直接求出列车制动的初始点。

制动率 $\vartheta_h = 0.269$ 时的仿真计算结果见表 6.6。

表 6.6　制动率 $\vartheta_h = 0.269$ 时的仿真计算结果

v_0(km/h)	160	165	170	175	180	185	190	195	200
$S_{bv_0}^{ZFNN}$(m)	515.5	661.4	816.2	979.7	1 157.2	1 359.0	1 564.9	1 789.7	2 188.1

在本节中讨论使用的 ZFNN 控制方法具有很强的系统应用的灵活性,这主要体现在两个方面:一是该方法基于规则驱动的控制方式,对已经产生的规则既可根据应用情况进行修改,又可利用专家知识对规则库进行补充;二是可以通过修改模型中模糊变量隶属函数的有关参数来改进系统,使得系统所生成的控制规则更加合理。

复习思考题

1. 模糊逻辑和神经网络特性之间的区别和相似之处分别是什么?
2. 典型的模糊神经网络有哪些?
3. 模糊神经元的形势分为哪几种?
4. 常见的模糊神经网络包含哪些?
5. 画出紧支持集高斯型函数模糊神经网络和多层前向型模糊神经网络的结构图。
6. 去模糊化的方法有哪些?
7. 模糊神经网络系统的优化方式和方法有哪些?

第7章 脉冲耦合神经网络

经过生物神经学、生物生理学及生物物理学等不同学科许多科学家对人和其他动物视觉系统坚持不懈的努力研究,初步揭示了视觉系统的基本奥秘,脉冲耦合神经网络正是基于此原理而被提出,它在国际上被称为第三代人工神经网络。

本章首先在介绍视觉系统的工作原理及典型数学描述模型的基础上,重点对 Eckhorn 神经元模型结构及工作原理进行了比较详细地分析,然后引出了脉冲耦合神经网络模型,并对 PCNN 的基本模型、运行机理及基本特性进行了系统地介绍。

7.1 视觉系统及其模型

7.1.1 视觉系统的定性描述

人类和哺乳动物的生物视觉系统是最为复杂、最强有力和最先进的装置,生物视觉系统一般都由眼球、神经系统和大脑的视觉中枢组成。哺乳动物视觉通路示意图如图 7.1 所示,双眼眼球对进入视野的物体进行图像信号采集,通过视神经对信号传导并经外侧膝状核进行传递,直至大脑枕叶视觉皮层,最后在大脑视觉皮层中对图像信息进一步分析和处理。

尽管大脑视觉皮层的生理机理非常复杂,对其所建的模型还不够完善,但基于视觉皮层工作机理提出的许多很有价值的研究成果,已在不同领域进行了广泛地应用。目前,一般认为视觉系统的视觉皮层分别由感知色彩和形状(或运动信息)的 P 型神经细胞和 M 型神经细胞两种基本部分组成,视觉系统模型及其信息流动如图 7.2所示,其工作机理是,在信号接收部分,图像信息通过视网膜上亮度和色彩感知器被转换成光强、色度等预处理信息,然后再通过选择分

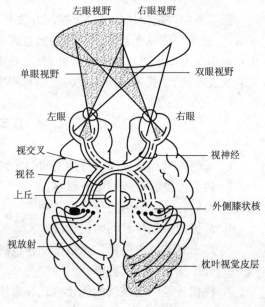

图 7.1 哺乳动物视觉通路示意图

别送入外侧膝状核(Lateral Geniculate Nucleus, LGN)将其分解为灰度、频率及对比度等不同的物理特征;信号处理部分是视觉皮层处理区域,该部分把从信号接收部分传递来的不同图像特征量分别进行三级处理。其中 C1 条纹状视觉皮层区域对图像很少预处理,只是传递丰富的图像细节信息,C2 视觉映射区域很少对图像处理,只是完成从 C1 到 C3 的信息传递与耦合,而特定功能区域 C3、C4、C5 最后分别处理色彩、形状、静止与运动等信息。

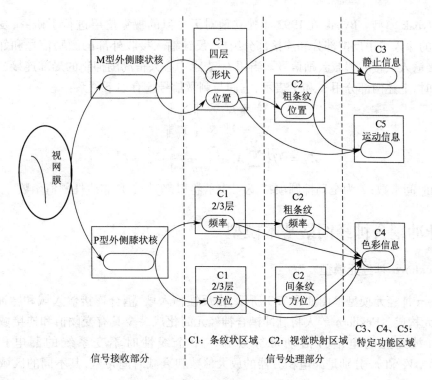

图 7.2　视觉系统模型及其信息流动

7.1.2　视觉系统的数学模型

只从定性的角度对视觉系统进行研究,既不能较好地认识生物视觉系统,也不能充分地模拟视觉系统的功能。为此,建立了视觉系统的经典数学模型。

(1) Hodgkin-Huxley 模型。20 世纪 50 年代,Hodgkin 和 Huxley 通过对哺乳动物视觉皮层细胞的研究,第一个提出哺乳动物视觉皮层的 Hodgkin-Huxley 膜电位模型:

$$I = m^3 h G_{Na}(E - E_{Na}) + n^4 G_k(E - E_k) + G_L(E - E_L) \tag{7-1}$$

式中,I 为通过膜的离子电流;m 为通道打开概率;G 为钠、钾等离子的电导;E 为总电压。

(2) Fitzhugh-Nagumo 模型。到 20 世纪 60 年代,研究者对神经元膜及轴突进行理论分析和定量模拟,将生物神经元的动态行为用一个范德坡振荡器来模拟,学者 Fitzhugh 和 Nagumo 提出了著名的 Fitzhugh-Nagumo 模型,该模型中神经元的膜电位 E 和电压恢复量 E_R 之间的作用关系可表示为

$$\varepsilon \frac{\mathrm{d}E}{\mathrm{d}t} = -E_R - g(E) + I \tag{7-2}$$

$$\frac{\mathrm{d}E_R}{\mathrm{d}t} = E - bE_R \tag{7-3}$$

式中,$g(E) = E(E - a)(E - 1)$,$0 < a < 1$,$\varepsilon \ll 1$,该耦合振荡器模型是后来许多模型的基础。

(3) Eckhorn 模型。Eckhorn 通过对猫视觉皮层的研究,在 20 世纪 90 年代初提出了 Eckhorn 模型,在第 7.2 节将对该模型做比较详细地介绍。

（4）Rybak 模型。Rybak 在 1992 年独立地对天竺鼠的视觉皮层进行了研究，发现视觉皮层神经元的输入可由反馈部分和连接部分组成，反馈输入接收外部的激励信号和邻域激励信号，而连接输入只接收邻域激励信号。当用 L_S 表示中心兴奋周围抑制的局部连接，L_D 为局部方向连接时，上述两部分用 X 和 Y 表示，它们与刺激信号 S 有如下关系：

$$X_{ij}^S = L^S \otimes \| S_{ij} \| \tag{7-4}$$

$$X_{ij}^D = L^D \otimes \| Y_{ij} \| \tag{7-5}$$

$$Z_{ij} = Tf\left\{ \sum X_{ij}^S - \left(\frac{1}{\tau q + 1} \right) X_{ij}^D - \zeta \right\} \tag{7-6}$$

式中，τ 为时间常数；ζ 为全局抑制项；"$\otimes$"表示卷积；$Tf\{\cdot\}$ 是非线性阈值函数。

7.2 脉冲耦合神经网络基本模型

7.2.1 Eckhorn 神经元模型

Eckhorn 神经元模型框图如图 7.3 所示，由反馈输入域、耦合连接输入域和脉冲发生域 3 个功能单元构成。Eckhorn 等人将脉冲耦合神经元简化成一个具有变阈值和连接域特性的非线性系统，神经元的电信号活动可等效为一个个线性时不变系统的漏电积分器，即 $I(V_x, \tau_x, t)$，V_x 和 τ_x 分别是漏电积分器的放大倍数和衰减时间常数，其不同的区域是由一个或多个漏电积分器组成。它的单位脉冲响应为

$$I(V_x, \tau_x, t) = V_x \exp(-t/\tau_x), t \geq 0 \tag{7-7}$$

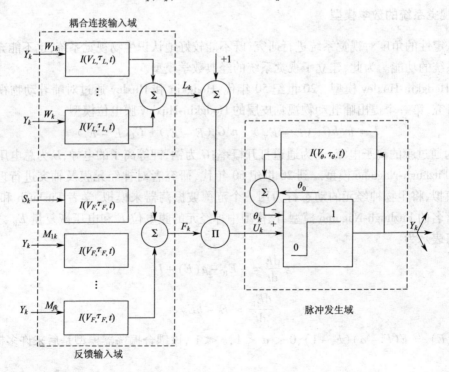

图 7.3　Eckhorn 神经元模型框图

Eckhorn 模型可用以下方程描述：

$$F_k(t) = \sum_{i=1}^{f} \{m_{ik}Y_i(t) + S_k(t)\} \otimes I(V_F, \tau_F, t) \tag{7-8}$$

$$L_k(t) = \sum_{j=1}^{l} \{w_{jk}Y_j(t)\} \otimes I(V_L, \tau_L, t) \tag{7-9}$$

$$U_k(t) = F_k(t)\{1 + L_k(t)\} \tag{7-10}$$

$$Y_k(t) = \begin{cases} 1, U_k(t) \geqslant \theta_k(t-1) \\ 0, 其他 \end{cases} \tag{7-11}$$

$$\theta_k(t) = Y_k \otimes I(V_\theta, \tau_\theta, t) \tag{7-12}$$

式中，l、f 为神经元的个数；k 为神经元的计数；w 和 m 为神经元突触上的加权系数；S 为外部刺激；θ 为动态阈值；Y 为二值输出。

通过对时间离散化处理，同时考虑 $X(t) = Z(t) \otimes I(V, \tau, t)$ 的关系，即

$$X(n) = X(n-1)e^{-t/\tau} + VZ(n) \tag{7-13}$$

可对 Eckhorn 模型中式(7-8)~式(7-12)变换成式(7-14)~式(7-18)：

$$F_{ik}(n) = F_{ik}(n-1)e^{-t/\tau_F} + V_F M_{ik}Y_i(n) + S_k(n) \tag{7-14}$$

$$L_{jk}(n) = L_{jk}(n-1)e^{-t/\tau_L} + V_L W_{jk}Y_j(n) \tag{7-15}$$

$$U_k(n) = F_k(n)\{1 + L_k(n)\} \tag{7-16}$$

$$Y_k(n) = \begin{cases} 1, U_k(n) \geqslant \theta_k(n-1) \\ 0, 其他 \end{cases} \tag{7-17}$$

$$\theta_k(n) = \theta_k(n-1)e^{-t/\tau_\theta} + V_\theta Y_k(n) + \theta_0 \tag{7-18}$$

其中

$$F_k(n) = \sum_{i=1}^{f} F_{ik}(n) + S_k(n) \tag{7-19}$$

$$L_k(n) = \sum_{j=1}^{l} L_{jk}(n) \tag{7-20}$$

该模型中，t 是自然时间，n 是迭代次数。

当神经元的连接输入 L_k 为零且输入 F_k 保持不变时，它的内部活动项 U_k 则为一常数 Ω，这时神经元将会有自然点火周期状态。为了便于分析其自然点火周期，可作如下假设：

(1)在每次由 n 变成 $n+1$ 的迭代之前，动态阈值随 t 按指数进行衰减，并能使神经元在 $n+1$ 时刻完成下一次点火。

(2)$V_\theta > \Omega$ 且 $\theta_0 = 0$ 时，有以下初始条件 $t = 0, n = 0, \theta_k(0) = 0, \theta_k(-1) = 0, Y_k(0) = 0$。

具体过程如下：

①在 $t = 0, n = 1$ 时，神经元首次点火，满足下述情况：

$$Y_k(1) = 1, \Omega > \theta_k(0) = 0 \tag{7-21}$$

此时

$$\theta_k(0) = \theta_k(0)e^{-t/\tau_\theta} + V_\theta Y_k(1) + \theta_0 = V_\theta > \Omega \tag{7-22}$$

导致 n 在 $1 \sim 2$ 之间的 $t > 0$ 时刻神经元处于熄火，保持为零状态，即

$$Y_k(1 \sim 2) = 0, \Omega < V_\theta \tag{7-23}$$

同时，将引起 $\theta_k(1 \sim 2) = \theta_k(0)e^{-t/\tau_\theta}$ 从 V_θ 按指数形式开始衰减下降。

②在 $t = t_1$、$n = 2$ 时,动态阈值 θ_k 衰减到 Ω;此时,将会引起 $Y_k(2) = 1$,使神经元再次点火,并可得出此时其点火时刻 t_1 为

$$t_1 = \tau_\theta \ln \frac{V_\theta}{\Omega} \tag{7-24}$$

同时,可求出 $\theta_k(2)$ 为

$$\theta_k(2) = \theta_k(1) e^{-t_1/\tau_\theta} + V_\theta Y_k(2) + \theta_0 = \Omega + V_\theta \tag{7-25}$$

导致 n 在 $2 \sim 3$ 之间的 $t > t_1$ 时刻神经元处于熄火,再次保持为零状态,即

$$Y_k(2 \sim 3) = 0, \Omega > \theta_k + \Omega \tag{7-26}$$

③在 $t = t_2$,$n = 3$ 时,动态阈值 θ_k 衰减到 Ω,此时将会引起 $Y_k(3) = 1$,使神经元第三次点火,此时的点火时刻 t_2 为

$$t_2 = t_1 + \tau_\theta \ln \frac{V_\theta + \Omega}{\Omega} = \tau_\theta \ln \frac{V_\theta}{\Omega} + \tau_\theta \ln \frac{V_\theta + \Omega}{\Omega} \tag{7-27}$$

同时,可求出 $\theta_k(3)$ 为

$$\theta_k(3) = \theta_k(2) e^{-t_2/\tau_\theta} + V_\theta Y_k(3) + \theta_0 = \Omega + V_\theta \tag{7-28}$$

导致 n 在 $3 \sim 4$ 之间的 $t > t_2$ 时刻神经元处于熄火,再次保持为零状态,即

$$Y_k(3 \sim 4) = 0, \Omega < V_\theta + \Omega \tag{7-29}$$

同时,将引起 $\theta_k(3 \sim 4) = (V_\theta + \Omega) e^{-(t-t_2)/\tau_\theta}$ 从 $V_\theta + \Omega$ 按指数形式开始衰减下降。

此后,Eckhorn 神经元一直将按照(2)~(3)的过程不断循环,并使其发放周期性脉冲,这时,其输出脉冲的时间为

$$t_\rho = \tau_\theta \ln \frac{V_\theta}{\Omega} + \rho \tau_\theta \ln \frac{V_\theta + \Omega}{\Omega} = \tau_\theta \ln \frac{V_\theta (V_\theta + \Omega)^\rho}{\Omega^{\rho+1}}; \rho = 0, 1, \cdots, N \tag{7-30}$$

Eckhorn 神经元自然点火周期为 T,其值由内部活动项 Ω 的大小及脉冲产生部分漏电积分器的参数 τ_θ 和 V_θ 决定,其自然激发脉冲示意图如图 7.4 所示,T 的具体表达式为

$$T = t_\rho - t_{\rho-1} = \tau_\theta \ln \frac{V_\theta + \Omega}{\Omega} \tag{7-31}$$

由此可见,Eckhorn 神经元模型是一种不同于传统神经元模型的新型神经网络神经元,具有很明显的独有特点:

a. Eckhorn 神经元模型中从反馈输入域,到耦合连接域再到脉冲产生域等都是由具有指数衰减特性的漏电积分器组成,并充分展现了其神经元的非线性特性,其结构比传统神经元要复杂得多。

b. 传统神经元的输入是各自输入的加权和,而 Eckhorn 神经元的输入是其内部活动项,即输入和周围连接输入的非线性组合的综合影响,同时由式(7-16)可知,它们是一种非线性调制机理。

c. 神经元的输出幅度与内部活动项的强弱无关,其输出是二值脉冲时间序列(如图 7.4所示),但是内部活动项的大小和阈值漏电积分器状态可以控制神经元的输出脉冲频率。同时,Eckhorn 通过大量的实验仿真发现,由于反馈连接的存在,使 Eckhorn 神经网络在一定程度上弥补输入数据之间的空间差异性和量值的较小变化,从而让不同的神经元同步输出脉冲序列。特别是把一副图像作为二维 Eckhorn 神经网络的二维输入数据时,该神经网络能够利用像素灰度值的相似性和像素空间上的邻近性对像素进行处理。

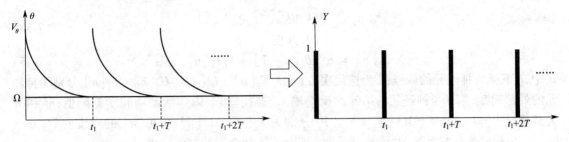

图 7.4 Eckhorn 神经元自然激发脉冲示意图

7.2.2 脉冲耦合神经网络模型

由单个 Eckhorn 神经元标准结构简单示意图及对其特性的分析可知,该模型具有许多独特的优点,但从工程应用的角度来看,Eckhorn 神经网络模型存在一些理论分析及实际应用上的局限和不足,主要有:(1)由于引入了大量漏电积分器和非线性处理等环节,这不利于网络特性的数学分析,同时,对其运行机制的理论解释也加大了难度;(2)网络参数较多,实际应用中设定参数比较的复杂。另外,神经网络神经元之间的耦合连接强度相对比较固定,不能适应不同应用的要求。

为了克服上述缺点,不同的学者对 Eckhorn 神经元模型做了不同的改进,提出了一些新型神经元模型,而 Ranganath 和 Kuntimad 对 Eckhorn 神经元模型中输入域中的漏电积分器做了改进,并对神经元输入中指数衰减项进行了简化,同时在内部活动项的产生中引入连接强度,由此形成的神经元统称为脉冲耦合神经元。通过修正后的脉冲耦合神经元模型具有直观简洁的特点,其简化模型示意图如图 7.5 所示。脉冲耦合神经网络是由脉冲耦合神经元构成的二维单层神经元阵列,其离散数学方程形式为

$$F_{ij}[n] = e^{-\alpha_F}F_{ij}[n-1] + S_{ij} + V_F M_{ijkl}Y_{kl}[n-1] \tag{7-32}$$

$$L_{ij}[n] = e^{-\alpha_L}L_{ij}[n-1] + V_L \sum_{kl} W_{ijkl}Y_{kl}[n] \tag{7-33}$$

$$U_{ij}[n] = F_{ij}[n-1](1 + \beta L_{ij}[n]) \tag{7-34}$$

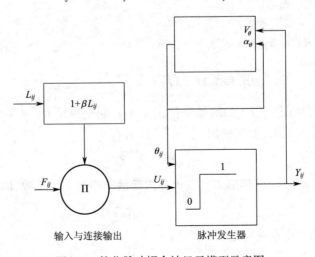

图 7.5 简化脉冲耦合神经元模型示意图

$$Y_{ij}[n] = \begin{cases} 1, if U_{ij}[n] > \theta_{ij}[n] \\ 0, 其他 \end{cases} \tag{7-35}$$

$$\theta_{ij}[n] = e^{-\alpha_\theta}\theta_{ij}[n-1] + V_\theta Y_{ij}[n] \tag{7-36}$$

式中,ij 下标为神经元的标号;n 为迭代次数;S_{ij}、$F_{ij}[n]$、$L_{ij}[n]$、$U_{ij}[n]$、$\theta_{ij}[n]$ 分别为神经元的外部刺激、第 ij 个神经元的第 n 次反馈输入、连接输入、内部活动项和动态阈值;M 和 W 为链接权矩阵(一般 $W = M$);V_F、V_L、V_θ 分别为 $F_{ij}[n]$、$L_{ij}[n]$ 及 $\theta_{ij}[n]$ 的幅度常数;α_F、α_L、α_θ 为相应的衰减系数;β 为连接系数;$Y_{ij}[n]$ 是 PCNN 的二值输出。

7.3 脉冲耦合神经网络的理论基础

7.3.1 无耦合链接的 PCNN

在连接系数 $\beta = 0$ 和反馈输入放大系数 $V_F = 0$ 的条件下,会形成无耦合连接的 PCNN 模型,此时,PCNN 神经元相互独立运行,并且对离散数学方程中式(7-32)～式(7-36)可简化为如下形式:

$$F_{ij}[n] = e^{-\alpha_F}F_{ij}[n-1] + S_{ij} \tag{7-37}$$

$$U_{ij}[n] = F_{ij}[n] \tag{7-38}$$

$$Y_{ij}[n] = \begin{cases} 1, if U_{ij}[n] > \theta_{ij}[n] \\ 0, 其他 \end{cases} \tag{7-39}$$

$$\theta_{ij}[n] = e^{-\alpha_\theta}\theta_{ij}[n-1] + V_\theta Y_{ij}[n] \tag{7-40}$$

对于任何一个独立的神经元 N_{ij},在选取 $V_\theta \gg S_{ij}$,反馈输入 F_{ij} 和动态阈值 θ_{ij} 初值为零的前提下,由于在 $n = 0$ 时刻,有 $U_{ij}[0] = F_{ij}[0] = S_{ij} > 0$,则 $Y_{ij}[0] = 1$,使神经元 N_{ij} 第一次点火,其输出为高电平,当将这一高电平值代入式(7-40)时,可使得动态阈值 θ_{ij} 由零迅速增加至设定的幅值常数 V_θ。由于 $S_{ij} \ll V_\theta$,在其后的离散时间内 Y_{ij} 按式(7-39)只能满足输出 $Y_{ij} = 0$ 低电平情况,并且动态阈值 θ_{ij} 以 $n = 1,2,\cdots$ 按指数规律衰减,内部活动项 U_{ij} 以 $n = 1,2,\cdots$ 按指数和的规律递增变化,即

$$\theta_{ij}[n] = e^{-n\alpha_\theta} \tag{7-41}$$

$$U_{ij}[n] = S_{ij}(1 + e^{-\alpha_F} + \cdots + e^{-n\alpha_F}) = \frac{1 - e^{-(n+1)\alpha_F}}{1 - e^{-n\alpha_F}}S_{ij} = \zeta S_{ij} \tag{7-42}$$

式中,ζ 为内部活动项 $U_{ij}[n]$ 的求和系数,即 $\zeta = \dfrac{1 - e^{-(n+1)\alpha_F}}{1 - e^{-\alpha_F}}$。

如果 $\theta_{ij}[n]$ 的衰减和 $U_{ij}[n]$ 的增加变化在 $n = n_1$ 时刻满足 $U_{ij}[n_1] \geq \theta_{ij}[n_1]$ 条件时,将会引起神经元的第二次点火,使其输出 $Y_{ij}[n_1]$,此时有:

$$\zeta_1 S_{ij} \geq V_\theta e^{-n_1\alpha_\theta} \tag{7-43}$$

式中,ζ_1 是神经元在 $n = n_1$ 时刻第二次点火的内部活动项的求和系数,即 $\zeta_1 = \dfrac{1 - e^{-(n_1+1)\alpha_F}}{1 - e^{-\alpha_F}}$。

这样可以得出第二次点火时刻:

$$n_1 = \frac{1}{\alpha_\theta}\ln\frac{V_\theta}{\zeta_1 S_{ij}} \tag{7-44}$$

此后，n_1 时刻的动态阈值马上升高到：

$$\theta_{ij}[n_1] = \zeta_1 S_{ij} + V_\theta \tag{7-45}$$

以上致使此时神经元不会立刻点火兴奋，其动态阈值 θ_{ij} 在 $n = n_1 + 1, n_1 + 2, \cdots$ 又从 $\zeta_1 S_{ij} + V_\theta$ 大小再次按指数规律衰减；内部活动项 U_{ij} 在 $n = n_1 + 1, n_1 + 2, \cdots$ 按指数和的规律再次递增变化；这样神经元周而复始循环往复，不断的发放周期脉冲。

通过上述分析可知，PCNN 可以发放周期性的脉冲信号，同时，其神经元输出脉冲信号的离散时间可表示为

$$n_\rho = \frac{1}{\alpha_\theta} \ln \frac{V_\theta}{\zeta_1 S_{ij}} + \rho \frac{1}{\alpha_\theta} \ln \frac{\zeta_1 S_{ij} + V_\theta}{\zeta_2 S_{ij}}; \rho = 0, 1, \cdots, N \tag{7-46}$$

神经元的点火周期是

$$T_{ij} = t_\rho - t_{\rho-1} = \frac{1}{\alpha_\theta} \ln \frac{\zeta_1 S_{ij} + V_\theta}{\zeta_2 S_{ij}} = \frac{1}{\alpha_\theta} \ln \left(\frac{\zeta_1}{\zeta_2} + \frac{V_\theta}{\zeta_2 S_{ij}} \right) \tag{7-47}$$

式中，ζ_2 是神经元在 $n = n_2$ 时刻第三次点火的内部活动项的求和系数，即

$$\zeta_2 = \frac{1 - e^{-(n_2+1)\alpha_F}}{1 - e^{-\alpha_F}}$$

在该离散模型中，每个神经元 ij 的点火周期 T_{ij} 因为不受其他神经元的影响而独立工作，会形成稳定的点火周期。同时，对式(7-47)分析可以看出，在 PCNN 模型神经元参数选定以后，神经元的点火周期(或点火频率)只与外界激励信号 S_{ij} 有关，当 S_{ij} 越小，神经元的点火周期 T_{ij} 就会越大(或点火频率越小)，反之亦然。

7.3.2　耦合链接的 PCNN

在 PCNN 模型中，当 $\beta \neq 0$ 时，就形成耦合连接的情况，此时，PCNN 各神经元间存在耦合连接，神经元之间的信息交换通过耦合连接输入 L 对反馈输入 F 进行调制来实现。当两个存在耦合的神经元 N_{ij} 与 N_{kl} 之间的激励信号有如下关系：

$$S_{ij} > S_{kl} \tag{7-48}$$

此时，当外部输入较大的信号使神经元 N_{ij} 在 t 时刻点火，通过耦合连接作用把已点火神经元周围邻近的其他神经元 N_{kl} 的内部行为在这一时刻由原来的 S_{kl} 被调制为 $S_{kl}(1 + \beta L_{ij})$，也就是说，神经元 N_{kl} 对应像素的亮度强度值由 S_{kl} 被升为 $S_{kl}(1 + \beta L_{ij})$。所以，只要当

$$S_{kl}(1 + \beta L_{ij}) \geqslant \theta_{kl}[n] = \theta_{ij}[n] \tag{7-49}$$

时，神经元 N_{kl} 被神经元 N_{ij} 捕获，并在接近 t 时刻提前点火，神经元之间捕获及点火时刻示意图如图 7.6 所示。同时，被神经元 N_{ij} 捕获的神经元 N_{kl} 将会介于以下两度强度范围内：

$$S_{kl} \in \left[S_{ij} / (1 + \beta L_{kl}), S_{ij} \right] \tag{7-50}$$

由式(7-49)、式(7-50)及图 7.6 可见，当连接强度 β 越大、耦合连接 L_{kl} 越大，会使亮度强度介于越大范围的像素神经元被捕获，导致同步点火的神经元数目也越多，反之亦然。在这种情况下，本来是在正常时刻才能点火的神经元 N_{kl} 将会在与其连接且亮度较高神经元 N_{ij} 耦合的条件下，被捕获而提前点火。当在给定的 β 和 L 参数下，各神经元间对应的亮度强度差越小越容易被捕获。

综上所述，脉冲耦合神经网络运行行为是一个这样的动态过程：首先，将外界输入信号施加给 PCNN 网络引起个体神经元发放脉冲，然后，在其动态阈值指数衰减规律的作用下，以及

反馈输入和连接输入非线性耦合调节机制的制约下,最终使神经元集群发放同步脉冲,从而对处理信息实现了从无序到有序,从无组织到有组织的动态处理过程。

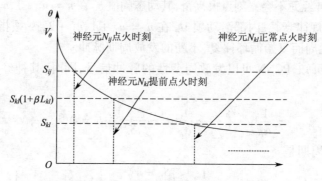

图 7.6　神经元之间捕获及点火时刻示意图

7.3.3　脉冲耦合神经网络的基本特性

脉冲耦合神经网络由于其神经元具有新型神经元独特的特点,与传统反馈型神经网络相比有许多优越的特征。PCNN 许多新型鲜明的特性主要表现在以下几个方面:

(1)变阈值特性。从对 PCNN 模型的运行行为及其神经元模型分析可知,各神经元除了在 $t=0$(或 $n=0$)时刻首次自然点火激活并发放脉冲外,其他时刻的点火脉冲发放,都是其内部变阈值函数作用的结果,并且由式(7-36)可见,它是按指数规律随时间衰减的,同时,从式(7-35)可知,当神经元的内部活动项 U 大于阈值输出值 θ 时就点火激活,而 PCNN 之所以具有周期性点火的能力,都是由动态变阈值特性提供的。

(2)捕获与非线性调制特性。捕获特性是 PCNN 基本特性的经典代表。从式(7-49)和式(7-50)可知,PCNN 神经元的捕获过程就是使其亮度强度在满足式(7-50)条件范围内的相似输入神经元同步发放脉冲,在这里,这些点火神经元间点火时刻差特别小,以至于可以忽略其差值而达到"同步",同步的结果是把较小亮度强度的神经元亮度值抬升接近至先点火神经元的亮度值,从而完成较高亮度神经元捕获较低亮度神经元的任务。这就意味着因存在神经元间的捕获功能,某一先点火的神经元会激励或带动其邻近其他神经元而提前点火。但是,外部输入强度最大的神经元如果长时间没有点火,将会引起与之邻近其他神经元的内部传导信号无法得到积累而造成不能点火的现象,在这种情况下,即使神经元间的耦合连接非常强,当前神经元的行为状态也无法真正对其他神经元的行为造成影响;如果外部输入强度最大的神经元先点火,则与之邻近的其他神经元通过连接通道的漏电积分器积累内部传导信号,并按照式(7-34)利用耦合连接输入 L 对反馈输入 F 进行非线性调制使神经元之间产生相互影响,当其调制结果超过阈值可到达提前点火,在这种情况下,即使神经元间的耦合连接非常弱,当前点火神经元的行为状态也可对其他神经元的行为造成影响。由此进一步地说明了,这种存在影响但不一定存在连接、存在连接但不一定存在影响的现象,更加凸显了 PCNN 网络处理突发事件的能力。由于其网络的捕获特性,体现了网络在某种因素(如噪声等干扰)影响下,原本已经组织好有序状态,因某个或某些神经元点火状态的改变而被破坏时,该网络能够自动适应新的变化,对处理信息实现重新的组织,从而调整到一个新的有序状态。

(3)动态脉冲发放特性。动态神经元的变阈值特性是引起动态脉冲发放的根源,在 PCNN

模型中,输入信号与突触通道共同作用的信号形成为该神经元的内部项作用信号,当这一内部项作用信号超过动态阈值时,该神经元被激活而产生高电平,又由于阈值受神经元输出控制,因此,该神经元输出的高电平又反过来控制阈值的提升,形成了内部活动项信号以指数和的形式增加,而阈值函数值以指数的形式衰减,致使其内部作用信号在阈值以下,神经元又恢复为原来的低电平抑制状态。等到内部活动项大于等于动态阈值时,再次被点火激活。这一过程在神经元输出上明显地形成脉冲发放现象,其中变阈值特性完成神经元的抑制,而式(7-34)的比较函数则实现神经元的激活,它们相互作用的结果是使神经元不断输出动态脉冲,而动态发放脉冲的频率和相位与神经元输入有关。所以从一定意义上说,神经元输出信号是对其输入信号的某种频率调制和相位调制,在输出信号中携带了输入信号的某些特征,而在后续图像等信息处理中,可利用这些特征进行模式分类和识别。

(4)同步脉冲发放特性。在变阈值特性、非线性调制及捕获特性的作用下,当一个亮度较大的 PCNN 神经元先点火时,会将其信号的一部分送至与其相邻的其他神经元上,在这一连接的作用下会引起满足亮度条件的邻接神经元比其原来时刻更快地点火,产生许多神经元同步发放脉冲的现象。因此,形成 PCNN 一个非常重要的性质是,利用相似性集群特性产生同步脉冲发放。

(5)自动波特性。利用 PCNN 处理时,当一个神经元在点火后会在一个时段处于抑制熄火状态,而在这一时间区间内,由于当前神经元的点火通过耦合连接触发相邻神经元激活而点火,并且各神经元的点火周期又不一样,在这一时间段内会引起不同神经元在不同时刻发放脉冲,这一点火捕获过程将会不断进行。当前神经元点火产生的输出振动将被不断地扩散和传播到其他神经元上,从而在 PCNN 网络中形成以先点火神经元为波动中心自动波的传播。

(6)时空综合特性。传统人工神经网络神经元的输出是当前神经元各个输入信号空间线性组合的非线性函数,只体现了对信号的空间处理能力,没有反映其时间处理特征,这样在处理时,变性很强的信号时会造成时间信号的延迟,必须引入时间延迟的相关神经网络来进行处理。然而,这类时间延迟网络对时变信号的处理能力很有限,从根本上没有改变神经元的静态性质。但是新一代 PCNN 网络就不同,其神经元既有对输入信号处理的空间能力,又利用了其漏电积分器所产生的时间特性,形成了 PCNN 非常强势的时空总和特性。其中,捕获特性、同步脉冲发放特性与自动波特性、动态脉冲发放特性能够对应起来,前面两个是 PCNN 静态特性,后面两个是 PCNN 动态特性。在神经元静态时,其脉冲输出反映了输入刺激的空间特性,而神经元动态输出的脉冲却能够体现其输入激励的时间特性。换而言之,同一时刻激活神经元输出的脉冲总数目反映了网络的空间特性,而不同时刻激活神经元输出的脉冲数目和其输出顺序体现了输入信号的时间特性,从而形成 PCNN 的时空综合特性。

总之,PCNN 作为新一代神经网络模型,它更好地的模拟了生物视觉神经系统,实现对信息从无序到有序、从无组织到有组织的动态信息组织过程,可完成不同层次结构上的信息处理,是一个良好地自适应系统;同时,由于其接收部分和耦合调制部分都对信号具有模拟处理能力,而脉冲发放部分的脉冲发生器产生脉冲信号,对数字信号具有处理能力,体现了 PCNN 是一个复杂的模数混合处理系统。另外,PCNN 神经元的点火将触发其邻域内相似神经元的点火,形成一个串行处理过程,而神经元集群同步脉冲发放又会导致并行处理的过程,这样构成了一个复杂的串并联混合处理系统。

7.4　脉冲耦合神经网络的应用

7.4.1　应用领域

由于脉冲耦合神经网络是根据猫、猴等哺乳动物大脑视觉皮层上同步脉冲发放现象提出的,有良好的生物学背景,这使得 PCNN 在信号处理应用,特别是在图像处理应用中显示了巨大的优越性。PCNN 的应用研究领域主要有以下方面:

(1)图像分割。利用 PCNN 某一神经元的自然激活会触发其周边相似神经元的集体激活特性,不仅能克服幅度上微小变化造成的影响,而且能较完整地保留图像区域信息,由此可形成一个神经元集群而对应于图像中相似性质的某一小区域特性,可进行图像分割。PCNN 图像自动分割方法是近年来发展较快,同时也是具有潜力与挑战的一类分割方法,在一定程度上取得了比较满意的分割结果。

(2)图像去噪。在 PCNN 模型中,由于阈值函数动态反复衰降变化及神经元的互连特性,将会使某一点火神经元周围空间灰度变化在某一范围内的一些神经元激活,可达到图像平滑去噪的目的。许多优良 PCNN 图像去噪算法体现出 PCNN 在图像滤波方面取得令人满意的处理效果。根据图像噪声的类型,PCNN 图像去噪可分为 PCNN 图像脉冲噪声滤除、PCNN 图像高斯噪声滤除及 PCNN 图像混合噪声滤除三大类。

(3)特征提取与模式识别。在传统 PCNN 模型上新增一个将 PCNN 迭代输出二维图像转化为一维时间序列信号等式,而每一幅图像都有自己唯一的周期时间序列,该时间序列信号的周期不受图像的旋转、放缩、平移的影响,能体现图像的特征,这进一步扩展了 PCNN 在图像特征提取、图像识别、图像检索及语音识别等方面的应用。

(4)图像融合。图像融合是信息融合的一个重要分支,已出现了许多图像融合的理论与方法。PCNN 是图像处理强有力的工具,它在处理过程中可以产生贯穿整幅图像携带重要信息的自动波(PCNN 当前神经元点火产生的输出被不断地扩散和传播到其他神经元上,从而形成以最先点火神经元为波动中心的传播),这一特点可应用在图像信息的融合中。目前,PCNN 图像融合可以分为两大类:仅使用 PCNN 图像融合及 PCNN 结合其他方法的图像融合。

(5)图像增强。由于 PCNN 处理图像的运行机制与人类视觉特性相一致,利用 PCNN 对图像进行增强处理是一个新的可行性研究领域,目前,利用 PCNN 可对灰度图像和彩色图像进行增强处理。

(6)其他方面应用。除上面提及的 PCNN 在图像分割、图像去噪等图像处理方面的应用外,还在图像压缩编码、图像细化、图像凹点检测及条形码检测等图像处理的其他方面有着广泛的应用。另外,PCNN 在组合决策优化、PCNN 混沌特性研究等方面有着重要的应用价值。

7.4.2　应用案例

基于内容的图像检索是目前图像检索的主要方法和研究热点,其核心思想是表征出图像色彩、纹理、形状及轮廓等不同内容的重要特征来作为图像索引,并由此计算要查询图像和目标图像的相似性。其中,基于图像颜色检索主要利用颜色直方图等进行图像间的相似性判断或运用统计方法提取有感知的相关颜色等信息特征,但存在易丢失颜色空间分布信息、图像颜色量化中会造成误检现象及检索时间加长等问题;而基于形状的检索由于要采用边缘提取、边缘细化及形状描述等一系列几何学或拓扑处理方法,因此,形状特征图像检索中形状特征的提取和分析又显得比较复杂。基于纹理检索由于一般图像的纹理特征不太显著,而在检索中对检索图像或区域纹理的一致性要求较高,其适用范围较小。

为此,在改进脉冲耦合神经网络的基础上,把 PCNN 和归一化转动惯量(Normalized Moment of Inertia,NMI)相结合,采用基于 PCNN 图像 NMI 特征矢量提取与检索算法。该方法首先利用改进 PCNN 模型对图像进行系列二值处理,再提取其一维 NMI 不变特征序列信号,并将其应用在图像检索中,同时,引入距离结合相关性综合相似性度量,最后通过实验验证了所提算法的有效性。

1. PCNN 改进简化模型及图像二值序列分解

为克服传统 PCNN 人工设置参数多、适应性能差及处理时间长等缺点,本节在传统 PCNN 模型的基础上,引出如下简化改进 PCNN 模型:

$$F_{ij}[n] = S_{ij} \tag{7-51}$$

$$L_{ij}[n] = V_L \sum_{k,l \in W} Y_{ijkl}[n-1] \tag{7-52}$$

$$U_{ij}[n] = F_{ij}[n](1 + \beta L_{ij}[n]) \tag{7-53}$$

$$Y_{ij} = \begin{cases} 1, U_{ij}[n] > \theta_{ij}[n] \\ 0, 其他 \end{cases} \tag{7-54}$$

$$\theta_{ij}[n] = \begin{cases} \theta_0 e^{-\alpha_\theta (n-1)}, Y_{ij}[n-1] = 0 \\ \psi, Y_{ij}[n-1] = 1 \end{cases} \tag{7-55}$$

式中,ij 下标为神经元的标号;n 为迭代次数;S_{ij}、$F_{ij}[n]$、$L_{ij}[n]$、$U_{ij}[n]$、$\theta_{ij}[n]$ 分别为神经元的外部刺激、第 ij 个神经元的第 n 次反馈输入、连接输入、内部活动项和动态阈值;W 为链接权矩阵,β 为链接强度;V_L、θ_0 为链接幅度常数和阈值幅度常数;θ_0 一般自适应选取为待处理图像的最大灰度值 $S^{\max}$,即 $\theta_0 = S^{\max}$;Ψ 为一设定的较大常数;α_θ 为相应的衰减系数;$Y_{ij}[n]$ 是 PCNN 的二值输出。

改进简化 PCNN 的工作原理是:在图像处理过程中,首先将一个二维改进型 PCNN 网络的 $M \times N$ 个神经元分别与二维输入图像的 $M \times N$ 个像素相对应,所有神经元结构相等且各个神经元的参数一致,在第 1 次迭代时,神经元的内部活动项就等于外部刺激 S_{ij},其初始阈值为 $S^{\max}$,若 $S^{\max}$ 大于或等于初始阈值,这时神经元输出 $Y_{ij}[1] = 1$,称为激活,此时其动态阈值 θ_{ij} 将急剧增大到 Ψ 并一直保持不变,而其他未激活神经元($Y_{ij}[1] = 0$)的动态阈值在其后处理中随时间(或迭代次数 n)指数衰减,并且在此之后的各次迭代中,被激活的神经元通过与之相邻神经元的连接作用而激励捕获邻接神经元,若邻接神经元的内部活动项大于其动态阈值,则被捕获激活,否则不能捕获。显然,如果邻接神经元与前一次迭代激活神经元所对应的像素具有相似强度,则邻接神经元容易被捕获激活,反之则不能被捕获激活。

PCNN 二值图像序列分解充分考虑视觉处理系统的特点,在每次迭代处理中,利用某一神经元激活空时特性来触发其邻域相似神经元的集体激活,生成神经元集群对应图像中具有相似性质的某一小目标区域,然后由所有不同相似小目标区域组成该次迭代的一幅二值分割图像,并且在不同迭代时刻将产生代表和反映原图像特征的不同二值图像,由此便形成一个二值图像序列。

2. 图像 NMI 特征描述

设二维图像大小为 $M \times N$ 个像素可看作是 XOY 平面上的 $M \times N$ 个质点,像素灰度值 S_{ij} 与相应质点的质量相对应,则对图像可做如下定义:

(1)图像总质量。二维灰度图像所有的灰度值之和,记为 m,表示为

$$m = \sum_{i=1}^{M} \sum_{j=1}^{N} S_{ij} \tag{7-56}$$

(2)图像重心。视为图像平面图像总质量集中的点,记为 (i_c, j_c),可表示为

$$i_c = \frac{\sum_{i=1}^{M} \sum_{j=1}^{N} i \times S_{ij}}{\sum_{i=1}^{M} \sum_{j=1}^{N} S_{ij}}, j_c = \frac{\sum_{i=1}^{M} \sum_{j=1}^{N} j \times S_{ij}}{\sum_{i=1}^{M} \sum_{j=1}^{N} S_{ij}} \tag{7-57}$$

(3)图像的转动惯量。图像绕其中任一给定点 (i_0, j_0) 的转动惯量记为 $J_{i_0 j_0}$,表示为

$$J_{i_0 j_0} = \sum_{i=1}^{M} \sum_{j=1}^{N} \left[(i - i_0)^2 + (j - j_0)^2 \right] S_{ij} \tag{7-58}$$

图像转动惯量与图像中不同目标的形状大小、灰度分布和转轴点的位置有关,但对灰度(或彩色)图像而言,由于其灰度分布比较复杂,不管转轴点选在图像重心或其他任何位置,其转动惯量都是几何(旋转、平移及缩放)畸变的,而二值图像只有 0 和 1 两种取值,其转动惯量具有良好的抗几何畸变特性。为此根据对图像总质量、图像重心及转动惯量的描述可定义二值图像绕重心的归一化转动惯量,简称归一化转动惯量 NMI,这里用 λ 表示:

$$\lambda = \frac{\sqrt{J_{i_c j_c}}}{m} = \frac{\sqrt{\sum_{i=1}^{M} \sum_{j=1}^{N} \left[(i - i_c)^2 + (j - j_c)^2 \right] Y_{ij}}}{\sum_{i=1}^{M} \sum_{j=1}^{N} Y_{ij}} = \frac{\sqrt{\sum_{i,j \in \Omega} \sum \left[(i - i_c)^2 + (j - j_c)^2 \right]}}{\sum_{i,j \in \Omega} \sum Y_{ij}}$$

$$\tag{7-59}$$

式中,Y_{ij} 为二值图像;Ω 为二值图像中 $Y_{ij} = 1$ 的区域。可以看出 NMI 特征值 λ 为二值图像质量绕其重心的转动惯量与其质量之比。对不同的二值图像,可提取不同的 NMI 特征,并且 NMI 相对于传统的图像不变性特征(如图像矩特征、同心圆特征、拓扑特征等)具有提取方便、计算量小的特点。

3. 二值图像序列 NMI 特征提取

利用符合人类视觉处理系统的 PCNN 模型,对待处理图像二值化后产生一系列彼此相关的二值图像,然后提取该系列二值图像的 NMI 不变性特征矢量序列。

利用改进 PCNN 模型在确定迭代次数 n_0 的情况下对任意图像 S_{ij} 运用式(7-51)~式(7-55)进行逐层二值化处理,从而形成一个二值图像序列 $Y = \{Y[n]; n = 1, 2, \cdots, n_0\}$,再利用式(7-59)分别计算序列图像中每幅图像的 NMI 值,最后得到该图像的一个 NMI 特征矢量 $\Lambda = \{\lambda_n; n = 1, 2, \cdots, n_0\}$。

4. 相似性度量

图像入库时,提取其 NMI 特征矢量放入图像特征信息库;检索时,提取查询图像的 NMI 特征矢量与图像特征信息库中的进行相似性比较,根据比较结果输出检索结果。在 PCNN 处理提取 NMI 特征检索的基础上,引入了马氏距离结合 Pearson 积矩相关法的综合相似性度量。

在 R^n 空间中,设两幅图像 S^A 和 S^B 提取的 NMI 特征向量分别为 $\Lambda^A = \{\lambda_n^A; n = 1, 2, \cdots, n_0\}$ 和 $\Lambda^B = \{\lambda_n^B; n = 1, 2, \cdots, n_0\}$ 则综合相似性度量为

$$C(S^A, S^B) = \frac{D_M(\Lambda^A, \Lambda^B)}{|\mathrm{Corr}(\Lambda^A, \Lambda^B)|} \tag{7-60}$$

当 $C(S^A, S^B)$ 越小,表示两幅图像的相似性越强。其中,$D_M(\Lambda^A, \Lambda^B)$ 为马氏距离,$\mathrm{Corr}(\Lambda^A, \Lambda^B)$ 为 Pearson 积矩相关,分别表示为

$$(\Lambda^A, \Lambda^B) = \sqrt{\sum_{u=1}^{n_0} \sum_{v=1}^{n_0} w_{uv} (\lambda_u^A - \lambda_u^B)(\lambda_v^A - \lambda_v^B)} \tag{7-61}$$

用向量表示形式是

$$D_M(\Lambda^A, \Lambda^B) = \sqrt{(\Lambda^A - \Lambda^B)^{\mathrm{T}} Z^{-1} (\Lambda^A - \Lambda^B)} \tag{7-62}$$

$$\mathrm{Corr}(\Lambda^A, \Lambda^B) = \frac{\sum_{u=v=1}^{n_0} \left(\lambda_u^A - \overline{\Lambda^A} \right) \left(\lambda_u^B - \overline{\Lambda^B} \right)}{\sqrt{\sum_{u=1}^{n_0} \left(\lambda_u^A - \overline{\Lambda^A} \right)^2} \sqrt{\sum_{v=1}^{n_0} \left(\lambda_u^B - \overline{\Lambda^B} \right)^2}} \tag{7-63}$$

其中,权值 $w_{uv} > 0$,$\boldsymbol{Z}$ 为向量 Λ^A 的协方差矩阵,其大小为 $n_0 \times n_0$,Λ^A 和 Λ^B 分别为特征向量 Λ^A 和 Λ^B 的均值。

两图像在采用传统 PCNN 和改进 PCNN 时提取 NMI 的综合相似性度量及处理时间的数据结果见表 7.1。

表 7.1　采用两种 PCNN 模型提取 NMI 的综合相似性度量及处理时间的数据结果

方　法		传统 PCNN		改进 PCNN	
图像		bridge	horse	bridge	horse
旋转	20°	0.043 77	0.003 66	0.031 50	0.002 70
	45°	0.113 20	0.013 91	0.080 50	0.009 83
放大	1.2 倍	0.077 50	0.006 62	0.050 60	0.005 20
	1.4 倍	0.069 20	0.047 83	0.046 10	0.002 00
缩小	0.6 倍	0.062 40	0.008 90	0.048 40	0.006 60
	0.8 倍	0.072 50	0.003 70	0.058 30	0.001 90
平移		0.001 90	0.000 40	0.001 40	0.000 20
未畸变的原图		0.000 00	0.000 00	0.000 00	0.000 00
平均处理时间(s)		19.1		3.80	

从表 7.1 实验结果可以得出当分别采用传统与改进 PCNN 处理来提取图像的 NMI 特征,在一定误差范围内其综合相似性度量 C 值和特征提取时间后者均小于前者,主要是改进 PCNN 由于去除了传统模型中相近神经元间一些繁冗复杂的耦合及改进了反复衰变的动态阈值,使得二值图像序列中许多重要特征信息能较多、较快、较稳定的凸现出来,同时,实验结果充分说明了由此提取的 NMI 特征矢量具有良好的抗几何畸变不变性。

复习思考题

1. 视觉系统的经典数学模型包括哪些？

2. Eckhorn 神经元模型是一种不同于传统神经元模型的新型神经网络神经元，其明显且独有特点是什么？

3. 脉冲耦合神经网络的基本特性包括哪六个？

4. 脉冲耦合神经网络的应用领域包括哪些？

第8章 智能算法

智能算法一般是指模拟退火,遗传算法,以及禁忌搜索算法等模拟自然过程的算法,主要用于独立或者和神经网络融合来解决最优化问题。本章节介绍的遗传算法、模拟退火算法、进化算法及禁忌搜索称作指导性搜索法。而神经网络,混沌搜索则属于系统动态演化方法。

8.1 禁忌搜索算法

禁忌搜索(Tabu Search,TS)算法是局部邻域搜索算法的推广,是人工智能在组合优化算法中的一个成功应用。Glovery 在 1986 年首次提出这一概念,进而形成一套完整算法,禁忌搜索算法的特点是采用了禁忌技术。所谓禁忌就是禁止重复前面的工作,为了回避局部邻域搜索陷入局部最优的主要不足,禁忌搜索算法用一个禁忌表记录下已经到达过的局部最优点,在下一次搜索中,利用禁忌表中的信息不再或有选择地搜索这些点,以此来跳出局部最优点,禁忌搜索算法是一种人工智能的算法,因此,有很多技术的细节问题有待下面讨论。

8.1.1 局部搜索

在这里中,除特别强调外,我们都假设算法用以解决如下组合最优化问题:

$$\min f(x)$$
$$s.t\ g(x) \geq 0$$
$$x \in D$$

式中,$f(x)$ 为目标函数;$g(x)$ 为约束方程;D 为定义域。

因为禁忌搜索算法中用到局部搜索算法,我们首先介绍局部搜索算法。

1. 局部搜索算法

STEP 1,选定一个初始可行解 x^0,记录当前最优解 $x^{best}: = x^0$,令 $P = N(x^{best})$。

STEP 2,当 $P = \phi$ 或满足其他停止运算准则时,输出计算结果,停止运算;否则,从 $N(x^{best})$ 中选一集合 S,得到 S 的最优解 x^{now};若 $f(x^{now}) < f(x^{best})$,则 $x^{best}: = x^{now}$,$P = N(x^{best})$;否则,$P: = P - S$;重复 STEP 2。

在局部搜索算法中,STEP 1 的初始可行解选择可以采用随机的方法,也可用一些经验的方法或是其他算法所得到的解。STEP 2 中的集合 S 选取可以大到是 $N(x^{best})$ 本身,也可以小到只有一个元素,如用随机的方法在 $N(x^{best})$ 中选一点,从直观可以看出,S 选取得小将使每一步的计算量减少,但可比较的范围很小;S 选取大时每一步计算时间增加,比较的范围自然增加。这两种情况的应用效果依赖于实际问题。在 STEP 2 中,其他停止准则是除 STEP 2 的 $P = \phi$ 以外的其他准则。这些准则的给出往往取决于人们对算法的计算时间、计算结果的要求。通过下面的例子来理解局部搜索算法。

【例8.1】　五个城市的对称 TSP 数据如图 8.1 所示,对应的距离矩阵为

$$D = (d_{ij}) \begin{bmatrix} 0 & 10 & 15 & 6 & 2 \\ 10 & 0 & 8 & 13 & 9 \\ 15 & 8 & 0 & 20 & 15 \\ 6 & 13 & 20 & 0 & 5 \\ 2 & 9 & 15 & 5 & 0 \end{bmatrix}$$

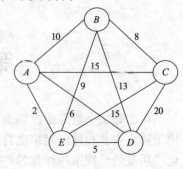

初始解为 $x^{\text{best}} = (ABCDE)$, $f(x^{\text{best}}) = 45$。在本例中,邻域映射定义为对换两个城市位置的 2-opt。选定 A 城市为起点,我们用两种情况解释局部搜索算法。

情况1　全邻域搜索,即 $S := N(x^{\text{best}})$。

图 8.1　五个城市的对称 TSP 数据

第一循环: $N(x^{\text{best}}) =$

$\{(ABCDE),(ACBDE),(ADCBE),(AECDB),(ABDCE),(ABEDC),(ABCED)\}$

对应目标函数值为: $f(x) = \{45,43,45,60,60,59,44\}$。

$$x^{\text{best}} := x^{\text{now}} = (ACBDE)$$

第二循环: $N(x^{\text{best}}) =$

$\{(ACBDE),(ABCDE),(ADBCE),(AEBDC),(ACDBE),(ACEDB),(ACBED)\}$

$$x^{\text{best}} := x^{\text{now}} = (ACBDE)$$

此时, $P := N(x^{\text{best}}) - S$ 为空集,于是所得解为 $(ACBDE)$,目标值为 43。

情况2　一步随机搜索

$x^{\text{best}} = (ABCDE)$, $f(x^{\text{best}}) = 45$。

第一循环:由于采用 $N(x^{\text{best}})$ 中的一步随机搜索,可以不再计算 $N(x^{\text{best}})$ 中每一点的值,若从中随机选一点,如 $x^{\text{now}} = (ACBDE)$,因 $f(x^{\text{now}}) = 43 < 45$,所以 $x^{\text{best}} = (ACBDE)$。

第二循环:若从 $N(x^{\text{best}})$ 中又随机选一点 $x^{\text{now}} = (ADBCE)$, $f(x^{\text{now}}) = 44 > 43$, $P := N(x^{\text{best}}) - \{x^{\text{now}}\}$,最后得到的解为 $(ACBDE)$。

局部搜索算法的优点是简单易行,容易理解,但其缺点是无法保证全局最优性。

【例8.2】　四城市非对称 TSP 如图 8.2 所示,距离矩阵为

$$D = (d_{ij}) \begin{bmatrix} 0 & 1 & 0.5 & 1 \\ 1 & 0 & 1 & 1 \\ 1.5 & 5 & 0 & 1 \\ 1 & 1 & 1 & 0 \end{bmatrix}$$

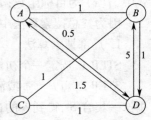

若初始解为 $x^{\text{best}} = (ABCD)$,并且假设城市 A 为起始点, $f(x^{\text{best}}) = 4$。

图 8.2　四城市非对称 TSP

邻域 $N(x^{\text{best}}) = \{(ABCD),(ACBD),(ADCB),(ABDC)\}$ 中,局部最优解是 $(ABCD)$,读者可以按【例 8.1】局部搜索讨论的两种情况进行验证,该算法终止时的解是局部最优解 $(ABCD)$。而全局最优解是 $x^{\text{best}} = (ACDB)$, $f(x^{\text{best}}) = 3.5$。

改变局部搜索中只按下降规则转移状态的一个方法是蒙特卡罗(Monte Carlo)方法,主要变化是局部搜索算法的第二步为:

STEP 2,当满足停止运算准则时,停止运算;否则,从 $N(x^{\text{best}})$ 中随机选一点 x^{now};若

$f(x^{\text{now}}) \leqslant f(x^{\text{best}})$，则 $x^{\text{best}} := x^{\text{now}}$；否则，根据 $f(x^{\text{now}}) - f(x^{\text{best}})$ 以一定的概率接受 x^{now}（$x^{\text{best}} := x^{\text{now}}$）；返回 STEP 2。

蒙特卡罗算法是以一定的概率接受一个较坏的状态，如以均匀的概率 $p = \dfrac{1}{|N(x^{\text{best}})|}$ 从 $N(x^{\text{best}})$ 中选任意一点，以概率

$$p = \min\left\{1, \exp\left\{-\frac{f(x^{\text{now}}) - f(x^{\text{best}})}{t}\right\}\right\}$$

接受 x^{now}。模拟退火算法就是采用这样的搜索方法。这样可能遍历所有的状态，不同于蒙特卡罗随机搜索算法的思想，禁忌搜索则是用确定性的方法跳出局部最优解。

8.1.2　禁忌搜索

禁忌搜索是一种人工智能算法，是局部搜索算法的扩展，它的一个重要思想是标记已经得到的局部最优解，并在进一步的迭代中避开这些局部最优解。如何避开和记忆这些点是本章主要讨论的问题，首先，用一个示例来理解禁忌搜索算法。

【例 8.3】（【例 8.2】续）假设：初始解 $x^0 = (ABCD)$，邻域映射为两个城市位置对换，始终点都为 A 城市。目标值为 $f(x^0) = 4$，城市间的距离为

$$D = (d_{ij}) = \begin{bmatrix} 0 & 1 & 0.5 & 1 \\ 1 & 0 & 1 & 1 \\ 1.5 & 5 & 0 & 1 \\ 1 & 1 & 1 & 0 \end{bmatrix}$$

第 1 步：

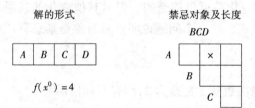

此处评价值为目标值。由于假设了 A 城市为起终点，故候选集中最多有两两城市对换对 3 个。分别对换城市顺序并按目标值由小到大排列，3 个评价值都劣于原值，在原有的局部搜索算法中，此时已达到局部最优解而停止。但现在，我们允许从候选集中选一个最好的对换——CD 城市的位置交换，用 ★ 标记入选的对换。此时，解从 $(ABCD)$ 变化为 $(ABDC)$，目标值上升，但此法可能跳出局部最优。

第 2 步：

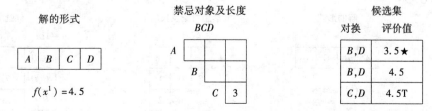

由于第 1 步中选择了 CD 交换，于是，我们希望这样的交换在下面的若干次迭代中不再出现。以避免计算中的循环，CD 成为禁忌对象并限定在 3 次迭代计算中不允许 CD 或 DC 对换。

在对应位置记录3。在 $N(x^1)$ 中又出现被禁忌的 CD 对换,故用 T 标记而不选此交换,在选择最佳的候选对换后,到第 3 步。

第 3 步:

新选的 BC 对换被禁后,CD 在被禁一次后还有二次禁忌。虽说候选集中的评价值都变坏,但为达到全局最优,还是从中选取。由于 BC 和 CD 对换被禁,只有 BD 对换入选。

第 4 步:

此时,所有候选对换被禁,怎么办?通过这一个示例,我们会产生如下问题:

(1)本例禁忌对象是对换,如 BC 对换造成 $ABCD$ 到 $ACBD$ 的变化,禁忌 BC 对换包括如下城市间顺序的对换:$ACBD$ 到 $ABCD$、$ABCD$ 到 $ACBD$、$ADBC$ 到 $ADCB$、$ADCB$ 到 $ADBC$、$ABDC$ 到 $ACDB$、$ACDB$ 到 $ABDC$ 等的变化。若 $ACBD$ 是刚才由 $ABCD$ 变化而来的,结合解的变化,禁忌 $ACBD$ 到 $ABCD$ 和 $ABCD$ 到 $ACDB$ 的变化是可以接受的。但对其他变化的禁忌是否会影响求解的效率?如 $ADBC$ 到 $ADCB$ 是否允许?这一个问题说明禁忌对象是禁忌算法中一个基本的因素。

(2)禁忌的次数如何选取?

【例 8.4】 在【例 8.3】中将禁忌次数从 3 更改为 2,则有下列情形:

第 5 步:

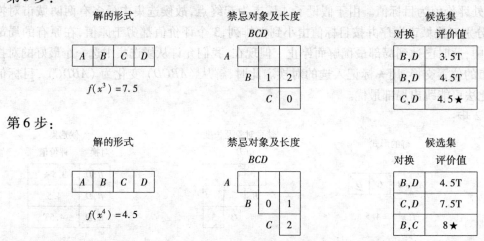

第 6 步:

解的形式				禁忌对象及长度				候选集	
					B	C	D	对换	评价值
A	B	C	D	A				B,D	4.5T
				B	0	1		C,D	7.5T
$f(x^4) = 4.5$				C		2		B,C	8★

再迭代一步,又回到状态 $(ABCD)$,此时出现循环。

由【例 8.3】和【例 8.4】的计算可以看出,禁忌搜索算法是局部搜索算法的变形。应该注

意到禁忌搜索算法计算中的关键点:禁忌对象、长度和候选集成为算法的主要特征。围绕这些特征需要考虑下列因素:

①是否有其他形式的候选集? 上面的例子是将所有可对换的城市对作为候选集,再从候选集中没有被禁的对换对中选最佳。对 n 个城市的 TSP,这样构造候选集使得每个集中有 C_{n-1}^z 个交换对。为了节省每一步的计算时间,有可能只在邻域中随机选一些对换,而不一定是比较邻域中的所有对换。

②禁忌的长度如何确定? 如果在算法中记忆下搜索到的当前最优解,极端的两种情况是:一是将所有的对换个数作为禁忌长度,此时等价于将候选集中的所有的对换遍历;另外则取为1,这等价于局部搜索算法。

③是否有评价值的其他替代形式? 上面例中用目标值作为评价值。有时计算目标值的工作量较大,或无法接受计算目标值所花费的时间,于是需要其他的方法。

④被禁的对换能否再一次解禁? 如在【例 8.3】的第 4 步中,候选集中的交换都被禁忌,若此时停止,得到的解甚至不是一个局部最优解,候选集中 BD 对换的评价值最小,是否不考虑对 BD 的禁忌而选择这个对换? 有这样的直观现象,当搜索到一个局部最优解后,它邻域中的其他状态都被禁,我们是否解禁一些状态以便跳出局部最优? 解禁的功能就是为了获得更大的搜索范围,以免陷入局部最优。

⑤如何利用更多的信息? 在禁忌搜索算法中,还可记录其他一些信息,如一个被禁对象(交换)被禁的次数,评价值变化的大小等,如果在【例 8.3】中记忆同一个对换出现的次数,我们可以得到如下的一个有关禁忌对象的信息。

其中,矩阵右上角记录禁忌的长度,矩阵的左下角部分出现的数据表示对换被选为最佳的次数,B 与 C 对应 5 表示 BC 交换 5 次成为最佳候选。这些数字提供了状态出现的频率,反映解的一些性质。

	A	B	C	D
A	×			
B		×	2	3
C		5	×	1
D		2	3	×

⑥终止原则,即一个算法停止的条件,怎样给出?

综合上面的讨论,禁忌算法的特征由禁忌对象和长度、候选集和评价函数、停止规则和一些计算信息组成。禁忌表特别指禁忌对象及其被禁的长度。禁忌对象是指变化的状态,如上面例子中的两个城市的对换,候选集中的元素依评价函数而确定,根据评价函数的优劣选择一个可能替代被禁对象的元素,是否替代取决于禁忌的规则和其他一些特殊规则,在后续部分将介绍一个特殊规则——特赦原则。计算中的一些信息,如被禁对象对应的评价值、被禁的频率等,将对禁忌的长度和停止规则提供帮助。禁忌搜索算法步骤如下:

STEP 1,选定一个初始解 x^{now},及给以禁忌表 $H = \phi$。

STEP 2,若满足停止规则,停止计算;否则,在 x^{now} 的邻域 $N(H, x^{now})$ 中选出满足禁忌要求的候选集 $Can\_N(x^{now})$;在 $Can\_N(x^{now})$ 中选一个评价值最佳的解 x^{next}, $x^{now} := x^{next}$。更新历史记录 H,重复 STEP 2。

禁忌算法的 STEP 2 中, x^{now} 的邻域 $N(H, x^{now})$ 中满足禁忌要求的元素包含两类:一类是那些没有被禁忌的元素,另一类是可以被解除禁忌的元素。详细的技术问题将在第 8.1.3 节讨论。

比较局部搜索算法、蒙特卡罗算法和禁忌搜索算法,它们的主要区别是第二步对接受点选择的原则不同,为了给出禁忌搜索算法的全局最优定理,先介绍连通的概念。

定义 8.1.1 集合 C 称为相对邻域映射 $N: x \in C \to 2^c$ 是连通的,若对 C 中的任意两点 x, y,存在 $x = x_1, x_2, \cdots, x_l = y$,使得 $N(x_i) \cap N(x_{i+1}) \neq \phi, i = 1, 2, \cdots, l - 1$。

定理 8.1.1 (最优定理)在禁忌搜索算法中,若可行解区域相对 Can_N(x^{now}) 是连通的,且 H 的记录充分大,则一定可以达到全局最优解。

证明非常直观,虽说从理论上保证全局最优,但若使得 H 的记录充分大,也就是遍历所有的状态,这不是我们希望的。我们的期望是用更少的花费得到我们期望的解。

8.1.3 算法分析

禁忌搜索算法是一种人工智能算法,因此,实现的技术问题是算法的关键。本节按禁忌对象、候选集合的构成、评价函数的构造、特赦规则、记忆频率信息和终止规则等分别给予介绍和讨论。

1. 禁忌对象、长度与候选集

禁忌表中的两个主要指标是禁忌对象和禁忌长度。顾名思义,禁忌对象指的是禁忌表中被禁的那些变化元素。因此,首先需要了解状态是怎样变化的,我们将状态的变化分为解的简单变化、解向量分量的变化和目标值变化 3 种情况。在这 3 种变化的基础上,讨论禁忌对象。本小节同时介绍禁忌长度和候选集确定的经验方法。

(1)解的简单变化

这种变化最为简单。假设 $x, y \in D$,其中 D 为优化问题的定义域,则简单解变化为

$$x \to y$$

即是从一个解变化到另一个解。这种变化在局部搜索算法中经常采用,如【例 8.1】第一循环中从 $(ABCDE)$ 变化到 $(ACBDE)$。这种变化将问题的解看成变化最基本因素。

(2)向量分量的变化

这种变化考虑的更为精细,以解向量的每一个分量为变化的最基本因素,仅以 $(ABCDE)$ 变化到 $(ACBDE)$ 为例,它的变化实际是由 B 和 C 的对换引起,但 B 和 C 对换可以引起更多解的简单变化,如

$$(ABCDE) \to (ACBDE),$$
$$(ABDCE) \to (ACDBE),$$
$$(ACBED) \to (ABCED), 等。$$

设原有的解向量为 $(x_1, \cdots, x_{i-1}, x_i, x_{i+1}, \cdots, x_n)$,用数学表达式来描述向量分量的最基本变化为 $(x_1, \cdots, x_{i-1}, x_i, x_{i+1}, \cdots, x_n) \to (x_1, \cdots, x_{i-1}, y_i, x_{i+1}, \cdots, x_n)$,即只有第 1 个分量发生变化。向量的分量变化包含多个分量发生变化的情形。

部分优化问题的解可以用一个向量形式 $x = (x_1, x_2, \cdots, x_n)^T \in \{0, 1\}^n$ 来表示。解与解之间的变化可以表示某些分量的变化,如用分量从 $x_j = 0$ 变化为 $x_j = 1$ 或从 $x_k = 1$ 变化为 $x_k = 0$,或是两者的结合,可以通过下面两个例子理解。

【例 8.5】 0-1 背包问题描述:设有一个容积为 b 的背包,n 个体积分别为 $a_i(i = 1, 2, \cdots, n)$ 价值分别为 $c_i(i = 1, 2, \cdots, n)$ 的物品,如何以最大的价值装包? 这个问题称为 0-1 背包问题。

0-1 背包问题的状态变化是向量分量变化形式。如果每次只允许一个变量变化,即

$$N: x \in D \to N(x) = \left(y \mid \sum_{i=1}^{n} |y_i - x_i| \leq 1 \right) \in 2^D, 则变化的变量只可能由 x_j = 0 变化为 y_j = 1$$

或由 $x_j = 1$ 变化为 $y_j = 0$ 。此时,状态变化的情况是一个变量 $x_j = 0$ 变化为 $x_j = 1$ 或一个变量 $x_k = 1$ 变化为 $x_k = 0$ 。

【例 8.6】 TSP 问题采用邻域映射的 2-opt 位置交换规则。以【例 8.2】的四城市 TSP 数据为例。当一个解为 $(ABCD)$ 时,两个城市的 BD 交换可以理解为:用一个 $\{0,1\}^{n\times(n-1)}$ 的向量表示解,则 $(x_{AB}=1, x_{BC}=1, x_{CD}=1, x_{DA}=1)$,其他分量为零;城市 BD 的交换为 $(x_{AD}=1, x_{DC}=1, x_{CB}=1, x_{BA}=1)$,其他分量为零;分量的变化是:由 $x_{AB}=1$ 变化为 $x_{AB}=0$, $x_{BC}=1$ 变化为 $x_{BC}=0$, $x_{CD}=1$ 变化为 $x_{CD}=0$, $x_{DA}=1$ 变化为 $x_{DA}=0$, $x_{AD}=0$ 变化为 $x_{AD}=1$, $x_{DC}=0$ 变化为 $x_{DC}=1$, $x_{CB}=0$ 变化为 $x_{CB}=1$, $x_{BA}=0$ 变化为 $x_{BA}=1$,于是,一个 2-opt 交换共需 8 个分量发生变化。这种情况归类于多个分量变化的结合。

（3）目标值变化

在优化问题的求解过程中,我们非常关心目标值是否发生变化,是否接近最优目标值。这就产生一种观察状态变化的方式,却观察目标值或评价值的变化,就犹如等位线的道理一样,把处在同一等位线的解视为相同。这种变化是考察 $H(a) = \{x \in D | f(x) = a\}$,其中, $f(x)$ 为目标函数。它的表面是两个目标值的变化,即从 $\alpha \to \beta$,但隐含着两个解集合的各种变化 $\forall x \in H(a) \to \forall x \in H(b)$ 的可能。

【例 8.7】 考虑目标函数 $f(x) = x^2$ 的目标值从 1 变化到 4,这里隐含着解空间中 4 个变化的可能:

$$-1 \to -2, 1 \to -2, -1 \to 2, 1 \to 2$$

以上 3 种状态变化的情形,第一种的变化比较单一,而第二种和第三种变化则隐含着多个解变化的可能,因此,在选择禁忌对象时,可以根据实际问题采用适当的变化。

（4）禁忌对象的选取

由上面关于状态变化 3 种形式的讨论,禁忌的对象就可以是上面的任何一种。现用示例来分别理解。第一种情况考虑解为简单变化。当解从 $x \to y$ 时, y 可能是局部最优解,为了避开局部最优解,禁忌 y 这一个解再度出现。禁忌的规则是,当 y 的邻域中有比它更优的点时,则选择更优的解;当 y 为 $N(y)$ 的局部最优时,不再选 y ,而选择比 y 较差的解。见【例 8.8】。

【例 8.8】 (【例 8.1 续】)五城市 TSP 的距离矩阵为

$$D = (d_{ij}) = \begin{bmatrix} 0 & 10 & 15 & 6 & 2 \\ 10 & 0 & 8 & 13 & 9 \\ 15 & 8 & 0 & 20 & 15 \\ 6 & 13 & 20 & 0 & 5 \\ 2 & 9 & 15 & 5 & 0 \end{bmatrix}$$

禁忌对象为简单的解变化。禁忌表 H 只记忆 3 个被禁的解,即禁忌长度为 3。从 2-opt 邻域 $N(H, x^{now})$ 中选出最佳的 5 个解组成候选集 $Can\_N(x^{now})$;初始解 $x^{now} = x^0 = (ABCDE)$, $f(x^0) = 45$ 。

第 1 步:

$x^{now} = (ABCDE)$, $f(x^{now}) = 45$, $H = \phi$, $Can\_N(x^{now}) =$

$$\{(ABCDE;45), (ACBDE;43), (ADCBE;45), (ABEDC;59), (ABCED;44)\}$$

$$x^{next} = (ABCDE)$$

由于 H 为空集,从候选集中选最好的一个。

第 2 步:

$x^{\text{now}} = (ACBDE)$, $f(x^{\text{now}}) = 43$, $H = \{(ACBDE;43)\}$, $\text{Can\_N}(x^{\text{now}}) = \{(ACBDE;43),$
$(ACBED;43),(ADBCE;44),(ABCED;45),(ACEBD;58)\}$

由于 $(ACBDE)$ 受禁,所以选 $x^{\text{next}} = (ACBED)$ 。

第 3 步:

$x^{\text{next}} = (ACBED)$, $f(x^{\text{now}}) = 43$, $H = \{(ACBDE;43),(ACBED;43)\}$,
$\text{Can\_N}(x^{\text{now}}) = \{(ACBED;43),(ACBDE;43),(ABCED;44),(AEBCD;45),(ADBEC;58)\}$

由于 $H = \{(ACBDE;43),(ACBED;43)\}$ 受禁,所以选 $x^{\text{next}} = (ABCED)$ 。

第 4 步:

$x^{\text{next}} = (ABCED)$, $f(x^{\text{now}}) = 44$, $H = \{(ACBDE;43),(ACBED;43),(ABCED;44)\}$,
$\text{Can\_N}(x^{\text{now}}) =$
$\{(ACBED;43),(AECBD;44),(ABCDE;45),(ABCED;44),(ABDEC;58)\}$

$x^{\text{next}} = (AECBD)$,此时 H 已达 3 个解,新选入的解要替代出最早被禁的解。

第 5 步:

$x^{\text{next}} = (AECBD)$, $f(x^{\text{now}}) = 44$ 。

$H = \{(ACBED;43),(ABCED;44),(AECBD;44)\}$, $\text{Can\_N}(x^{\text{now}}) =$
$\{(AEDBC;43),(ABCED;44),(AECBD;44),(AECDB;44),(AEBCD;45)\}$

如果禁忌第 2 种变化,则观察下例。

【例 8.9】 (【例 8.8】续)数据同【例 8.8】。H 只记忆三对对换时,从 2-opt 邻域 $N(H,x^{\text{now}}) - \{x^{\text{now}}\}$ 中选出最佳的 5 个状态对应的交换对组成候选集 $\text{Can\_N}(x^{\text{now}})$,这一点不同于【例 8.8】,因为受禁的是交换对,因此不考虑没有变化的 x^{now} ,初始解 $x^{\text{now}} = x^0 = (ABCDE)$, $f(x^0) = 45$ 。

第 1 步:

$x^{\text{now}} = (ABCDE)$, $f(x^{\text{now}}) = 45$, $H = \phi$, $\text{Can\_N}(x^{\text{now}}) =$
$\{(ABCDE;45),(ACBDE;43),(AECDB;45),(ABEDC;59),(ABCED;44)\}$

$x^{\text{next}} = (ABCDE)$,由于 H 为空集,从候选集中选最好的一个,它是 B 与 C 的对换构成。

第 2 步:

$x^{\text{now}} = (ACBDE)$, $f(x^{\text{now}}) = 43$, $H = \{(B,C)\}$, $\text{Can\_N}(x^{\text{now}}) =$
$\{(ACBED;43),(ADBCE;44),(ABCDE;45),(ACEDB;58),(AEBDC;59)\}$

选 $x^{\text{next}} = (ACBED)$,它是 D 和 E 对换。

第 3 步:

$x^{\text{now}} = (ACBED)$, $f(x^{\text{now}}) = 43$, $H = \{(B,C),(D,E)\}$, $\text{Can\_N}(x^{\text{now}}) =$
$\{(ACBDE;43),(ABCED;44),(AEBCD;45),(ADBEC;58),(ACEBD;58)\}$

由于 $H = \{(B,C),(D,E)\}$ 受禁,所以选 $x^{\text{next}} = (AEBCD)$ 。

前两步计算同【例 8.8】的前两步相同,但第 3 步不同。因为根据禁忌表中的条件,禁忌选取由 $(ACBED)$ 经 BC 对换后的解 $(ABCED)$ 。由此看出,禁忌对换的范围要大于【例 8.8】只对简单解禁忌的范围。

【例 8.9】的邻域定义和禁忌决定了:当一对元素 x 和 y 被禁忌后,包含两个元素的两种对

换 x 与 y 交换和 y 与 x 交换,如禁忌 B 和 C 对换后,禁忌 C 与 B 对换和 B 与 C 对换。禁忌 C 与 B 对换的出发点是:上一步已经对换的两个元素不能再对换回去,以免还原到原有的解。还以【例 8.9】为例,假设在【例 8.9】问题中,某一步得到解为 $(ABCDE)$,迭代一步得到 x^{now} = $(ACBDE)$ 时,此时,应该考虑禁忌 C 与 B 的对换,否则,可能回到 $(ABCDE)$ 。禁忌 B 与 C 对换的出发点是:上一步已经对 B 与 C 的对换进行了分析和评价,希望搜索有较大的遍历性,因此我们不再考虑 B 与 C 的对换,即禁忌这个对换。

在有些情况下,更细地将一对元素 x 和 y 的对换分成 x 与 y 对换和 y 与 x 对换两种情形,即考虑对换的方向。因此,我们可以考虑只禁忌一个方向的对换,如 x 与 y 的对换或 y 与 x 的对换。

【例 8.10】 (【例 8.9】续)以第三种目标值的变化情形来继续观察【例 8.9】,H 只记忆三组元素(解及其目标值),从 2-*opt* 邻域 $N(H, x^{now})$ 中选出最佳的 5 个元素为候选集 Can_N(x^{now});在 Can_N(x^{now}) 中选一个目标值最佳的解初始解 x^{next},初时解 x^{now} = x^0 = $(ABCDE)$,$f(x^0)$ = 45 。

第 1 步:

x^{now} = $(ABCDE)$,$f(x^{now})$ = 45 ,$H = \phi$,Can_N(x^{now}) =

$\{(ABCDE; 45), (ACBDE; 43), (ADCBE; 45), (ABEDC; 59), (ABCED; 44)\}$

x^{next} = $(ACBDE)$,由于 H 为空集,从候选集中选最好的一个。

第 2 步:

x^{now} = $(ACBDE)$,$f(x^{now})$ = 43,$H = \{43\}$,Can_N(x^{now}) =

$\{(ACBDE; 43), (ACBED; 43), (ADBCE; 44), (ABCDE; 45), (ACEDB; 58)\}$

由于函数值 43 受禁,选候选集中不受禁的最佳函数值 44 的状态。

在此例中,采用禁忌目标值的方法所禁忌的范围比【例 8.8】和【例 8.9】的受禁范围更大,这在这一例中明显地体现。

所谓禁忌就是禁止重复前面达到局部最优的状态。由于计算过程中解的状态在不断地变化,因此我们对造成状态的变化的对象进行禁忌。上面已经讨论,状态变化的主要因素归结两种形式:简单的解的变化,解向量的分量变化和目标值的变化。

针对三种不同的状态变化方式,【例 8.8】、【例 8.9】和【例 8.10】体现了禁忌搜索算法在计算中的不同。实际应用中,应根据具体问题采用一种方法。从上面示例的计算中也可以看出,解的简单变化比解的分量变化和目标值变化的受禁忌范围要小,这可能造成计算时间的增加。但它也给予了较大的搜索范围,解分量的变化和目标值变化的禁忌范围要大,这减少了计算的时间,可能引发的问题是禁忌的范围太大以致陷在局部最优点。

由此可以得知,禁忌搜索算法中的技术很强。因为 NP-hard 问题不可能奢望计算得到最优解,在算法的构造和计算的过程中,一方面要求尽量少的占用机器内存,这就要求禁忌长度、候选集合尽量小,正好相反,禁忌长度过短造成搜索的循环,候选集合过小造成过早地陷入局部最优。

(5)禁忌长度的确定

禁忌长度是被禁对象不允许选取的迭代次数。一般是给被禁对象 x 一个数(禁忌长度)t,要求对象 x 在 t 步迭代内被禁,在禁忌表中采用 tabu$(x) = t$ 记忆,每迭代一步,该项指标做运算 tabu$(x) = t - 1$,直到 tabu$(x) = 0$ 时解禁。于是,我们可将所有元素分成两类,被禁元素和自由元素。有关禁忌长度 t 的选取，可以归纳为下面几种情况：

①t 为常数，如 $t=10$，$t=\sqrt{n}$。其中，n 为邻居的个数。这种规则容易在算法中实现。

②$t\in[t_{\min},t_{\max}]$，此时 t 是可以变化的数，它的变化是依据被禁对象的目标值和邻域的结构。此时 $t_{\min}$，$t_{\max}$ 是确定的。确定 $t_{\min}$，$t_{\max}$ 的常用方法是根据问题的规模 T 限定变化区间 $[\alpha\sqrt{T},\beta\sqrt{T}]$（$0<\alpha<\beta$）。也可以用邻域中邻居的个数，确定变化区间 $[\alpha\sqrt{n},\beta\sqrt{n}]$（$0<\alpha<\beta$）。当给定了变化区间，确定 t 的大小主要依据实际问题、实验和设计者的经验，如从直观可见，当函数值下降较大时，可能谷较深，欲跳出局部最优，希望被禁的长度较大。

③$t_{\min}$、$t_{\max}$ 的动态选取，有的情况下，用 $t_{\min}$、$t_{\max}$ 的变化能达到更好的解。它的基本思想同②类似。

禁忌长度的选取同实际问题、实验和设计者的经验有紧密的联系，同时它决定了计算的复杂性。过短会造成循环的出现。如 $f(1)=1,f(2)=3.5,f(3)=2.5,f(4)=2,f(5)=3$，$f(6)=6$，极端情况禁忌长度是 1，邻域为相距不超过 1 的整数点，一旦陷入局部最优点 $x=4$，则出现循环而无法跳出局部最优，过长又造成计算时间较长。上面②中给出的区间估计参数都是一些经验的估计。

（6）候选集合的确定

候选集合由邻域中的邻居组成。常规的方法是从邻域中选择若干个目标值或评价值最佳的邻居人选。如上面的 TSP 中采用 2-opt 邻域定义，一个状态的邻域中共有 C_n^2 个邻居，计算目标值后，【例 8.8】、【例 8.9】和【例 8.10】选择五个目标值最佳的邻居入选。

有时认为上面的计算量还是太大，则不在邻域的所有邻居中选择，而是在邻域中的一部分邻居中选择若干个目标值或评价值最佳的状态入选。也可以用随机选取的方法实现部分邻居的选取。

2. 评价函数

评价函数是候选集合元素选取的一个评价公式，候选集合的元素通过评价函数值来选取。以目标函数作为评价函数是比较容易理解的。目标值是一个非常直观的指标，但有时为了方便或易于理解，会采用其他函数来取代目标函数。我们将评价函数分为基于目标函数和其他方法两类。

（1）基于目标函数的评价函数

这一类主要包含以目标函数的运算所得到的评价方法。如记评价函数为 $p(x)$，目标函数为 $f(x)$，则评价函数可以采用目标函数：

$$p(x)=f(x)$$

目标函数值与 x^{now} 目标值的差值：

$$p(x)=f(x)-x^{\text{now}}$$

式中，x^{now} 是上一次迭代计算的解；目标函数值与当前最优解 x^{best} 目标值的差值：

$$p(x)=f(x)-x^{\text{best}}$$

式中，x^{best} 是目前计算中的最好解。

基于目标函数的评价函数的形成主要通过对目标函数进行简单的运算，它的变形很多。

（2）其他方法

有时计算目标值比较复杂或耗时较多，解决这一问题的方法之一是采用替代的评价函数。替代的评价函数还应该反映原目标函数的一些特性，如原目标函数对应的最优点还应该是替代函数的最优点,构造替代函数的目标是减少计算的复杂性。具体问题的替代函数构造依问题而定。它的一个例子是在生产计划中的约束批量计划与调度模型中的应用。

【例 8.11】　简单的生产计划批量问题,一个工厂安排 n 个产品在 T 个计划时段里加工,其各个产品的需求量、加工费用和加工能力等之间的关系用下面数学模型(PP)描述。

$$\min \sum_{i=1}^{n} \sum_{t=1}^{T} p_i x_{ig} + s_i y_{ti} + h_i I_{it} \tag{8-1}$$

$$s.t.\ I_{it-1} + x_{it} - I_{it} = d_{it};\ i = 1,2,\cdots,n;\ t = 1,2,\cdots,T \tag{8-2}$$

$$\sum_{i=1}^{n} a_i x_{it} \leqslant c_i;\ t = 1,2,\cdots,T \tag{8-3}$$

$$y_{it} = \begin{cases} 1 & \text{若 } x_{it} > 0 \\ 0 & \text{其他} \end{cases} \tag{8-4}$$

$x_{it}, I_{it} \geqslant 0$; $i = 1,2,\cdots,n$; $t = 1,2,\cdots,T$。

式中, x_i 为生产 i 产品需耗的生产准备费用; h_i 为单位 i 产品需耗的库存费用; p_i 为生产单位 i 产品需耗的费用; x_{it} 为第 t 时段, i 产品的生产批量; I_{it} 为第 t 时段, i 产品的库存量; d_{it} 为第 t 时段, i 产品的外部需求量; a_i 为生产单位 i 产品需耗的资源量; c_t 为第 t 时段能力的提供量。

上面模型中, x_{it} 、 I_{it} 为决策变量,所有参数为非负值。式(8-1)要求生产、生产准备和库存费用三项费用和最小,式(8-2)为外部需求、生产和库存之间的平衡关系,式(8-3)为资源约束,要求每个时段生产占用的能力不超过可提供的能力。PP 模型是一个混合整数规划问题。因为 y_{it} 取 0,1 两个值,当 $Y^0 = (y_{it})$ 的值选定后,PP 模型为一个线性规划问题,对应的最优目标值为 $Z(Y^0)$ 。这样,禁忌搜索算法可以只将 (y_{it}) 看成决策变量进行计算求解,如果采用基于目标函数的评价函数方法,对应每一个 $Y^0 = (y_{it})$ 要解一个线性规划问题。虽说线性规划问题有多项式时间的最优算法,但对每一个给定的 Y^0 求解一次 $Z(Y^0)$ 还是很费时的。一个简单的替代方法是对给定的 Y^0 ,用启发式的算法求解 PP。基本思想是根据 Y^0 、 d_{it} 和 c_t 安排各时段的生产,最后得到一个启发式算法的目标值 $Z^H(Y^0)$,以此为评价函数值。

求解的基本思想是:当没有资源约束式(8-3)时,PP 模型存在一个最优解满足:

$$I_{it-1} x_{it} = 0$$

即上一个时段有库存,则本时段不生产,反之本时段要生产,则上一个时段必然库存为零。由此对应唯一一个解 $Y \in \{0,1\}^{n \times T}$ 满足:

$$x_{i\tau_1} = \begin{cases} \displaystyle\sum_{t=\tau_1}^{\tau_2} d_{it}, y_{ix_1} = y_{ix_2+1} = 1, y_{it} = 0, \tau_1 < t \leqslant \tau_2 \\ 0, & \text{其他} \end{cases} \tag{8-5}$$

当增加式(8-3)资源约束后,从最后一个时段 T 开始按资源约束逐个时段验证解式(8-5)是否满足式(8-3),当不满足时,将超出资源约束的部分前移一个时段加工。如此修正,最后,若第一个时段资源不足时,则认为无可行解,此时目标值记为充分大的一个数。若可行,则按修正后的解 x_{it} 、 I_{it} 、 Y_{it} ($i = 1,2,\cdots,n$; $t = 1,2,\cdots,T$)用式(8-1)计算目标函数值。这个目标值作为评价值。

【例 8.12】　用一个启发式算法解的目标值替代最优值。取代的主要原因是认为线性规划算法的计算时间还是太长。如果计算目标值比较复杂或所花费的时间较长,可以用替代的方法。应该注意的是替代函数应尽可能地反映原目标函数的特性。

3. 特赦规则

在禁忌搜索算法的迭代过程中,会出现候选集中的全部对象都被禁忌或有一对象被禁,但若解禁则其目标值将有非常大的下降情况。在这样的情况下,为了达到全局的最优,我们会让一些禁忌对象重新可选,这种方法称为特赦,相应的规则称为特赦规则。先用下面的例子理解特赦规则的应用。

【例 8.13】 五城市的 TSP,其城市间的距离为

$$D = (d_{ij}) = \begin{bmatrix} 0 & 2 & 10 & 10 & 1 \\ 1 & 0 & 2 & 10 & 10 \\ 10 & 1 & 0 & 2 & 10 \\ 10 & 10 & 1 & 0 & 2 \\ 2 & 10 & 10 & 1 & 0 \end{bmatrix}$$

假设初始解为$(ACBDE)$,类似【例 8.3】,经过一步运算,得到一个解是$(ABCDE)$,目标值为 10,假设在计算的某一步,得到目前的一个解为$(AEDBC)$,$f(AEDBC)=24$,此时被禁的对换还包括 BC。若交换 BC,得目标值 5。这个目标值好于前面的任何一个最佳候选解,有理由解禁 BC'对换,这是一种特赦规则。

以下罗列三种常用的特赦规则,在下面的讨论中,认为评价值越小越好。

(1)基于评价值的规则。【例 8.12】就是这样的规则,在整个计算过程中,记忆已出现的最好解x^{best}。当候选集中出现一个解x^{now},其评价值(可能是目标值)满足$c(x^{best}) > c(x^{now})$时,虽说从x^{best}达到x^{now}的变化是被禁忌的,此时,解禁x^{now}使其自由。直观理解,我们得到一个更好的解。

(2)基于最小错误的规则。当候选集中所有的对象都被禁忌时,而(1)的规则又无法使程序继续下去。为了得到更好的解,从候选集的所有元素中选一个评价值最小的状态解禁。

(3)基于影响力的规则。有些对象的变化对目标值的影响很大,而有的变化对目标值的变化较小。我们应该关注影响大的变化。从这个角度理解,如果一个影响大的变化成为被禁对象,我们应该使其自由,这样才能得到问题的一个更好的解,需要注意的是,我们不能理解为,对象的变化对目标影响大就一定使得目标(或是评价值)变小,它只是一个影响力指标。这一规则应结合禁忌长度和评价函数值使用。如在候选集中目标值都不及当前的最好解,而一个禁忌对象的影响指标很高且很快将被解禁时,我们可以通过解禁这个状态以期望得到更好的解。下面用 0-1 背包问题的禁忌搜索算法理解影响力指标。

【例 8.14】 0-1 背包问题的禁忌搜索算法。

解的形式为$x \in \{0,1\}^N$,邻域定义为

$$N: x \to N(x) = \left\{ y \mid \sum_{i=1}^{N} |y_i - x_i| \leq 1 \right\}$$

这样的邻域定义要求每次最多只能有一个变量变化,从 0 变为 1 或是从 1 变为 0。直观理解是装一个物品进去或是取一个物品出来。评价值选择目标值,此时目标值越大越好,在计算的每一个迭代过程中,需要验证能力的可行性,当所装物品体积大于包的容积时为不可行解,其目标值定义为$-K$(K 是一个充分大的整数,表示得到的解为不可行解),除了目标值以外,

一个有影响力的指标是物品的大小。取出一个体积大的物品可以装进多个小的物品,装进一个大的物品很快使包的容积变小。假设刚装进一个大的物品,此时包正好装满,马上取出是应该禁忌的。如五个物品的 0-1 背包问题,它们的体积和价值 $\{a_i,c_i\}$($i=1,2,3,4,5$)分别为 $\{4,4\}$,$\{2,4\}$,$\{1,1.5\}$,$\{3,4\}$,$\{1.5,4\}$,包的容积为 6。假设计算过程中得到一个解为 $x_1=x_5=1$ 和 $x_2=x_3=x_4=0$,$x_1:1\to0$ 和 $x_5:1\to0$ 受禁。由于包中不可能再装入任何物品,为了不使计算停止,只能采取特赦的方法。因为体积是能力约束的最重要的指标,同时对目标函数最具有影响力,因此选体积大的特赦即 $x_1:1\to0$ 解禁。这样其他物品就有装包的可能性。

4. 记忆预率信息

在计算的过程中,记忆一些信息对解决问题是有利的,如一个最好的目标值出现的频率很高,这使我们有理由推测,现有参数的算法可能无法再得到更好的解,因为重复的次数过高,使我们认为可能出现了多次循环。根据解决问题的需要,我们可以记忆解集合、有序被禁对象组、目标值集合等的出现频率。一般可以根据状态的变化将频率信息分为两类:静态和动态。

静态的频率信息主要是某些变化,诸如解、对换或目标值在计算中出现的频率,求解它们的频率相对比较简单。如可以记录它们在计算中出现的次数,出现的次数与总的迭代数的比率,从一个状态出发再回到该状态的迭代次数等。这些信息有助于我们了解一些解、对换或目标值的重要性,是否出现循环和循环的次数。在禁忌搜索中,为了更充分的利用信息,一定要记忆目前最优解。

动态的频率信息主要是从一个解、对换或目标值到另一个解、对换或目标值的变化趋势,如记忆一个解序列的变化,或记一个解序列变化的若干个点等,由于记录比较复杂,因此,它提供的信息量也较大,在计算动态频率时,通常采用的方法为:

(1)一个序列的长度,即序列中元素个数。在记录若干个关键点的序列中,按这些关键点的序列长度的变化进行计算。

(2)从序列中的一个元素出发,再回到该序列该元素的迭代次数。

(3)一个序列的平均目标(评价)值,从序列中一个元素到另一个元素目标(评价)值的变化情况。

(4)该序列出现的频率。

频率信息有助于进一步加强禁忌搜索的效率。我们可以根据频率信息动态控制禁忌的长度。当一个元素或一个序列重复出现,我们可以增加禁忌长度以避开循环。当一个序列的目标(评价)值变化较小时,有必要增加该序列每一个对象的禁忌长度,反之,减少每一个对象的禁忌长度,一个最佳的目标值出现的频率很高,有理由终止计算而将这一值认为是最优值。

5. 终止规则

无论如何,禁忌搜索算法是一个启发式算法。我们不可能让禁忌长度充分大,只希望在可接受的时间里给出一个满意的解,于是很多直观、易于操作的原则包含在终止规则中。下面给出常用的终止规则:

(1)确定步数终止,给定一个充分大的数 N,总的迭代次数不超过 N 步。即使算法中包含其他的终止原则,算法的总迭代次数有保证。这种原则的优点是易于操作和可控计算时间,但无法保证解的效果。在采用这个规则时,应记录当前最优解。

(2)频率控制原则。当某一个解、目标值或元素序列的频率超过一个给定的标准时,如果算法不做改进,只会造成频率的增加,此时的循环对解的改进已无作用,因此,终止计算,这一规则认为:如果不改进算法,解不会再改进。

(3)目标值变化控制原则。在禁忌搜索算法中,提倡记忆当前最优解,如果在一个给定的步数内,目标值没有改变,同(2)相同的观点,如果算法没有其他改进,解不会改进。此时,停止运算。

(4)目标值偏离程度原则。对一些问题可以简单地计算出它们的下界〔目标为极小〕。记一个问题的下界为 Z_{LB},目标值为 $f(x)$,对给定的充分小的正数 ε,当 $f(x) - Z_{LB} \leq \varepsilon$ 时,终止计算。这表示目前计算得到的解与最优值很接近。

8.2　模拟退火算法

模拟退火(Simulated Annealing,SA)算法将组合优化问题与统计力学中的热平衡问题类比,另辟了求解组合优化问题的新途径。它通过模拟退火过程,可找到全局(或近似)最优解。模拟退火算法是基于 Monte Carlo 迭代求解法的一种启发式随机搜索算法。SA 算法用于解决组合优化问题的出发点是基于物理中固体物质的退火过程与一般组合优化问题间的相似性。在对固体物质进行退火处理时,通常先将它加温熔化,使其中的粒子可自由运动,然后随着温度的逐渐下降,粒子也逐渐形成了低能态的晶格。若在凝结点附近的温度下降速率足够慢,则固体物质一定会形成最低能量的基态。对于组合优化问题来说,它也有这样类似的过程。组合优化问题解空间中的每一点都代表一个解,不同的解有着不同的代价函数值。所谓优化,就是在解空间中寻找代价函数(亦称目标函数)的最小(或最大)解。

8.2.1　模拟退火算法

设 $S = \{ S_1, \cdots, S_n \}$ 为所有可能的组合(或状态)所构成的集合,$C: S \to R$ 为非负目标函数,即 $C(S_i) \geq 0$ 反映取状态 S_i 为解的代价,则组合优化问题可形式的表述为寻找 S^*,使

$$C(S^*) = \min C(S_i) \qquad \forall S_i \in S \qquad (8-6)$$

SA 法的基本思想即为:把每个组合状态 S_i 看成某一物质体系的微观状态,而 $C(S_i)$ 看成该物质体系在状态 S_i 下的内能,并用控制参数 T 类此温度。让 T 从一个足够高的值慢慢下降,对每个 T,用 Metropolis 抽样法在计算机上模拟系统在此 T 下的热平衡态,即对当前状态 S 做随机扰动产生一个新状态 S',计算增量 $\Delta C' = C(S') - C(S)$,并以概率 $\exp(-\Delta C/kT)$ 接受 S' 作为新的当前状态。当重复地如此随机扰动足够次数后,状态 S_i 出现为当前状态的概率将服从 Boltzmann 分布,即

$$f = Z(T) e^{-C(S_i)/kT} \qquad (8-7)$$

$$Z(T) = \frac{1}{\sum_i e^{-C(S_i)/kT}}$$

k 为波尔兹曼常数。为方便起见,以后将 k 吸收于 T 中。若 T 下降的足够慢,且 $T \to 0$,由式(8-7)可见,当前状态将具有最小 $C(S_i)$ 状态。

可将上述思想写成算法形式,包括 Metropolis 抽样算法和退火过程实现算法两部分:

（1）退火过程实现算法（Annealing Procedure，AP）

第一步：任选一初始状态 S_0 作为初始当前解 $S(0) = S_0$，并设初始温度 T_0，令 $i = 0$；

第二步：令 $T = T_i$，以 T 和 S_i 调用 Metropolis 抽样算法，返回其最后所得到的当前解 S 作为本算法的当前解 $S_i = S$。

第三步：按一定方式将 T 降温，即 $T = T_{i+1}$，$T_{i+1} < T_i$，$i = i + 1$。

第四步：检查退火过程是否基本结束，是，转向第五步，否则转向第二步。

第五步：以当前解 S_i 作为最优解输出，停止，结束。

（2）Metropolis 抽样算法（简称 M 法）

用 AP 算法调用当前解 S 和参数 T 的过程如下：

第一步：令 $k = 0$ 时的当前解为 $S(0) = S$，在 T 下进行以下各步。

第二步：按某一规定的方式根据当前解 $S(k)$ 所处的状态 S，产生一个近邻子集 $N\left(S(k)\right)$ $\subset S$，$N\left(S(k)\right) \neq \phi$（它可以包括 S，也可以不包括 S），由 $N\left(S(k)\right)$ 随机地得到一个新的状态 S' 作为下一个当前解的候选解，且计算：

$$\Delta C' = C(S') - C\left(S(k)\right)$$

第三步：若 $\Delta C' < 0$，则接受 S' 为下一个当前解，若 $\Delta C' > 0$，则按概率 $\exp(-\Delta C'/T)$ 接受 S' 为下一个当前解。若 S' 被接受，则令 $S(k+1) = S'$，否则，令 $S(k+1) = S(k)$。

第四步：$k = k + 1$，由某个给定的收敛准则检查算法是否应停止，是，转向第五步，否则转向第二步。

第五步：将当前解 $S(k)$ 返回调用它的 AP 算法。

8.2.2　模拟退火算法优化

从 Metropolis 算法的第二步、第三步可以看到在某给定温度下，当前解 $S(k)$ 随 k 增加的取值序列：

$$S(0),S(1),S(2),\cdots,S(i),\cdots,S(k) \tag{8-8}$$

既是最优解随时间 k 变化的更新程序，又是算法在状态集 S 中的搜索轨迹，反映了各步对搜索的控制过程。由于在第三步允许以 $\exp(-\Delta C'/T)$ 的概率接受变坏的状态作为解，序列 $C(S(k))$ 需面对 3 种可能情况：

$$C[S(k+1)] > C[S(k)]$$
$$C[S(k+1)] = C[S(k)]$$
$$C[S(k+1)] < C[S(k)]$$

只不过，前两种情况出现的概率较小而已。

在整个模拟退火过程中，算法在陷于局部极小值时有机会逃出，同样使当前解 $S(k)$ 可能要比序列中的某些中间状态更差。尽管理论上，若 T_0 充分高，T 下降足够慢，每个 T 下的 Metropolis算法抽样时间无限长，$T \to 0$ 的当前解将以概率 1 为最优，但实际中最后的当前解一般是近似的最优解，甚至比中间曾遇到过的解差。

同时由上述分析看到，在算法运行过程中，式（8-8）序列既对应搜索的控制过程，也对应于最优解随时间变化的更新序列，即两者混在一起了。实际上，不难在不改变控制过程和

式(8-8)轨迹序列的条件下,构造单调减的最优解更新序列 $SS(k)$,令:

$$SS(0) = S(0)$$

$$SS(k) = S(k) \quad \text{当} \; C\big(S(k)\big) < C\big(SS(k-1)\big) \tag{8-9}$$

$$SS(k) = SS(k-1) \qquad \text{其他}$$

这样做将带来以下好处:

(1)由于没有对原有控制过程和式(8-8)的控制轨迹序列修改,原模拟退火法可绕过局部最优解的突出优点仍被保留,且由式(8-9)可知,最后的最优解必定是搜索过程中所经历的所有状态中的最优解,因而可在不增加算法计算量的情况下,提高算法在各种情况下(包括退火参数取得不太合适时)达到最优的程序。

(2)在某个 T 下,若自某一个 i 起,有 $SS(i) = SS(i+1) = \cdots = SS(i+q)$ 成立,则表明算法连续搜索过的 q 个解都不比 $SS(i)$ 好,若 q 足够大,可以认为搜索下去没有什么意义。因此在算法中设有一阈值,当 $q > q_0$ 时,令 Metropolis 抽样在该 T 下停止,即可得到一个简单而且有效的检验 Metropolis 抽样过程是否停止的实现方案,在尽量保证最优性能的前提下,可以减少计算量。

(3)记在某一个 T_i 得到的 $SS(k)$ 为 $SS(T_i)$,若自某一个 i 起,有:

$$SS(T_i) = SS(T_{i+1}) = \cdots = SS(T_{i+p})$$

上式成立,则表明温度连续下降 p 次后对解的最优性没有改善,可以认为再降低温度搜索下去没有意义,故可通过设一个阈值 p_0,让 $p > p_0$ 时退火过程停止,可在尽量保持最优性的条件下进一步大大地减少计算量。

改进的模拟退火算法的具体实现如下:

(1)改进的退火过程实现算法(Improved Annealing Procedure,IAP)。

第一步:任选一初始状态 S_0,设初始最优解为 $S^* = S_0$,初始温度为 T_0,并令 $i = 0$ 和 $p = 0$。

第二步:令 $T = T_i$,以 T、S^* 和 $S(i)$ 调用的 Metropolis 抽样算法,返回其最后所得到的最优解 $S^{*\prime}$ 和当前状态 $S'(k)$,并令作为本算法的当前状态为 $S(i) = S'(k)$。

第三步:检查是否有 $C(S^*) < C(S^{*\prime})$,是,$p \leftarrow p + 1$,否则,令 $S^* = S^{*\prime}$ 和 $p = 0$。

第四步:按一定方式将 T 降温,即 $T = T_{i+1}$,$T_{i+1} < T_i$,$i = i + 1$。

第五步:检查是否 $p > p_0$(给定阈值),是,转向第六步,否则回到第二步。

第六步:以当前最优解 S^* 作为最优解输出,停止,结束。

(2)改进的 Metropolis 抽样算法(简称 IM 算法)。用 IAP 算法调用最优解 S^*,当前解 $S(i)$ 和参数 T 的过程如下:

第一步:令 $k = 0$ 时的初始当前状态为 $S'(0) = S(i)$,初始最优解 $S^{*\prime} = S^*$,并令 $p = 0$。

第二步:按某一规定的方式根据当前状态 $S'(k)$ 所处的状态 S,产生一个近邻子集 $N(S'(k)) \subset S$,$N(S'(k)) \neq \phi$(它可以包括 S,也可以不包括 S),由 $N(S'(k))$ 随机地得到一个新的状态 S' 作为下一当前状态的候选解,且计算:

$$\Delta C' = C(S') - C(S) \tag{8-10}$$

第三步:若 $\Delta C' < 0$,则接受 S' 为下一个当前状态,并检查是否有 $C(S^{*\prime}) > C(S')$,是,则令 $S^{*\prime} = S'$ 和 $q = 0$,否则,令 $q \leftarrow q + 1$。若 $\Delta C' > 0$,则按概率 $\exp\big[-\Delta C'/T\big]$ 接受 S' 为下一个当前状态,若 S' 被接受,则令 $S'(k+1) = S'$ 和 $q \leftarrow q + 1$,否则,令 $S'(k+1) = S'(k)$。

第四步：$k = k + 1$，然后检查是否 $q > q_0$（给定阈值）；是，转向第五步，否则，回到第二步。

第五步：将当前最优解 $S^{*'}$ 和当前状态 $S'(k)$ 返回调用它的 LAP 算法。

8.2.3　SA 算法的收敛

用于描述 SA 算法的一个有力工具就是马尔可夫链。由于组合优化问题的状态空间 S 是有限的，因此 SA 算法可用非平稳可数马尔可夫链描述。对于由此马尔可夫链形成的一个有向图 $G = (V, E)$ 来说，顶点集 $= S$，边集 $= \{ (i, j) \mid i \in S, j \in N_i \}$，为了描述产生函数（generate 函数），设 g_{ij} 为从状态为 i 时接受 j 为新的当前状态的概率。由 g_{ij} 和 a_{ij} 可得马尔可夫链的一步转移概率为

$$P_{ij}(T) = \begin{cases} g_{ij}(T) \cdot a_{ij} & j \in N_i, j \neq i \\ 0 & j \notin N_i, j \neq i \quad \forall i, j \in S \\ 1 - \sum_{k \in N_i} P_{ij}(T) & j \neq i \end{cases} \tag{8-11}$$

定理 8.2.1　在 SA 算法中，设 $\{ T_k \}_{k=0}^{\infty}$ 和 $\{ g_{ij}(T_k) \}_{k=0}^{\infty}$、$\{ a_{ij}(T_k) \}_{k=0}^{\infty}$ 满足下列条件：

$$T_0 > T_1 > T_2 > \cdots, \lim_{k \to \infty} T_k = 0 \tag{8-12}$$

$$T_k = \frac{d}{In \sum (k + 2)} \quad k = 0, 1, 2, \cdots d > 0 \text{ 为常数} \tag{8-13}$$

$$g_{ij}(T_k) = \begin{cases} \dfrac{W_{ij}}{W_i} & j \in N_i \\ 0 & j \notin N_i \end{cases} \quad \forall i, j \in S \tag{8-14}$$

其中，$W_i = \sum_{k \in N_i} W_{ik}$，$W_{ik}$ 与 T_k 有关。

$$a_{ij}(T_k) = \min \left\{ 1, \exp \left[-\frac{C_j - C_i}{T_k} \right] \right\} \tag{8-15}$$

则 SA 算法收敛到最佳解。也就是说，若记马尔可夫链在温度 T_k 时的概率向量为 $\bar{f}(T_k)$，则在式（8-11）~式（8-15）成立时有

$$\lim_{k \to \infty} \bar{f}(T_k) = \bar{q}^*$$

式中，$\bar{q}^* = (q_1^*, \cdots, q_{|S|}^*)$ 为最佳概率向量，且

$$q_i^* = \begin{cases} W_i & i \in S^* \\ 0 & i \notin S^* \end{cases} \quad \text{其中，} S^* = \{ i \mid i \in S, C_i \leqslant C_j \forall j \in S \}$$

定理 8.2.1 给出了 SA 算法收敛到全局最优解的一个充分条件（证明略）。

SA 算法是一种通用的随机搜索算法，它可用于解决众多的优化问题，并已广泛应用于其他领域，如 VLSI 设计、图像识别等。当待解决的问题复杂性较高且规模较大时，在对问题的领域知识甚少的情况下，采用 SA 算法最合适，因为 SA 算法不像其他确定型启发式算法那样，需要依赖于问题的领域知识来提高算法的性能。但从另一方面来说，如果已知有关待解问题的一些知识后，SA 算法却无法充分利用它们，这时 SA 算法的优点就成了缺点。

如何把传统的启发式搜索方法与 SA 随机搜索算法结合起来，这是一个有待研究的十分有意义的课题。

SA 算法由于具有跳出局部最优陷阱的能力,因此被 Ackley、Hinton 和 Sejnowski 用作 Boltzmann机学习算法,从而使 Boltzmann 机克服了 HNN 的缺点(即经常收敛到局部最优值)。在 Boltzmann 机中,即使系统落入了局部最优的陷阱,经过一段时间后,它还能重新再跳出来,使系统最终将往全局最优值的方向收敛。

SA 算法在求解规模较大的实际问题时,往往存在有收敛速度慢的缺点。为此,人们对 SA 算法提出了各种各样的改进,其中包括并行 SA 算法,快速 SA 算法和对 SA 算法中各个函数和参数的重新设计等。

8.2.4 模拟退火算法的简单应用

作为模拟退火算法应用,讨论货郎担问题(Travelling Salesman Problem, TSP)。设有 n 个城市;用数码 $1, \cdots, n$ 代表。城市 i 和城市 j 之间的距离为 $d(i,j)$; $i, j = 1, \cdots, n$。TSP 问题是要找遍访每个城市恰好一次的一条回路,且其路径总长度为最短。

求解 TSP 的模拟退火算法模型可描述如下:

解空间:解空间 S 是遍访每个城市恰好一次的所有回路,是 $\{1, \cdots, n\}$ 的所有循环排列的集合,S 中的成员记为 $(w_1, w_2, \cdots, w_n)$,并记 $w_{n+1} = w_1$。初始解可选为 $(1, \cdots, n)$

目标函数:此时的目标函数即为访问所有城市的路径总长度或称为代价函数。

我们要求此代价函数的最小值。

新解的产生。随机产生 1 和 n 之间的两相异数 k 和 m,若 $k < m$,则将

$$(w_1, w_2, \cdots, w_k, \ w_{k+1}, \cdots, w_m, \cdots, w_n)$$

变为

$$(w_1, w_2, \cdots, w_m, \ w_{m-1}, \cdots, w_{k+1}, \ w_k, \cdots, w_n)$$

如果是 $k > m$,则将

$$(w_1, \ w_2, \cdots, w_k, \ w_{k+1}, \cdots, w_m, \cdots, w_n)$$

变为

$$(w_m, w_{m-1}, \cdots, w_1, \ w_{m+1}, \cdots, w_{k-1}, w_n, \ w_{n-1}, \cdots, w_k)$$

上述变换方法可简单说成是"逆转中间或者逆转两端"。

也可以采用其他的变换方法,有些变换有独特的优越性,有时也将它们交替使用,得到一种更好方法。

代价函数差。设将 $(w_1, \ w_2, \cdots, w_n)$ 变换为 $(u_1, \ u_2, \cdots, u_n)$,则代价函数差为

根据上述分析,可写出用模拟退火算法求解 TSP 问题的伪程序:

```
Procedure TSPSA:
  Begin
    init - of - T; {T 为初始温度}
    S = {1,……,n}; {S 为初始值}
    termination = false;
    while termination = false
      begin
        for i =1 to L do
        begin
            generate(S' from S); {从当前回路 S 产生新回路 S'}
```

```
Δt: = f(S') - f(S);{f(S)为路径总长}
IF(Δt < 0) OR (exp(-Δt/T) > Random - of -[0,1])
S = S';
IF the - halt - condition - is - TRUE THEN
termination = true;
    End;
  T_lower;
  End;
End
```

模拟退火算法的应用很广泛,可以较高的效率求解最大值问题、0-1 背包问题、图着色问题、调度问题等。

8.2.5 模拟退火算法的参数控制问题

模拟退火算法的应用很广泛,可以求解 NP 完全问题,但其参数难以控制,其主要问题有以下三点:

(1)温度 T 的初始值设置问题

温度 T 的初始值设置是影响模拟退火算法全局搜索性能的重要因素之一。初始温度高,则搜索到全局最优解的可能性大,但因此要花费大量的计算时间;反之,则可节约计算时间,但全局搜索性能可能受到影响。实际应用过程中,初始温度一般需要依据实验结果进行若干次调整。

(2)退火速度问题

模拟退火算法的全局搜索性能也与退火速度密切相关。一般来说,同一温度下的"充分"搜索(退火)是相当必要的,但这需要计算时间。实际应用中,要针对具体问题的性质和特征设置合理的退火平衡条件。

(3)温度管理问题

温度管理问题也是模拟退火算法难以处理的问题之一。实际应用中,由于必须考虑计算复杂度的切实可行性等问题,常采用如下所示的降温方式:$T(t+1) = k \times T(t)$。式中 k 为正的略小于 1.00 的常数,t 为降温的次数。

8.2.6 Boltzmann 机

1. Boltzmann 机结构

Boltzmann 机由模拟退火算法与随机神经元结合的网络,其网络结构如图 8.3 所示。Boltzmann 机由输入部、输出部和中间部构成。输入部和输出部神经元通称作显见神经元,是网络与外部环境进行信息交换的媒介,中间的神经元称为隐见神经元,它们通过显见神经元与外界进行信息交换,但 Boltzmann 机网络没有明显的层次,其神经元是互联的,网络状态按照概率分布进行变化。

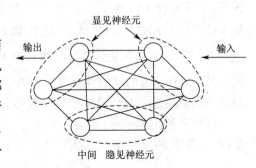

图 8.3 Boltzmann 机网络结构

与 Hopfield 神经网络一样,网络中每一队神经元之间的消息传递是双向对称的,即 $w_{ij} = w_{ji}$,

而且自身无反馈,即 $w_{ij}=0$。学习期间,显见神经元将被外部环境"约束"在某一特定的状态,而中间部隐见神经元则不受外部环境约束。

Boltzmann 机中每个神经元的兴奋或抑制具有随机性,其概率取决于神经元的输入。神经元的 i 的全部输入信号的总和为 u_i,由式(8-16)给出。式中 b_i 是该神经元的阀值,可以将 b_i 并归到总的加权和中去。

$$u_i = \sum_{j}^{n} w_{ij}v_j + b_i \text{ 或 } u_i = \sum_{j}^{n} w_{ij}v_j \tag{8-16}$$

神经元 i 的输出 v_i 依概率取 1 或 0:

v_i 取 1 的概率 $P(v_i = 1) = 1/(1 + e^{-u_i/T})$ $\tag{8-17}$

v_i 取 0 的概率 $P(v_i = 0) = 1 - P(v_i = 1) = e^{-u_i/T} \cdot P(v_i = 1)$ $\tag{8-18}$

显然,u_i 越大,则 v_i 取 1 的概率越大,而取 0 的概率越小。参数 T 称为"温度"。T 越高时,即使 u_i 有很大变动,也不会对 v_i 取 1 的概率变化造成很大的影响;反之,T 越低时,当 u_i 有稍许变动是就会使概率有很大差异。当 $T \rightarrow 0$ 时,每个神经元不再具有随机特性,而具有确定的特性,激励函数变为阶跃函数,这时 Boltzmann 机趋向于 Hopfield 神经网络。从这个意义上来说,Hopfield 神经网络是 Boltzmann 机的特例。

2. Boltzmann 机的工作原理

Boltzmann 机采用式(8-19)的能量函数作为描述其状态的函数。当网络温度 T 以某种方式逐渐下降到某一特定值时,系统必趋于稳定状态。将需要求解的优化问题的目标函数与网络的能量函数相对应,神经网络的稳定状态就对应优化目标的极小值。Boltzmann 机的运行过程就是逐步降低其能量函数的过程。

$$E = -\frac{1}{2} \sum_{i,j} w_{ij}v_i v_j \tag{8-19}$$

Boltzmann 机在运行时,假设每次只改变一个神经元的状态,如第 i 个神经元,设 v_i 取 0 和取 1 时系统的能量函数分别为 0 和 $-\sum_{j} W_{ij}V_j$,它们的差值为 ΔE_i:

$$\Delta E_i = E|_{v_i=0} - E|_{v_i=1} = \sum_{j} w_{ij}v_j \tag{8-20}$$

$\Delta E_i > 0$,即 $\sum_{j} w_{ij}v_j > 0$ 时,网络在 $v_i = 1$ 状态的能量小于 $v_i = 0$ 状态时的能量,在这种情况下,根据式(8-16)、式(8-17)和式(8-18),可知:$P(v_i = 1) > P(v_i = 0)$,即神经元 i 的状态取 1 的可能性比取 0 的可能性大,亦即网络状态取能量低的可能性大,反之,$\Delta E_i < 0$ 即 $\sum_{j} w_{ij}v_j < 0$ 时,$v_i = 0$ 状态时的能量小于 $v_i = 1$ 时的能量;同样 $P(v_i = 1) < P(v_i = 0)$,即神经元 i 取 0 状态的可能性比取 1 的可能性大,亦即网络状态取能量低的可能性大。因此,网络运行过程中总的趋势是向能量下降的方向运动,但也存在能量上升的可能性。

从概率的角度来看,如果 ΔE_i 越是一个大正数,v_i 取 1 的概率加大;如果 ΔE_i 越是一个小负数,v_i 取 0 的概率加大。对照式(8-16)~式(8-20)可得:

v_i 取 1 的概率 $P_i = 1/(1 + e^{-\Delta E_i/T})$ $\tag{8-21}$

每次调整一个神经元的状态,被调整的神经元取 1 还是 0,则根据其输入由式(5-23)决定。每次调整后,系统总能量下降的概率总是大于上升的概率,所以系统的总能量呈下降趋势。

假定 Boltzmann 机中有 v_1 和 v_2 两种状态:在 v_1 状态下神经元 i 的输出 $v_i = 1$,v_2 状态下神经元 i 的输出 $V_i = 0$,而所有其他神经元在这两种状态下的取值都是一致的,另外假设两种状态出现的概率分别是 P_{v_1} 和 P_{v_2}:

$$P_{v_1} = k \cdot P_i = k/(1 + e^{-\Delta E_i/T}) \text{ , } k \text{ 为常数}$$

$$P_{v_2} = k \cdot (1 - P_i) = k e^{-\Delta E_i/T}/(1 + e^{-\Delta E_i/T}) \text{ , } \Delta E_i = E_{v_2} - E_{v_1}$$

对于网络中任意两个状态 v_1 和 v_2 的出现概率 P_{v_1} 和 P_{v_2},它们之间的关系为

$$\frac{P_{v_1}}{P_{v_2}} = 1/e^{-\Delta E_i/T} = e^{-(E_{v_1} - E_{v_2})/T} \tag{8-22}$$

即符合 Boltzmann 分布。这也是这种网络模型之所以称为 Boltzmann 机的原因所在。

从式(8-22)可见 Boltzmann 机处于某一状态的概率取决于该网络在此状态下的能量。

$$E_{v_1} > E_{v_2} \Rightarrow e^{-(E_{v1} - E_{v2})/T} < 1 \Rightarrow p_{v_1} < p_{v_2}$$

$$E_{v_1} < E_{v_2} \Rightarrow e^{-(E_{v1} - E_{v2})/T} < 1 \Rightarrow p_{v_1} > p_{v_2} \tag{8-23}$$

式(8-23)说明能量低的状态出现的概率大,能量高的状态出现的概率小。

另一方面,Boltzmann 机处于某一状态的概率也取决于温度参数 T。

(1)T 很高时,各状态出现的概率差异大大减小,也就是说,网络停留在全局最小点的概率,并不比局部最小点的概率甚至非局部最小点高很多。

(2)T 很低时,情况正好相反,概率差距被加大,一旦网络陷于某个极小点之后,虽然还有可能跳出该极小点,但是所需的搜索次数将是非常多的,这一点保证网络状态一旦达到全局最小点,跳出的可能性小。

(3)$T \to 0$(Hopfield 神经网络)差距被无限扩展,跳出局部最小点的概率趋于无穷小。

Boltzmann 机的思路与 Hopfield 神经网络相类似,但 Boltzmann 机进行的是概率式的搜索,相比较它具有两个特点:一是低能量状态比高能量状态发生的概率大;二是随着温度 T 的降低,概率集中于一个低能量状态的子集。

3. Boltzmann 机的运行步骤

设一个 Boltzmann 机具有 n 个随机神经元(p 个显见神经元,q 个隐见神经元),第 i 个神经元与第 j 个神经元的连续权值为 w_{ij};$i,j = 1,2,\cdots,n$。T_0 为初始温度;$m = 1,2,\cdots,M$ 为迭代次数。Boltzmann 机的运行步骤为:

第一步:对网络进行初始化,设定初始温度 T_0、终止温度 T_{final} 和阈值,以及网络各神经元的连接权值 w_{ij}。

第二步:在温度 T_m 条件下(初始温度为 T_0)随机选取网络中的一个神经元 i,计算神经元 i 的输入信号总和 u_i:

$$u_i = \sum_{\substack{j=1 \\ i \neq j}}^{n} w_{ij} v_j + b_i$$

第三步:若 $u_i > 0$,即能量差 $E > 0$,取 $v_i = 1$ 为神经元 i 的下一状态值。若 $u_i < 0$,计算概率:

$$p_i = 1/(1 + e^{-u_i/T_m})$$

若 P_i 大于等于一事先给定的阈值 ξ,则取 $v_i = 1$ 为神经元 i 的下一个状态,否则保持神经元 i 的状态不变。在此过程中,网络中其他神经元的状态保持不变。

第四步:判断网络在温度 T_m 下是否达到稳定,若未达到稳定,则继续在网络中随机选取另一神经元 j,令 $j=i$,转至第二步重复计算,直至网络在 T_m 下达到稳定。若网络在 T_m 下已达到稳定则转至第四步计算。

第四步:以一定规律降低温度,使 $T_{m+1}<T_m$,判断 T_{m+1} 是否小于 T_{final},若 T_{m+1} 大于等于 T_{final},则 $T_m=T_{m+1}$,转至第二步重复计算;若 T_{m+1} 小于 T_{final},则运行结束。此时,在 T_m 下所求得的网络稳定状态,即为网络的输出。

对于上述的 Boltzmann 机的运行步骤需要注意以下几点:

(1)初始温度 T_0 的选择方法。初始温度 T_0 的选取方法主要有以下方法:随机选取网络中 k 个神经元,选取这 k 个神经元能量的方差作为 T_0;在初始网络中选取使 ΔE 最大的两个神经元,取 T_0 为 ΔE_{max} 的若干倍;按经验值给出 T_0 等。

(2)确定终止温度阈值 T_{final} 的方法。主要根据经验选取,若在连续若干温度下网络状态保持不变,也可以认为已达到终止温度。

(3)概率阈值 ξ 的确定方法。ξ 的选取方法主要有:在网络初始化时按照经验确定或在网络每次运行过程中选取一个 $[0,0.5]$ 均匀分布的随机数。

(4)网络权值 w_{ij} 的确定方法。在 Boltzmann 机运行之前先按照外界环境的概率分布设计好网络权值 w_{ij}。

(5)在每一温度下达到热平衡的条件。通常在每一个温度下,实验足够多的次数,直至网络状态在此温度下不再发生变化为止。

(6)降温的方法。通常采用指数的方法进行降温,即

$$T_{m+1}=\frac{T_0}{\log_2(m+1)}$$

为加快网络收敛速度,也可采用倍乘一个小于1的降温系数的方法进行快速降温。

前面所讨论的 Boltzmann 机的运行步骤涉及到网络权值 w_{ij} 的确定,下面讨论网络权值 w_{ij} 的确定,即 Boltzmann 机的学习规则。

4. Boltzmann 机的学习过程

Boltzmann 机的学习规则就是根据最大的似然规则,通过调整权值 w_{ij},最小化似然函数或其对数。

假设给定需要网络模拟其概率分布的样本集合 $\mathfrak{I}$,V_x 是样本集合中的一个状态向量,V_x 即可代表网络中显见神经元的一个状态,假设向量 V_y 表示网络中隐见神经元的一个可能状态,则 $V=[V_x\ V_y]$ 即可表示整个网络所处的状态。

由于网络学习的最终目的是模拟外界给定样本集合的概率分布,而 Boltzmann 机含有显见神经元和隐见神经元,因此 Boltzmann 机的学习过程包括以下两个阶段:

(1)主动阶段。网络在外界环境约束下进行,即由样本集合中的状态向量 V_x 控制显见神经元的状态。定义神经元 i 和 j 的状态在主动阶段的平均关联为

$$p_{ij}^+=<v_iv_j>^+=\sum_{v_x\in\mathfrak{I}}\sum_{v_y}P(V_y\mid V_x)v_iv_j$$

其中,概率 $P(V_y|V_x)$ 表示网络的显见神经元约束在 V_x 下隐见神经元处于 V_y 的条件概率,它与网络在主动阶段的运行过程有关。

(2)被动阶段。网络不受外界环境约束,显见神经元和隐见神经元自由运行,不受约束。定义神经元 i 和 j 的状态在被动阶段的平均关联为

$$p_{ij}^- = <v_i v_j>^- = \sum_{v_x \in \mathfrak{J}} \sum_v P(V) v_i v_j$$

$P(V)$ 为网络处于 V 状态时的概率，v_i 和 v_j 分别是神经元 i 和 j 的输出状态。由于网络在自由运行阶段服从 Boltzmann 分布，因此

$$P(V) = \frac{e^{-E(V)/T}}{\sum_v e^{-E(V)/T}}$$

$E(V)$ 为网络处于 V 状态时的能量。

为了最小化似然函数或其对数，网络的权值 w_{ij} 需遵循下面的调整规则：

$$w_{ij}(t+1) = w_{ij}(t) + \Delta w_{ij} = w_{ij}(t) + \frac{\eta}{T}(p_{ij}^+ - p_{ij}^-) \tag{8-24}$$

式中，$w_{ij}(t)$ 为在第 t 步时神经元 i,j 之间的连接权值；η 为学习速率；T 为网络温度。网络在学习过程中，将样本集合 $\mathfrak{J}$ 的所有样本状态 V_x 送入网络运行，在主动阶段达到热平衡状态时，统计出 p_{ij}^+；从被动阶段运行的热平衡状态中统计出 p_{ij}^-；在温度 T 下根据式（8-24）对网络权值进行调整，如此反复，直至网络的状态能够模拟样本集合的概率分布为止。这就是 Boltzmann 机学习的整个过程。

通过前面对 Boltzmann 机的结构、运行规则及学习算法的讨论，可见 Boltzmann 机具有以下优点：

①通过训练，神经元体现了与周围环境相匹配的概率分布。

②网络提供了一种可用于寻找、表示和训练的普遍方法。

③若保证学习过程中的温度降低的足够慢，根据状态的演化，可以使网络状态的能量达到全局的最小点。

另外，从学习的角度观察，上面的权值调整规则具有两层相反的含义。首先，在主动阶段（外界环境的约束下），这种学习规则本质上就是 Hebb 学习规则，其次，在被动阶段（自由运行阶段下），网络并没有学习到外界的概率分布或会遗忘外界的概率分布。

使用被动阶段的主要原因在于：由于能量空间最速下降的方向和概率空间最速下降的方向不同，因此，需要运行被动阶段来消除两者之间的不同。

8.3　遗传算法

遗传算法是受生物进化学说和遗传学说的启发而发展起来的。地球上的生物，都是经过长期进化而形成的。解释生物进化的学说，主要是达尔文的自然选择学说，该学说的主要内容为：

（1）不断繁殖。地球上的生物具有很强的繁殖能力，能产生许多后代。

（2）生存竞争。生物的不断繁殖使后代的数目大量增加，而在自然界中生物赖以生存的资源是有限的。因此，为了生存，生物就需要竞争。

（3）适者生存。生物在生存竞争中，根据对环境的适应能力，适者生存，不适者消亡，这是自然选择的结果。

（4）遗传和变异。生物在繁殖过程中，通过遗传，使物种保持相似。与此同时，由于变异，物种会产生差别，甚至形成新物种。

生物上下代之间传递遗传信息的物质,称作遗传物质。绝大多数生物的遗传物质是DNA。由于细胞里的DNA大部分在染色体上,因此,遗传物质的主要载体是染色体。

基因是控制生物遗传的物质单元,它是有遗传效应的DNA片段。每个基因含有成百上千个脱氧核苷酸。它们在染色体上呈线性排列,这种排列顺序就代表遗传信息。

遗传的基本规律有二:分离规律和自由组合规律。分离规律是关于一对性状的遗传规律。该规律说明,具有一对相对性状的两个亲本个体,它们杂交后的第一代配子F,只表现出其中一个亲本个体的性状,这种性状称显性性状。反之,没有表现出来的亲本个体的性状称隐性性状。自由组合规律是关于两对或两对以上性状的遗传规律。

生物在遗传过程中会发生变异。变异有三种来源:基因重组、基因突变和染色体变异。

基因重组是控制不同性状的基因的重新组合,遵循基因的自由组合规律。

基因突变是指基因分子结构的改变,包括DNA碱基对的增添、缺失或改变。

染色体变异是指染色体在结构上或数目上的变化,其中,数目的变化对新物种的产生起着很大的作用。

遗传算法,就是借用生物进化的规律,通过繁殖、遗传、变异、竞争,实现优胜劣汰,一步一步地逼近问题的最优解。因此,它们又被称为进化计算(Evolutionary Computation)。

8.3.1 遗传算法描述

1. 遗传算法基本特征

为了说明遗传算法的实质,本节先介绍个简单的例子。

如经营决策问题。假设某快餐店下设四个门市部,其经营方式可以有下述几个方案:

价格:每份快餐售价5元或1元。

饮料:出售酒或可乐。

服务方式:由侍者服务或自助形式。

试问应以何种价格、何种饮料及何种服务方式进行经营最佳?

为了解决这个经营决策问题,可以采用遗传算法做试验,其过程如下:

①编码。我们用三位数表示经营策略。左数第三位数表示服务方式,其中0表示侍者服务,1表示自助形式。第二位数代表饮料种类:0表示出售酒,1表示出售可乐。第一位数表示价格:0表示10元/份,1表示5元/份。

采用随机产生的方法,得出第一组经营试验的方案为011、001、110及010,具体含义见表8.1。

表8.1 经营策略第一次试验具体含义

编号	价格(元·份$^{-1}$)	饮料	服务方式	编码
1	10	可乐	自助	011
2	10	酒	自助	001
3	5	可乐	侍者	110
4	10	可乐	侍者	010

②确定适应度。上述四种经营策略,分别在四个门市部执行。一周后,得出各门市部的盈利值,也就是适应度,如表8.2第3列所示,其中以3号策略110盈利最高,2号策略001盈利最低。

③选择。由于 3 号策略 110 效果最佳,宜推广应用。相反,2 号策略 001 效果最差,停止使用。于是,新的经营策略经复制后如表 8.2 第 5 列所示,相应的适应度(盈利)示于第 6 列。经过选择操作,总盈利值由 12 升至 17,这主要是由于推广优良策略,取消劣等策略的原因。

表 8.2　经营策略实验结果

编号	初始策略			选择后		交叉后			
	x_i	$f(x_i)$	$f(x_i)/\sum f(x_i)$	x_i	$f(x_i)$	交换对象	交换位置	x_i	$f(x_i)$
1	2	3	4	5	6	7	8	9	10
1	011	3	0.25	0.11	3	2 号	2	010	2
2	001	1	0.08	110	6	1 号	2	111	7
3	110	6	0.50	110	6			110	6
4	010	2	0.17	010	2			010	2
$\sum f(x_i)$	12				17				17
平均 $\bar{f}$	3				4.25				4.25
最大值	6				6				7
最小值	1				2				2

④交换。为了寻求更好的新策略,采用交换的方法。利用随机产生的方法,确定 1 号、2号策略进行交换,而且交换位置从左数第二位开始。这样,就得出新策略 111,为表 8.2 第 9列的 2 号策略,而 1 号策略变为 010,等同于原来的 4 号策略。将交换后得出的新策略在四个门市部执行,其盈利值示于表 8.2 最后一列,其中 2 号新策略 111 的效益最佳。

⑤突变。也可以采用突变的方法产生新策略,按某一事先给定概率,随机地选择某一个体的某一位数进行变化,然后再进行经营试验确定盈利值。由于突变概率很小,表 8.2 中没有列出。

反复执行②～⑤,利用复制、交换、突变三种操作不断更换经营策略,然后进行经营试验,得出盈利大小,再用优胜劣汰的原则取舍,最终可以找出最佳的经营策略。

从以上简单例子可以看出,遗传算法仿照生物进化和遗传的规律,利用选择、交叉、变异等操作,使优胜者繁殖,劣败者消失,一代一代地重复同样的操作,最终找出最优解。

从数学角度看,遗传算法实质上是一种搜索寻优技术。它从某一初始群体出发,遵照一定的操作规则,不断迭代计算,逐步逼近最优解。

2. 基本遗传算法描述

基于对自然界中生物遗传与进化机理的模仿,很多学者设计了许多不同的编码方法来表示问题的可行解,开发出了许多种不同的遗传算子来模仿不同环境的生物遗传特性,这些遗传算法都有共同的特点,即通过对生物遗传和进化过程中选择、交叉、变异机理的模仿,来完成对问题最优解的自适应搜索过程。基于这个共同特点,Goldberg 总结出一种统一的最基本的遗传算法(Simple Genetic Algorithms,SGA)。基本遗传算法只使用选择算子、交叉算子和变异算子这 3 种基本遗传算子,其遗传进化操作过程简单,容易理解,是其他一些遗传算法的雏形和基础。基本遗传算法的构成要素介绍如下:

(1)染色体编码方法。基本遗传算法使用固定长度的二进制符号串来表示群体中的个体,其等位基因是由二值符号集{0,1}所组成的。初始群体中各个个体的基因值可用均匀分布的随机数来生成。如：

$$X = 100\ 111\ 001\ 000\ 101\ 101$$

就可表示一个个体，该个体的染色体长度是 $n = 18$。

（2）个体适应度评价。基本遗传算法按与个体适应度成正比的概率来决定当前群体中每个个体遗传到下一代群体中的机会多少。为正确计算这个概率，这里要求所有个体的适应度必须为正数或零。这样，根据不同种类的问题，必须预先确定好由目标函数值到个体适应度之间的转换规则，特别是要预先确定好当目标函数值为负数时的处理方法。

（3）遗传算子。基本遗传算法使用下述 3 种遗传算子：

①选择运算使用比例选择算子。

②交叉运算使用单点交叉算子。

③变异运算使用基本位变异算子或均匀变异算子。

（4）基本遗传算法的运行参数。基本遗传算法有下述 4 个运行参数需要提前设定：

① M：群体大小，即群体中所含个体的数量，一般取为 20 ~ 100。

② T：遗传运算的终止进化代数，一般取为 100 ~ 5 000。

③ p_c：交叉概率，一般取为 0.4 ~ 0.99。

④ p_m：变异概率，一般取为 0.000 1 ~ 0.1。

需要说明的是，这 4 个运行参数对遗传算法的求解结果和求解效率都有一定的影响，但目前尚无合理选择它们的理论依据。在遗传算法的实际应用中，往往需要经过多次试算后才能确定出这些参数合理的取值大小或取值范围。下面我们给出基本遗传算法的伪代码描述。

基本遗传算法可定义为一个 8 元组：

$$SGA = (C, E, P_0, M, \Phi, \Gamma, \Psi, T) \tag{8-25}$$

式中　　C——个体的编码方法；

　　　　E——个体适应度评价函数；

　　　　P_0——初始群体；

　　　　M——群体大小；

　　　　Φ——选择算子；

　　　　Γ——交叉算子；

　　　　Ψ——变异算子；

　　　　T——遗传运算终止条件。

```
Procedure SGA
begin
    initialize P(0);
    i = 0;
    while (t ≤ T ) do
        for i = 0 to M do
            Evaluate fitness ofP(t);
        end for
        for i = 1 to M do
            Select operation toP(t);
```

```
        end for
        for i =1 to M/2 do
                Crossover operation to P(t);
        end for
        for i =1 to M do
                Mutation operation to P(t);
        end for
        for i =1 to M do
                P(t +1) = P(t)
        end for
        t = t +1;
    end while
end
```

3. 基本遗传算法步骤

遗传算法提供一种求解复杂系统优化问题的通用框架,它不依赖于问题的领域和种类。对一个需要进行优化计算的实际应用问题,一般可按下述步骤来构造求解该问题的遗传算法:

第一步:确定决策变量及其各种约束条件。

第二步:建立优化模型,即确定出目标函数的类型(是求目标函数的最大值,还是求目标函数的最小值)及其数学描述形式或量化方法。

第三步:确定表示可行解的染色体编码方法。

第四步:确定解码方法,即确定出由个体基因型 X 到个体表现型 X 的对应关系或转换方法。

第五步:确定个体适应度的量化评价方法。

第六步:设计遗传算子,即确定出选择运算、交叉运算、变异运算等遗传算子的具体操作方法。

第七步:确定遗传算法的有关运行参数,即确定出遗传算法的 M、T、p_c、p_m 等参数。

由上述构造步骤可以看出,可行解的编码方法、遗传算子的设计是构造遗传算法时需要考虑的两个主要问题,也是设计遗传算法时的两个关键步骤。对不同的优化问题需要使用不同的编码方法和不同操作的遗传算子,它们与所求解的具体问题密切相关,因而对所求解问题的理解程度是遗传算法应用成功与否的关键。

8.3.2 遗传算法的基本实现技术

1. 编码方法

在遗传算法中,能把一个问题的可行解从其解空间转换到遗传算法所能处理的搜索空间的转换方法,就称为编码。

编码是应用遗传算法时要解决的首要问题,也是设计遗传算法时的一个关键步骤。编码方法除了决定了个体的染色体排列形式外,还决定了个体从搜索空间的基因型变换到解空间的表现型时的解码方法,编码方法也影响到交叉算子、变异算子等遗传算子的运算方法。由此可见,编码方法在很大程度上决定了如何进行群体的遗传进化运算及遗传进化运算的效率。

针对一个具体应用问题,如何设计一种完美的编码方案,一直是遗传算法的应用难点之一,也是遗传算法的一个重要研究方向。可以说,目前还没有一套既严密又完整的指导理论及评价准则能够帮助我们设计编码方案。作为参考,De Jong 曾提出了两条操作性较强的实用编

码原则(又称为编码规则):

编码原则一(有意义积木块编码原则):应使用能易于产生与所求问题相关的且具有低阶、短定义长度模式的编码方案。

编码原则二(最小字符集编码原则):应使用能使问题得到自然表示或描述的具有最小编码字符集的编码方案。

第一个编码原则中,模式是指具有某些基因相似性的个体的集合,而具有短定义长度、低阶且适应度较高的模式称为构造优良个体的积木块或基因块,这点后面再详细叙述。这里可以把该编码原则理解成应使用易于生成适应度较高的个体的编码方案。

第二个编码原则说明了我们为何偏爱于使用二进制编码方法的原因,因为它满足这条编码原则的思想要求。事实上,理论分析表明,与其他编码字符集相比,二进制编码方案能包含最大的模式数,从而使得遗传算法在确定规模的群体中能够处理最多的模式。

需要说明的是,上述 *De Jong* 编码原则仅仅是给出了设计编码方案时的一个指导性大纲,它并不适合于所有的问题。所以对于实际应用问题,仍必须对编码方法、交叉运算方法、变异运算方法、解码方法等统一考虑,以寻求到一种对问题的描述最为方便、遗传运算效率最高的编码方案。

由于遗传算法应用的广泛性,迄今为止人们已经提出了许多种不同的编码方法。总的来说,这些编码方法可以分为三大类:二进制编码方法、浮点数编码方法、符号编码方法。下面我们从具体实现的角度出发介绍其中的几种主要编码方法。

(1)二进制编码方法

二进制编码方法是遗传算法中最常用的一种编码方法,它使用的编码符号集是由二进制符号 0 和 1 所组成的二值符号集 $\{0,1\}$,它所构成的个体基因型是一个二进制编码符号串。二进制编码符号串的长度与问题所要求的求解精度有关。假设某一参数的取值范围是 $[U_{\min},$ $U_{\max}]$,我们用长度为 l 的二进制编码符号串来表示该参数,则它总共能够产生 2^l 种不同的编码,若使参数编码时的对应关系如一下:

$$00000000\cdots00000000 = 0 \qquad \rightarrow U_{\min}$$
$$00000000\cdots00000001 = 1 \qquad \rightarrow U_{\min} + \delta$$
$$\vdots \qquad \vdots \qquad \vdots \qquad\qquad \vdots$$
$$11111111\cdots11111111 = 2^l - 1 \qquad \rightarrow U_{\max}$$

则二进制编码的编码精度为

$$\delta = \frac{U_{\max} - U_{\min}}{2^l - 1}$$

假设某一个个体的编码为

$$X : b_l b_{l-1} b_{l-2} \cdots b_2 b_1$$

则对应的解码公式为

$$x = U_{\min} + \left(\sum_{i}^{l} b_i \cdot 2^{i-1} \right) \cdot \frac{U_{\max} - U_{\min}}{2^l - 1}$$

例如,对于 $x \in [0, 1\,023]$,若用 10 位长的二进制编码来表示该参数的话,则下述符号串: $X : 0010101111$ 就可表示一个个体,它所对应的参数值是 $x = 175$。此时的编码精度为 $\delta = 1$。

二进制编码方法有下述一些优点:

①编码、解码操作简单易行。

②交叉、变异等遗传操作便于实现。

③符合最小字符集编码原则。

④便于利用模式定理对算法进行理论分析。

（2）格雷码编码方法

二进制编码不便于反映所求问题的结构特征，对于一些连续函数的优化问题等，也由于遗传运算的随机特性而使得其局部搜索能力较差。为改进这个特性，人们提出用格雷码（$Gray$ $Code$）来对个体进行编码。

格雷码是这样的一种编码方法，其连续的两个整数所对应的编码值之间仅仅只有一个码位是不相同的，其余码位都完全相同。例如十进制数（0～15之间）的二进制码和相应的格雷码见表8.3。

假设有一个二进制编码为 $B = b_m b_{m-1} \cdots b_2 b_1$，其对应的格雷码为 $G = g_m g_{m-1} \cdots g_2 g_1$。由二进制到格雷码的转换公式为

$$\begin{cases} g_m = b_m \\ g_i = b_{i+1} \oplus b_i \quad i = m-1, m-2, \cdots, 1 \end{cases}$$

由格雷码到二进制码的转换公式为

$$\begin{cases} b_m = g_m \\ b_i = b_{i+1} \oplus g_i \quad i = m-1, m-2, \cdots, 1 \end{cases}$$

上面两种转换公式中，"$\oplus$"表示异或运算符。

格雷码有这样一个特点：任意两个整数的差是这两个整数所对应的格雷码之间的海明距离（$Hamming\ Distance$）。这个特点是遗传算法中使用格雷码来进行个体编码的主要原因。

遗传算法的局部搜索能力不强，引起这个问题的主要原因是，新一代群体的产生主要是依靠上一代群体之间的随机交叉重组来完成的，所以即使已经搜索到最优解附近，而想要达到这个最优解，却要费一番功夫，甚至需要花费较大的代价。对于用二进制编码方法表示的个体，变异操作有时虽然只是一个基因座的差异（个体基因型 X 的微小差异），而对应的参数值却相差较大（个体表现型 X 相差较大）。但是，若使用格雷码来对个体进行编码，则编码串之间的一位差异，对应的参数值也只是微小的差别。这样就相当于增强了遗传算法的局部搜索能力，便于对连续函数进行局部空间搜索。

表8.3　十进制数的二进制码和相应的格雷码

十进制数	二进制码	格雷码	十进制数	二进制码	格雷码
0	0000	0000	8	1000	1100
1	0001	0001	9	1001	1101
2	0010	0011	10	1010	1111
3	0011	0010	11	1011	1110
4	0100	0110	12	1100	1010
5	0101	0111	13	1101	1011
6	0110	0101	14	1110	1001
7	0111	0100	15	1111	1000

例如,对于区间[0,1 023]中两个邻近的整数 $x_1 = 175$ 和 $x_2 = 176$,若使用长度为 10 位的二进制编码,它们可分别表示为

$$X_1:0\ 0\ 1\ 0\ 1\ 0\ 1\ 1\ 1\ 1$$
$$X_2:0\ 0\ 1\ 0\ 1\ 1\ 0\ 0\ 0\ 0$$

而使用同样长度的格雷码,它们可分别表示为

$$X_1:0\ 0\ 1\ 1\ 1\ 1\ 1\ 0\ 0\ 0$$
$$X_2:0\ 0\ 1\ 1\ 1\ 1\ 0\ 1\ 0\ 0\ 0$$

显然,使用格雷码时,两个编码串之间只有一位编码值不同,而使用二进制编码时,两个编码串之间却相差较大。

格雷码编码方法是二进制编码方法的一种变形,其编码精度与相同长度的二进制编码的精度相同。格雷码编码方法的主要优点是:

① 便于提高遗传算法的局部搜索能力。

② 交叉、变异等遗传操作便于实现。

③ 符合最小字符集编码原则。

④ 便于利用模式定理对算法进行理论分析。

(3)浮点数编码方法

对于一些多维、高精度要求的连续函数优化问题,使用二进制编码来表示个体时将会有一些不利之处。

首先,二进制编码存在着连续函数离散化时的映射误差。个体编码串的长度较短时,可能达不到精度要求;而个体编码串的长度较长时,虽然能提高编码精度,但却会使遗传算法的搜索空间急剧扩大。

其次,二进制编码不便于反映所求问题的特定知识,这样也就不便于开发针对问题专门知识的遗传运算算子,人们在一些经典优化算法的研究中所总结出的一些宝贵经验也就无法在这里加以利用,也不便于处理非平凡约束条件。

为改进二进制编码方法的这些缺点,人们提出了个体的浮点数编码方法。所谓浮点数编码方法,是指个体的每个基因值用某一范围内的一个浮点数来表示,个体的编码长度等于其决策变量的个数。因为这种编码方法使用的是决策变量的真实值,所以浮点数编码方法也叫做真值编码方法。

例如,若某一个优化问题含有 5 个变量 $x_i(i = 1,2,\cdots,5)$,每个变量都有其对应的上下限 $[U_{\min}^i, U_{\max}^i]$,则 X:| 5.80 | 6.90 | 3.50 | 3.80 | 5.00 | 就表示一个体的基因型,其对应的表现型是 $x = [5.80,6.90,3.50,3.80,5.00]^{\mathrm{T}}$。

在浮点数编码方法中,必须保证基因值在给定的区间限制范围内,遗传算法中所使用的交叉、变异等遗传算子也必须保证其运算结果所产生的新个体的基因值也在这个区间限制范围内。再者,当用多个字节来表示一个基因值时,交叉运算必须在两个基因的分界字节处进行,而不能在某个基因的中间字节分隔处进行。浮点数编码方法有下面几个优点:

①适合于在遗传算法中表示范围较大的数。

②适合于精度要求较高的遗传算法。

③便于较大空间的遗传搜索。

④改善了遗传算法的计算复杂性,提高了运算效率。

⑤便于遗传算法与经典优化方法的混合使用。

⑥便于设计针对问题的专门知识的知识型遗传算子。

⑦便于处理复杂的决策变量约束条件。

（4）符号编码方法

符号编码方法是指个体染色体编码串中的基因值取自一个无数值含义，而只有代码含义的符号集。这个符号集可以是一个字母表，如 $\{A, B, C, D, \cdots\}$，也可以是一个数字序号表，如 $\{1,2,3,4,5,\cdots\}$，还可以是一个代码表，如 $\{A_1,A_2,A_3,A_4,\cdots\}$，等等。

例如，对于旅行商问题，假设有 n 个城市分别记为 $C_1,C_2,\cdots,C_n$，将各个城市的代号按其被访问的顺序连接在一起，就可构成一个表示旅行路线的个体。如

$$X:[C_1,C_2,\cdots,C_n]$$

就表示顺序访问城市 $C_1,C_2,\cdots,C_n$。若将各个城市按其代号的下标进行编号，则这个个体也可表示为

$$X:[1,2,\cdots,n]$$

符号编码的主要优点是：

① 符合有意义积木块编码原则。

② 便于在遗传算法中利用所求解问题的专门知识。

③ 便于遗传算法与相关近似算法之间的混合使用。

对于使用符号编码方法的遗传算法，一般需要认真设计交叉、变异等遗传运算的操作方法，以满足问题的各种约束要求，这样才能提高算法的搜索性能。

（5）其他编码方法

多参数级联编码方法。各个参数分别以某种编码方法进行编码，然后再将它们的编码按一定顺序联接在一起，就组成了表示全部参数的个体编码，这种编码方法称为多参数级联编码方法。在进行多参数级联编码时，每个参数的编码方式可以是二进制编码、格雷码、浮点数编码或符号编码等编码方式中的一种，每个参数可以具有不同的上下界，也可以有不同的编码长度或编码精度。

多参数交叉编码方法。将各个参数中起主要作用的码位集中在一起，这样它们就不易于被遗传算子破坏掉。在进行多参数交叉编码时，可先对各个参数进行分组编码（假设共有 n 个参数，每个参数都用长度为 m 的二进制编码串来表示）；然后取各个参数编码串中的最高位联接在一起，以它们作为个体编码串的前 n 位编码，再取各个参数编码串中的次高位联接在一起，以它们作为个体编码串的第二组 n 位编码，如此继续，取各个参数编码串中的最后一位联接在一起，以它们作为个体编码串的最后 n 位。这样所组成的长度为 $m \times n$ 位的编码串就是多参数的一个交叉编码串。

2. 适应度函数

遗传算法中使用适应度来度量群体中各个个体在优化计算中有可能达到或接近或有助于找到最优解的优良程度。度量个体适应度的函数称为适应度函数（Fitness Function）。

（1）目标函数与适应度函数

遗传算法的一个特点是，它仅使用所求问题的目标函数值就可得到下一步的有关搜索信息。而对目标函数值的使用是通过评价个体的适应度来体现的。评价个体适应度的一般过程是：

①对个体编码串进行解码处理后,可得到个体的表现型。

②由个体的表现型可计算出对应个体的目标函数值。

③根据最优化问题的类型,由目标函数值按一定的转换规则求出个体的适应度。

最优化问题可分为两大类,一类为求目标函数的全局最大值;另一类为求目标函数的全局最小值。对于这两类优化问题,前面已经介绍过由解空间中某一点的目标函数值 $f(x)$ 到搜索空间中对应个体的适应度函数值 $F(X)$ 的转换方法。针对这两类分别使用了下面两个公式来转换:

$$F(X) = \begin{cases} f(X) + C_{\min} & \text{若} \quad f(X) + C_{\min} > 0 \\ 0 & \text{若} \quad f(X) + C_{\min} \leq 0 \end{cases} \quad (8\text{-}26)$$

$$F(X) = \begin{cases} C_{\max} - f(X) & \text{若} \quad f(X) < C_{\max} \\ 0 & \text{若} \quad f(X) \geq C_{\max} \end{cases} \quad (8\text{-}27)$$

遗传算法中,群体的进化过程就是以群体中各个个体的适应度为依据,通过一个反复迭代过程,不断地寻求出适应度较大的个体,最终得到问题的最优解或近似最优解。

(2)适应度尺度变换

在遗传算法中,各个个体被遗传到下一代群体中的概率是由该个体的适应度来确定的。应用实践表明,仅使用式(8-26)或式(8-27)来计算个体适应度时,有些遗传算法会收敛得很快,也有些遗传算法会收敛得很慢。由此可见,如何确定适应度对遗传算法的性能有较大的影响。

例如,在遗传算法运行的初期阶段,群体中可能会有少数几个个体的适应度相对其他个体来说非常高。若按照常用的比例选择算子来确定个体的遗传数量时,则这几个相对较好的个体将在下一代群体中占有很高的比例,在极端情况下或当群体规模较小时,新的群体甚至完全由这样的少数几个个体所组成。这时产生新个体作用较大的交叉算子就起不了什么作用,因为相同的两个个体不论在何处进行交叉操作都永远不会产生出新的个体,如下所示:

$$\begin{array}{ll} A:10101010\,\vdots\,10 & \xrightarrow{\text{单点交叉}} & A':10101010\,\vdots\,10 \\ B:10101010\,\vdots\,10 & & B':10101010\,\vdots\,10 \end{array}$$

交叉点

这样,就会使群体的多样性降低,容易导致遗传算法发生早熟现象(或称早期收敛),使遗传算法所求到的解停留在某一局部最优点上。为了克服这种现象,我们希望在遗传算法运行的初期阶段,算法能够对一些适应度较高的个体进行控制,降低其适应度与其他个体适应度之间的差异程度,从而限制其复制数量,以维护群体的多样性。

又比如,在遗传算法运行的后期阶段,群体中所有个体的平均适应度可能会接近于群体中最佳个体的适应度。也就是说,大部分个体的适应度和最佳个体的适应度差异不大,它们之间无竞争力,都会有以相接近的概率被遗传到下一代的可能性,从而使得进化过程无竞争性可言,只是一种随机的选择过程。这将导致无法对某些重点区域进行重点搜索,从而影响遗传算法的运行效率。为了克服这种现象,我们希望在遗传算法运行的后期阶段,算法能够对个体的适应度进行适当的放大,扩大最佳个体适应度与其他个体适应度之间的差异程度,以提高个体之间的竞争性。由此看来,有时在遗传算法运行的不同阶段,还需要对个体的适应度进行适当的扩大或缩小。这种对个体适应度所做的扩大或缩小变换就称为适应度尺度变换(Fitness Scaling)。

目前,常用的个体适应度尺度变换方法主要有 3 种:线性尺度变换、乘幂尺度变换和指数尺度变换。

①线性尺度变换。线性尺度变换的公式如下:

$$F' = aF + b$$

式中　F——原适应度。

　　　F'——尺度变换后的新适应度。

　a 和 b——系数。

线性尺度变换的正常情况如图 8.4 所示。由该图可见,系数 a 和 b 直接影响到这个尺度变换的大小,所以对其选取有一定的要求,一般希望它们满足下面两个条件:

条件一:尺度变换后全部个体的新适应度的平均值 F'_{avg} 要等于其原适应度平均值 F_{avg},即

$$F'_{avg} = F_{avg}$$

这条要求是为了保证群体中适应度接近于平均适应度的个体能够有期待的数量被遗传到下一代群体中。

条件二:尺度变换后群体中新的最大适应度 F'_{max} 要等于其原平均适应度 F_{avg} 的指定倍数,即

$$F'_{max} = C \cdot F_{avg}$$

式中,C 为最佳个体的期望复制数量,对于群体规模大小为 50 ~ 100 个个体的情况,一般取 $C = 1.2 \sim 2$。这条要求是为了保证群体中最好的个体能够期望复制 C 倍到新一代群体中。

使用线性尺度变换时,群体中少数几个优良个体的适应度按比例缩小,同时几个较差个体的适应度也按比例扩大。但在搜索过程的后期阶段,随着个体适应度从总体上的不断改进,群体中个体的最大适应度和全部个体的平均适应度较接近,而少数几个较差的个体的适应度却远远低于最大适应度,这时若想维持 F'_{max} 和 F_{avg} 的指定倍数关系,将有可能会使较差个体的适应度变换为负值。这将会给后面的处理过程带来不便,必须避免这种情况的发生。解决这个问题的方法是,把原最小适应度 F_{min} 映射为 $F'_{min} = 0$,并且保待原平均适应度 F_{avg} 与新的平均适应度 F'_{avg} 相等。线性尺度变换的异常情况如图 8.5 所示。

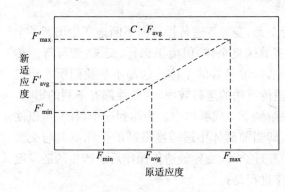

图 8.4　线性尺度变换的正常情况

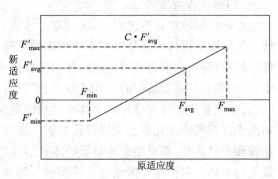

图 8.5　线性尺度变换的异常情况

②乘幂尺度变换。乘幂尺度变换的公式为

$$F' = F^k$$

即新的适应度是原有适应度的某个指定乘幂。幂指数 k 与所求解的问题有关,并且在算法的执行过程中需要不断对其进行修正,才能使尺度变换满足一定的伸缩要求。

③指数尺度变换。指数尺度变换的公式为

$$F' = \exp(-\beta F)$$

即新的适应度是原有适应度的某个指数。式中系数 β 决定了选择的强制性，β 越小，原有适应度较高的个体的新适应度就越与其他个体的新适应度相差较大，亦即越增加了选择该个体的强制性。

3. 选择算子

遗传算法使用选择算子来对群体中的个体进行优胜劣汰操作。适应度较高的个体被遗传到下一代群体中的概率较大；适应度较低的个体被遗传到下一代群体中的概率较小。遗传算法中的选择操作就是用来确定如何从父代群体中按某种方法选取哪些个体遗传到下一代群体中的一种遗传运算。

选择操作建立在对个体的适应度进行评价的基础之上，其主要目的是为了避免基因缺失、提高全局收敛性和计算效率。

最常用的选择算子是基本遗传算法中的比例选择算子。但对于各种不同的问题，比例选择算子并不是最合适的一种选择算子，所以人们提出了其他一些选择算子。下面介绍几种常用选择算子的操作方法。

(1) 比例选择

比例选择方法 (Proportional Model) 是一种回放式随机采样的方法，其基本思想是：各个个体被选中的概率与其适应度大小成正比。由于是随机操作的原因，这种选择方法的选择误差比较大，有时甚至连适应度较高的个体也选择不上。

设群体大小为 M，个体 i 的适应度为 F_i，则个体 i 被选中的概率 p_{is} 为

$$p_{is} = \frac{F_i}{\sum\limits_{i=1}^{M} F_i} \qquad (i = 1, 2, \cdots, M)$$

由上式可见，适应度越高的个体被选中的概率也越大；反之，适应度越低的个体被选中的概率也越小。比例选择方法的具体操作过程已在本章中做过介绍，此处不再赘述。

(2) 最优保存策略

在遗传算法的运行过程中，通过对个体进行交叉、变异等遗传操作而不断地产生出新的个体。虽然随着群体的进化过程会产生出越来越多的优良个体，但由于选择、交叉、变异等遗传操作的随机性，它们也有可能破坏掉当前群体中适应度最好的个体。这却不是我们所希望发生的，因为它会降低群体的平均适应度，并且对遗传算法的运行效率、收敛性都有不利的影响。所以，我们希望适应度最好的个体要尽可能地保留到下一代群体中。为达到这个目的，可以使用最优保存策略进化模型来进行优胜劣汰操作，即当前群体中适应度最高的个体不参与交叉运算和变异运算，而是用它来替换掉本代群体中经过交叉、变异等遗传操作后所产生的适应度最低的个体。最优保存策略进化模型的具体操作过程是：

① 找出当前群体中适应度最高的个体和适应度最低的个体。

② 若当前群体中最佳个体的适应度比总的迄今为止的最好个体的适应度还要高，则以当前群体中的最佳个体作为新的迄今为止的最好个体。

③ 用迄今为止的最好个体替换掉当前群体中的最差个体。

最优保存策略可视为选择操作的一部分，该策略的实施可保证迄今为止所得到的最优个体不会被交叉、变异等遗传运算所破坏，它是遗传算法收敛性的一个重要保证条件。但另一方

面,它也容易使得某个局部最优个体不易被淘汰掉,反而快速扩散,从而使得算法的全局搜索能力不强。所以该方法一般要与其他一些选择操作方法配合起来使用,方可有良好的效果。

另外,最优保存策略还可加以推广,即在每一代的进化过程中保留多个最优个体不参加交叉、变异等遗传运算,而直接将它们复制到下一代群体中。这种选择方法也称为稳态复制。

(3)确定式采样选择

确定式采样选择方法的基本思想是按照一种确定的方式来进行选择操作,其具体操作过程是:

① 计算群体中各个个体在下一代群体中的期望生存数目 N_i:

$$N_i = \frac{M \cdot F_i}{\sum\limits_{i=1}^{M} F_i} \quad (i = 1, 2, \cdots, M)$$

② 用 N_i 的整数部分 $[N_i]$ 确定各个对应个体在下一代群体中的生存数目。其中,$[x]$ 表示取不大于 x 的最大的整数。由该步共可确定出下一代群体中的 $\sum\limits_{i=1}^{M} [N_i]$ 个个体。

③ 按照 N_i 的小数部分对个体进行降序排序,顺序取前 $(M - \sum\limits_{i=1}^{M} [N_i])$ 个个体加入到下一代群体中。至此可完全确定出下一代群体中的 M 个个体。

这种选择操作方法可保证适应度较大的一些个体一定能够被保留在下一代群体中,并且操作也比较简单。

(4)无回放随机选择

这种选择操作方法也叫做期望值选择方法(Expected Value Model),它的基本思想是根据每个个体在下一代群体中的生存期望值来进行随机选择运算,其具体操作过程是:

① 计算群体中每个个体在下一代群体中的生存期望数目 N_i:

$$N_i = \frac{M \cdot F_i}{\sum\limits_{i=1}^{M} F_i} \quad (i = 1, 2, \cdots, M)$$

② 若某一个体被选中参与交叉运算,则它在下一代中的生存期望数目减去 0.5;若某一个体未被选中参与交叉运算,则它在下一代中的生存期望数目减去 1.0。

③ 随着选择过程的进行,若某一个体的生存期望数目小于 0 时,则该个体就不再有机会被选中。

这种选择操作方法能够降低一些选择误差,但操作不太方便。

(5)无回放余数随机选择

无回放余数随机选择的具体操作过程是:

①计算群体中每个个体在下一代群体中的生存期望数目 N_i:

$$N_i = \frac{M \cdot F_i}{\sum\limits_{i=1}^{M} F_i} \quad (i = 1, 2, \cdots, M)$$

②取 N_i 的整数部分 $[N_i]$ 为对应个体在下一代群体中的生存数目。这样共可确定出下一代 M 个群体中的 $\sum\limits_{i=1}^{M} [N_i]$ 个个体。

③以 $F_i - [N_i] \cdot \dfrac{\sum\limits_{i=1}^{M} F_i}{M}$ 为各个个体的新的适应度,用比例选择方法(又称赌盘选择方法)来随机确定下一代群体中还未确定的 $\left(M - \sum\limits_{i=1}^{M} [N_i] \right)$ 个个体。

这种选择操作方法可确保适应度比平均适应度大的一些个体一定能够被遗传到下一代群体中,所以它的选择误差比较小。

(6)排序选择

在前面所介绍的一些选择操作方法中,其选择依据主要是各个个体适应度的具体数值,一般要求它取非负值,这就使得我们在选择操作之前必须先对一些负的适应度进行变换处理。而排序选择方法的主要着眼点是个体适应度之间的大小关系,对个体适应度是否取正值或负值,以及个体适应度之间的数值差异程度并无特别要求。

排序选择方法的主要思想是:对群体中的所有个体按其适应度大小进行排序,基于这个排序来分配各个个体被选中的概率,其具体操作过程是:

①对群体中的所有个体按其适应度大小进行降序排序。

②根据具体求解问题,设计一个概率分配表,将各个概率值按上述排列次序分配给各个个体。

③以各个个体所分配到的概率值作为其能够被遗传到下一代的概率,基于这些概率值用比例选择(赌盘选择)的方法来产生下一代群体。

该方法的实施必须根据对所研究问题的分析和理解情况预先设计一个概率分配表,这个设计过程无一定规律可循。另一方面,虽然依据个体适应度之间的大小次序给各个个体分配了一个选中概率,但由于具体选中哪一个个体仍是使用了随机性较强的比例选择方法,所以排序选择方法仍具有较大的选择误差。

(7)随机联赛选择

随机联赛选择也是一种基于个体适应度之间大小关系的选择方法,其基本思想是每次选取几个个体之中适应度最高的一个个体遗传到下一代群体中。在联赛选择操作中,只有个体适应度之间的大小比较运算,而无个体适应度之间的算术运算,所以它对个体适应度是取正值还是取负值无特别要求。

联赛选择中,每次进行适应度大小比较的个体数目称为联赛规模。一般情况下,联赛规模 N 的取值为 2。联赛选择的具体操作过程是:

① 从群体中随机选取 N 个个体进行适应度大小的比较,将其中适应度最高的个体遗传到下一代群体中。

② 将上述过程重复 M 次,就可得到下一代群体中的 M 个个体。

4. 交叉算子

遗传算法中的所谓交叉运算是指对两个相互配对的染色体按某种方式相互交换其部分基因,从而形成两个新的个体。交叉运算是遗传算法区别于其他进化算法的重要特征,它在遗传算法中起着关键作用,是产生新个体的主要方法。

遗传算法中,在交叉运算之前还必须先对群体中的个体进行配对。目前,常用的配对策略是随机配对,即将群体中的 M 个个体以随机的方式组成 $\left[\dfrac{M}{2} \right]$ 对配对个体组,交叉操作是在这些配对个体组中的两个个体之间进行的。交叉算子的设计包括以下方面的内容,如何确定交叉点的位置和如何进行部分基因交换。

最常用的交叉算子是单点交叉算子,但单点交叉操作有一定的适用范围,故人们发展了其他一些交叉算子。下面介绍几种适合于二进制编码个体或浮点数编码个体的交叉算子。

(1) 单点交叉

单点交叉(One-point Crossover)又称为简单交叉,它是指在个体编码串中只随机设置一个交叉点,然后在该点相互交换两个配对个体的部分染色体。单点交叉的具体运算过程已在GA 的基本描述中介绍,此处不再赘述。

单点交叉的重要特点是:若邻接基因座之间的关系能提供较好的个体性状和较高的个体适应度的话,则这种单点交叉操作破坏这种个体性状和降低个体适应度的可能性最小。

(2) 双点交叉和多点交叉

双点交叉(Two-point Crossover)是指在个体编码串中随机设置了两个交叉点,然后再进行部分基因交换。

双点交叉的具体操作过程是:

①在相互配对的两个个体编码串中随机设置两个交叉点。

②交换两个个体在所设定的两个交叉点之间的部分染色体。

将单点交叉和双点交叉的概念加以推广,可得到多点交叉(Multi-point Crossover)的概念。多点交叉是指在个体编码串中随机设置了多个交叉点,然后进行基因交换,其又称为广义交叉,其操作过程与单点交叉和双点交叉相类似。

需要说明的是,一般不太使用多点交叉算子,因为它有可能破坏一些好的模式。事实上,随着交叉点数的增多,个体的结构被破坏的可能性也逐渐增大。这样,就很难有效地保存较好的模式,从而影响遗传算法的性能。

(3) 均匀交叉

均匀交叉(Uniform Crossover)是指两个配对个体的每一个基因座上的基因都以相同的交叉概率进行交换,从而形成两个新的个体。均匀交叉实际上可归属于多点交叉的范围,其具体运算可通过设置一个屏蔽字来确定新个体的各个基因如何由哪一个父代个体来提供。均匀交叉的主要操作过程如下:

①随机产生一个与个体编码串长度等长的屏蔽字 $W = w_1 w_2 \cdots w_i \cdots w_l$;其中,$l$ 为个体编码串长度。

②由下述规则从 A、B 两个父代个体中产生出两个新的子代个体 A'、B'。

若 $w_i = 0$,则 A' 在第 i 个基因座上的基因值继承 A 的对应基因值;B' 在第 i 个基因座上的基因值继承 B 的对应基因值。

若 $w_i = 1$,则 A' 在第 i 个基因座上的基因值继承 B 的对应基因值;B' 在第 i 个基因座上的基因值继承 A 的对应基因值。

均匀交叉操作示例如图 8.6 所示。

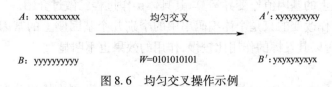

图 8.6 均匀交叉操作示例

（4）算术交叉

算术交叉（Arithmetic Crossover）是指由两个个体的线性组合而产生出两个新的个体。为了能够进行线性组合运算，算术交叉的操作对象一般是由浮点数编码所表示的个体。

假设在两个个体 X_A^t、X_B^t 之间进行算术交叉，则交叉运算后所产生出的两个新个体是：

$$\begin{cases} X_A^{t+1} = \alpha X_B^t + (1 - \alpha) X_A^t \\ X_B^{t+1} = \alpha X_A^t + (1 - \alpha) X_B^t \end{cases} \tag{8-28}$$

式中，α 为一参数，它可以是一个常数，此时所进行的交叉运算称为均匀算术交叉；也可以是一个由进化代数所决定的变量，此时所进行的交叉运算称为非均匀算术交叉。

算术交叉的主要操作过程是：

①确定两个个体进行线性组合时的系数 α。

②依据式（8-28）生成两个新的个体。

5. 变异算子

遗传算法中的所谓变异运算，是指将个体染色体编码串中的某些基因座上的基因值用该基因座的其他等位基因来替换，从而形成一个新的个体。例如，对于二进制编码的个体，其编码字符集为 $\{0,1\}$，变异操作就是将个体在变异点上的基因值取反，即用 0 替换 1，或用 1 替换 0；对于浮点数编码的个体，若某一变异点处的基因值的取值范围为 $[U_{\min}, U_{\max}]$，变异操作就是用该范围内的一个随机数去替换原基因值；对于符号编码的个体，若其编码字符集为 $\{A, B, C, \cdots\}$，变异操作就是用这个字符集中的一个随机指定的且与原基因值不相同的符号，去替换变异点上的原有符号。

在遗传算法中使用变异算子主要有以下两个目的：

（1）改善遗传算法的局部搜索能力。遗传算法使用交叉算子已经从全局的角度出发找到了一些较好的个体编码结构，它们已接近或有助于接近问题的最优解。但仅使用交叉算子无法对搜索空间的细节进行局部搜索。这时，若再使用变异算子来调整个体编码串中的部分基因值，就可以从局部的角度出发使个体更加逼近最优解，从而提高了遗传算法的局部搜索能力。

（2）维持群体的多样性，防止出现早熟现象。变异算子用新的基因值替换原有基因值，从而可以改变个体编码串的结构，维持群体的多样性，这样就有利于防止出现早熟现象。

变异算子的设计包括两方面的内容，如何确定变异点的位置和如何进行基因值替换。

最简单的变异算子是基本位变异算子。为适应各种不同应用问题的求解需要，人们也开发出了其他一些变异算子。下面介绍其中较常用的几种变异操作方法，它们适合于二进制编码的个体和浮点数编码的个体。

（1）基本位变异

基本位变异（Simple Mutation）操作是指对个体编码串中以变异概率 p_m 随机指定的某一位或某几位基因座上的基因值作变异运算，其具体操作过程已做过介绍。

基本位变异操作改变的只是个体编码串中的个别几个基因座上的基因值，并且变异发生的概率也比较小，所以其发挥的作用比较慢，作用的效果也不明显。

（2）均匀变异

均匀变异（Uniform Mutation）操作是指分别用符合某一范围内均匀分布的随机数，以某一较小的概率来替换个体编码串中各个基因座上的原有基因值。

均匀变异的具体操作过程是：

①依次指定个体编码串中的每个基因座为变异点。

②对每一个变异点，以变异概率 p_m 从对应基因的取值范围内取一随机数来替代原有基因值。

假设有一个个体为 $X = x_1x_2\cdots x_k\cdots x_l$，若 x_k 为变异点，其取值范围为 $[U_{\min}^k, U_{\max}^k]$，在该点对个体 X 进行均匀变异操作后，可得到一个新的个体 $X' = x_1x_2\cdots x'_k\cdots x_l$，其中，变异点的新基因值是：

$$x'_k = U_{\min}^k + r \cdot (U_{\max}^k - U_{\min}^k) \tag{8-29}$$

式中，r 为 $[0,1]$ 范围内符合均匀概率分布的一个随机数。

均匀变异操作特别适合应用于遗传算法的初期运行阶段，它使得搜索点可以在整个搜索空间内自由地移动，从而可以增加群体的多样性，使算法处理更多的模式。

（3）边界变异

边界变异（Boundary Mutation）操作是上述均匀变异操作的一个变形遗传算法。在进行边界变异操作时，随机地取基因座的两个对应边界基因值之一去替代原有基因值。

在进行由 $X = x_1x_2\cdots x_k\cdots x_l$ 向 $X' = x_1x_2\cdots x'_k\cdots x_l$ 的边界变异操作时，若变异点 x_k 处的基因值取值范围为 $[U_{\min}^k, U_{\max}^k]$，则新的基因值 x'_k 由下式确定：

$$x'_k = \begin{cases} U_{\min}^k & \text{若 random}(0,1) = 0 \\ U_{\max}^k & \text{若 random}(0,1) = 0 \end{cases} \tag{8-30}$$

式中，random$(0,1)$ 表示以均等的概率从 $0,1$ 中任取其一。

当变量的取值范围特别宽，并且无其他约束条件时，边界变异会带来不好的作用，但它特别适用于最优点位于或接近于可行解的边界时的一类问题。

（4）其他变异方法

①非均匀变异

均匀变异操作取某一范围内均匀分布的随机数来替换原有基因值，可使个体在搜索空间内自由移动。但另一方面，它却不便于对某一重点区域进行局部搜索。为改进这个性能，我们不是取均匀分布的随机数去替换原有的基因值，而是对原有基因值做一个随机扰动，以扰动后的结果作为变异后的新基因值。对每个基因座都以相同的概率进行变异运算之后，相当于整个解向量在解空间中做了一个轻微的变动，这种变异操作方法就称为非均匀变异（Non-uniform Mutation）。

非均匀变异的具体操作过程与均匀变异相类似，但它重点搜索原个体附近的微小区域。非均匀变异可使得遗传算法在其初始运行阶段进行均匀随机搜索，而在其后期运行阶段（才较接近于 T 时）进行局部搜索，所以它产生的新基因值比均匀变异所产生的基因值更接近于原有基因值。故随着遗传算法的运行，非均匀变异就使得最优解的搜索过程更加集中在某一最有希望的重点区域中。

②高斯变异

高斯变异（Gaussian Mutation）是改进遗传算法对重点搜索区域的局部搜索性能的另一种变异操作方法。所谓高斯变异操作是指进行变异操作时，用符合均值为 μ、方差为 σ^2 的正态分布的一个随机数来替换原有基因值。

由正态分布的特性可知，高斯变异也是重点搜索原个体附近的某个局部区域。高斯变异的具体操作过程与均匀变异相类似。

6. 遗传算法的运行参数

遗传算法中需要选择的运行参数主要有个体编码串长度 l、群体大小 M、交叉概率 p_c、变异概率 p_m、终止代数 T 及代沟 G 等。这些参数对遗传算法的运行性能影响较大,需认真选取。

(1)编码串长度 l。使用二进制编码来表示个体时,编码串长度 l 的选取与问题所要求的求解精度有关;使用浮点数编码来表示个体时,编码串长度 l 与决策变量的个数 n 相等;使用符号编码来表示个体时,编码串长度 l 由问题的编码方式来确定;另外,也可使用变长度的编码来表示个体。

(2)群体大小 M。群体大小 M 表示群体中所含个体的数量。当 M 取值较小时,可提高遗传算法的运算速度,但却降低了群体的多样性,有可能会引起遗传算法的早熟现象;当 M 取值较大时,又会使得遗传算法的运行效率降低。一般建议的取值范围是 20~100。

(3)交叉概率 p_c。交叉操作是遗传算法中产生新个体的主要方法,所以交叉概率一般应取较大值。但若取值过大的话,它又会破坏群体中的优良模式,对进化运算反而产生不利影响;若取值过小的话,产生新个体的速度又较慢。一般建议的取值范围是 0.4~0.99。

(4)变异概率 p_m。若变异概率 p_m 取值较大的话,虽然能够产生出较多的新个体,但也有可能破坏掉很多较好的模式,使得遗传算法的性能近似于随机搜索算法的性能;若变异概率取值太小的话,则变异操作产生新个体的能力和抑制早熟现象的能力就会较差。一般建议的取值范围是 0.000 1~0.1。

(5)终止代数 T。终止代数 T 是表示遗传算法运行结束条件的一个参数,它表示遗传算法运行到指定的进化代数之后就停止运行,并将当前群体中的最佳个体作为所求问题的最优解输出。一般建议的取值范围是 100~10 000。至于遗传算法的终止条件,还可以利用某种判定准则,当判定出群体已经进化成熟且不再有进化趋势时,就可终止算法的运行过程。常用的判定准则有下面两种:

① 连续几代个体平均适应度的差异小于某一个极小的阈值。

② 群体中所有个体适应度的方差小于某一个极小的阈值。

(6)代沟 G。代沟 G 是表示各代群体之间个体重叠程度的一个参数,它表示每一代群体中被替换掉的个体在全部个体中所占的百分率,即每一代群体中有 $(M \times G)$ 个个体被替换掉。

7. 约束条件的处理方法

实际应用中的优化问题一般都含有一定的约束条件,它们的描述形式各种各样。在遗传算法的应用中,必须对这些约束条件进行处理,而目前还未找到一种能够处理各种约束条件的一般化方法。所以对约束条件进行处理时,只能是针对具体应用问题及约束条件的特征,再考虑遗传算法中遗传算子的运行能力,选用不同的处理方法。

在构造遗传算法时,处理约束条件的常用方法主要有如下 3 种:搜索空间限定法、可行解变换法、罚函数法。

(1)搜索空间限定法

这种处理方法的基本思想是对遗传算法的搜索空间的大小加以限制,使得搜索空间中表示一个个体的点与解空间中表示一个可行解的点有一一对应的关系。此时的搜索空间与解空间的一对一对应关系如图 8.7 所示。

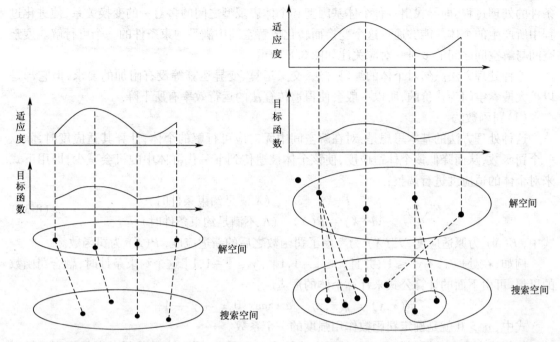

图 8.7 搜索空间与解空间之间的一对一对应关系   图 8.8 搜索空间与解空间之间的多对一对应关系

对一些比较简单的约束条件(如 $a \leqslant x \leqslant b$),在个体染色体的编码方法上着手,就能够达到这种搜索空间与解空间之间的一一对应的要求。用这种处理方法能够在遗传算法中设置最小的搜索空间,所以它能够提高遗传算法的搜索效率。但需要注意的是,除了在编码方法上想办法之外,也必须保证经过交叉、变异等遗传算子作用之后所产生出的新个体在解空间中也要有确定的对应解,而不会产生无效解。这种处理约束条件的方法可由下面两种方法之一来实现。

方法一:用编码方法来保证总是能够产生出在解空间中有对应可行解的染色体。

这个实现方法要求我们设计出一种比较好的个体编码方案。例如,在处理 $a \leqslant x \leqslant b$ 这样的约束条件时,若使用二进制编码串来表示个体,我们将区间 $[a,b]$ 划分为 $(2^l - 1)$ 个等分(其中,l 为个体编码串长度),δ 为每个等分的长度,并且使编码时的对应关系如下:

$$00000000 \cdots 00000000 = 0 \qquad \rightarrow a$$
$$00000000 \cdots 00000001 = 1 \qquad \rightarrow a + \delta$$
$$\vdots \quad \vdots \quad \vdots \qquad\qquad \vdots$$
$$11111111 \cdots 11111111 = 2^l - 1 \qquad \rightarrow b$$

可见,介于"$00000000 \cdots 00000000$"和"$11111111 \cdots 11111111$"之间的任何编码都会满足上述这个约束条件。

方法二:用程序来保证直到产生出在解空间中有对应可行解的染色体之前,一直进行交叉运算和变异运算。

虽然这个实现方法对编码方法的要求不高,但它有可能需要反复地进行交叉运算和变异运算才能产生出一个满足约束条件的可行解,这样就有可能会降低遗传算法的运行效率。

(2)可行解变换法

这种处理方法的基本思想是:在由个体基因型到个体表现型的变换中,增加使其满足约束条件的处理过程,即寻找出一种个体基因型和个体表现型之间的多对一的变换关系,使进化过程中所产生的个体总能够通过这个变换而转化成解空间中满足约束条件的一个可行解。搜索空间与解空间之间的多对一对应关注如图8.8所示。

这种处理方法虽然对个体的编码方法、交叉运算、变异运算等没有附加的要求,但它却是以扩大搜索空间为代价的,所以一般会使得遗传算法的运行效率有所下降。

(3)罚函数法

这种处理方法的基本思想是:对在解空间中无对应可行解的个体,计算其适应度时,除以一个罚函数,从而降低该个体适应度,使该个体被遗传到下一代群体中的机会减少,即用下式来对个体的适应度进行调整:

$$F'(X) = \begin{cases} F(X) & (X 满足约束条件时) \\ F(X) - P(X) & (X 不满足约束条件时) \end{cases} \tag{8-31}$$

式中,$F(X)$ 为原适应度,$F'(X)$ 为考虑了罚函数之后的新适应度,$P(X)$ 为罚函数。

例如,在处理 $x^2 + y^2 \leq 1$,并且 $x \in [-1,1]$,$y \in [-1,1]$ 这个约束条件时,融合罚函数的思想,可由下面的计算公式来计算个体的适应度:

$$F(x,y) = f(x,y) - a \cdot \max\{0, x^2 + y^2 - 1\}$$

式中,$a > 0$ 就是确定罚函数作用强度的一个系数。

如何确定合理的罚函数是这种处理方法的难点之所在,因为这时既要考虑如何度量解对约束条件不满足的程度,又要考虑遗传算法在计算效率上的要求。罚函数的强度太小的话,部分个体仍有可能破坏约束条件,所以保证不了遗传运算所得到的个体一定是满足约束条件的一个可行解;罚函数的强度太大的话,又有可能使个体的适应度差异不大,降低了个体之间的竞争力,从而影响遗传算法的运行效率。

罚函数法的一种极端处理情况是,对在解空间中无对应可行解的个体,将其适应度降低为0,从而使得该个体绝对不会遗传到下一代群体中,即

$$F'(x) = \begin{cases} F(x) \\ 0 \end{cases}$$

例如,对于约束条件 $x^2 + y^2 \leq 1$,融合这种思想后,可以这样来处理个体的适应度:

$$F'(x,y) = \begin{cases} F(x,y) & 若 \quad x^2 + y^2 \leq 1 \\ 0 & 若 \quad x^2 + y^2 > 1 \end{cases}$$

这种适应度为0的染色体称为致死基因。使用致死基因的方法处理约束条件时,虽然绝对不会产生破坏约束条件的个体,但当问题的约束条件比较严格时,由交叉算子或变异算子在搜索空间中生成新个体的能力就比较差,即使能够生成一些新的个体,群体的多样性也会有较大程度的降低,从而对遗传算法的运行带来不利的影响。因此,这种方法应该谨慎使用。

8.3.3　遗传算法优化神经网络

BP神经网络是最广泛的一种网络。我们知道,BP神经网络的学习算法存在训练速度慢,易陷入局域极小值和全局搜索能力弱等缺点。但遗传算法不要求目标函数具有连续性,而且它的搜索具有全局性质,因此,容易得到全局最优解或性能很好的次优解。本文将以训练BP神经网络为例,来说明遗传算法优化神经网络的思想与方法。

用遗传算法优化神经网络,主要包括3个方面:连接权的进化、网络结构的进化、学习规则

的进化。我们只讨论连接权的进化和网络结构的进化,其他问题,读者可以参考相关文献。

对 BP 神经网络连接权值的获取的最经典的方法就是 BP 学习算法,该方法存在训练速度慢,易陷入局域极小值等缺点。如果使用遗传算法,则有可能在很大程度上解决这个问题。下面描述用遗传算法优化神经网络连接权中的主要步骤和算子。

1. 编码方案

对网络中连接权值和阀值进行编码主要有两种方法:一种是采用二进制编码方案;另一种是采用实数编码方案。

①二进制编码方案。在这种方案中,每个权值都用一个定长的 0、1 字符串表示。阀值也被看作输入为 −1 的连接权。例如,若所有权值都在 −127 ~ +128 之间,则可以用 8 位 1,1 字符串把每个连接权值表示出来。然后,把所有的连接权值及阀值所对应的二值串连接起来,形成一个长的基因链码,该链码作为对一组连接权的编码表示。

XOR 问题的一种权值分布如图 8.9 所示,如果我们考虑该图的网络连接权编码,则 XOR 问题可以用下式来表示:

$$Y = f(x_1, x_2) = \begin{cases} 0, & x_1 = 0, & x_2 = 0 \\ 1, & x_1 = 0, & x_2 = 1 \\ 1, & x_1 = 1, & x_2 = 0 \\ 0, & x_1 = 1, & x_2 = 1 \end{cases} \tag{8-32}$$

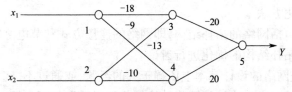

图 8.9　XOR 问题的一种权值分布

为简单起见,假设阀值为 0,则上述权值分布可以用一个 48 位长的 0、1 字符串表示,即

01101101	01110010	01101011	01110110	01110101	10010011
−18	−13	−20	−9	−10	20

在将各权值对应的字符串连接在一起时,一种较好的连接次序是把与同一隐节点相连的连接权所对应的字符串放在一起。这是因为,隐节点在神经网络中起特征抽取作用,它们之间有更强的联系。如果将其与同一隐节点相连的连接权对应的字符串分开,则在算法中无法很好的体现这种联系。因为,将与同一隐节点相连的连接权对应的字符分开,则很多长定义距的模式很可能具有很好的性质,而遗传操作容易破坏定义距较大的模式。上面的基因链码就是按照这种方法得到的。

二进制编码的优点是非常简单,其缺点是,不直观;精度不高。这是因为连接权值是实数,将它们用二进制数编码实际上是用离散值来尽量逼近权值。这就有可能导致因某些实数权值不能更精确表达而使网络的训练失败。例如,在前面的例子中,若把权值 −18 改为 −18.4,则编码 01101101 实际上是 −18.4 的近似值;再有,编码时字符串不能太长或太短,太长将导致遗传算法训练的解空间过大,算法需要花费很长时间才能得到最优解,太短,则使精度不高。

二进制编码中的 Hamming 悬崖也是需要注意的一个问题。因此,使用 Gray 编码效果会更好。

②实数编码方案。在这种方案中,每个连接权值直接用一个实数表示;一个网络权值分布

用一组实数来表示。这里同样要求把与同一隐节点相连的连接权所对应的实数放在一起。实数编码方案的优点是它非常直观,且不会出现精度不够的情况。

2. 适应度函数的确定

BP神经网络的一个重要性能就是网络的输出值与期望的输出值之间误差平方和。该误差平方和小则表示该网络性能较好。因此,可以这样定义适应度函数:$f = C - e$。其中,C是一个常数,e为误差平方和。

当然,适应度函数还可以取其他的形式,可以考虑与能量函数的关系,与进化时间及与网络的复杂度的关系,只要其满足适应度函数的条件即可。有关适应度函数应满足可以参看前面关于适应度函数的内容。

3. 遗传操作

在该应用中的遗传操作可以用关于选择、交叉和变异等遗传操作算子,当然还可以设计专门的操作算子,值得说明的是,为了使算法能很快地找到满意解,有必要采取学习策略。我们注意到,遗传算法可以对一复杂的、多峰的、非线性的及不可微的函数实现全局搜索。但是,当函数的梯度信息能够较容易获取时,应尽可能的利用。同时,我们还知道BP算法在局部搜索时显得比较有效。所以,在遗传算法中,把BP算法作为一种学习策略加入到其中,是一条可行的途径。

算法可以这样实现:首先,用遗传算法对初始权值进行优化,在解空间中定位出一些较好的搜索空间。然后,采用BP算法在这些小的解空间中搜索出最优解,再不断迭代下去。一般情况先这样做的效率和效果比单独用遗传算法或用BP训练方法的结果要好。

4. 网络结构的进化方法

神经网络的结构包括网络的拓扑结构,即网络的连接方式和节电之间的连接权值两部分。这里我们只对网络的拓扑结构的优化进行讨论。

一般情况下,神经网络的设计基本上依赖于人的经验,或通过不断尝试和修改的方法完成网络的设计。用遗传算法来完成神经网络结构优化可以采取如下步骤:

(1)随机产生n个结构,对每个结构编码,每个编码个体对应于一个结构。

(2)用多种不同的初始权值分布对个体集里的结构进行训练。

(3)根据训练的结果或其他策略确定每个个体的适应度。

(4)选择若干适应度值较大的个体直接进入下一代。

(5)对当前一代群体进行交叉和变异等遗传操作,以产生下一代群体。

(6)重复步骤(2)~步骤(5),直到当前一代群体中的某个个体,也就是某个网络结构,能够满足要求为止。

5. 网络编码方法

根据参加编码的结构信息的多少,编码方法分为两种:直接编码方法和间接编码方法。

(1)直接编码方法

在这种编码方法中,网络结构的每个连接关系被编码成二进制串,其方法是用一个$N \times N$的矩阵$C = (c_{ij})$表示一个网络的结构,其中N是网络的结点数,c_{ij}的值说明网络中结点i,j之间是否有连接,$c_{ij} = 0$表示两结点间没有连接。实际上,当c_{ij}取$[0,1]$中的实数时,就表示结点与结点之间的连接关系,既体现出两者之间有无连接,也说明了两结点之间连接的强度,即连接权。这样一个矩阵就代表一个神经网络。把矩阵的所有行连接起来所得到的一个二进制串就对应一个神经网络结构。网络的约束可以通过矩阵的特殊形式体现。例如,在BP神经网络对应的矩阵中,只有矩阵的上三角有非零元素。

　　这种编码方法的优点是简单、直接,特别适于进行小结构神经网络的进化。对大结构神经网络采用这种编码方法时,编码长度非常长,将导致算法的搜索空间显著增大。改进的方法是利用领域知识来初始化矩阵。正如上面所述,由于 BP 神经网络中后一层对前一层没有反馈,所以网络对应的矩阵中下三角都只能为 0。下面我们仍以 XOR 问题为例说明 BP 神经网络结构编码方法。

　　假设同层结点之间没有连接,XOR 问题对应的网络可以得到简化。XOR 问题的可能结构如图 8.10 所示。

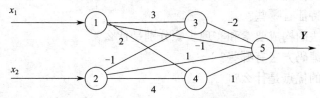

图 8.10　XOR 问题的可能结构

图 8.10 所示的结构对应的矩阵为

$$C = \begin{bmatrix} 0 & 0 & 3 & 2 & -1 \\ 0 & 0 & -1 & 4 & 1 \\ 0 & 0 & 0 & 0 & -2 \\ 0 & 0 & 0 & 0 & 1 \\ 0 & 0 & 0 & 0 & 0 \end{bmatrix}$$

　　我们在编码时,如果把每一个元素都做二值化转换,得到的基因链码就很长。其实这样没有必要。实际上,只需考虑对角线以上的元素,这样不仅使得基因链码较短,而且网络的约束总能得到满足。若对每个元素采用三位字符编码,权值范围为 $-3 \sim 4$,则编码方案为把每个连接权加上 3,然后用二进制表示:

$$\begin{array}{cccccccc} 110 & 010 & 101 & 111 & 010 & 100 & 001 & 100 \\ C_{13} & C_{23} & C_{14} & C_{24} & C_{15} & C_{25} & C_{35} & C_{45} \end{array}$$

（2）间接编码方法

　　间接编码方法只编码有关结构的最重要的特性,如隐层数、每层的隐节点数、层与层之间的连接数等参数。有关各个连接的细节留到后面进行规则时再做处理。这种编码模式可以显著缩短字符串长度,但导致了进化规则的复杂化。

　　我们还可以采用一种较为复杂的方法。首先设置网络节点数上限 N,并用一个 $N \times N$ 大小的矩阵 $C = (c_{ij})$ 表示结点之间的连接关系。同直接编码方式中的表示方法,c_{ij} 的值说明网络中 i,j 之间是否有连接,及两结点之间连接的强度。这样一个矩阵就代表一个神经网络。把矩阵的所有行连接起来所得到的一个二进制串就对应一个神经网络结构,由于我们考虑的是 BP 神经网络,所以,只有矩阵的上三角有非零元素。

　　除了适应度值的计算方法以外,算法的其他部分与前面描述的遗传算法相同。由于 N 是一个上限值,因此,其中很多的节点和连接权值是多余的。这样,有很多 c_{ij} 为 0 或绝对值很小。在计算网络的误差或能量函数时,对于每一个连接权值 c_{ij},如果 $|c_{ij}|$ 很小,则认为该连接权值为 0。这样,当算法收敛后,根据连接权值简化网络结构,从而得到最终的网络结构。注意,这样得到的最后结果很可能是多隐含层网络。

复习思考题

1. 智能算法有哪些？
2. 总结局部搜索算法和禁忌搜索算法的步骤。
3. 禁忌搜索算法的主要特征有哪些？
4. 退火过程实现算法和 Metropolis 抽样算法的步骤是什么？
5. 遗传算法的特征有哪些？
6. 基本遗传算法的构成要素和实现步骤分别是什么？
7. 遗传算法的编码方法有哪些？
8. 浮点数编码的优点是什么？

第9章　神经网络集成

神经网络集成通过训练多个神经网络,进而通过集成结论进行合成,集成后的网络模型具备良好的泛化能力。科学研究已经表明,神经网络集成模型不仅有助于加深对机器学习和神经计算的深入研究,还有助于提升工程中问题的解决能力。目前,神经网络集成已被视为一种有广阔应用前景的工程化神经计算技术,已经成为机器学习和神经计算领域的研究热点。本章从理论和实现方法的角度对神经网络集成进行介绍,并对该领域一些问题进行讨论。

9.1　神经网络集成的基本原理

神经网络集成(Neural Networks Ensemble,NNE)是在神经网络领域内的新发展,可以定义为用有限的多个神经网络对同一个问题进行学习,在某输入示例下的输出属于结果集成,由构成网络集成的各个神经网络在该示例下的输出共同决定。

在机器学习领域,Kearns 和 Valiant 提出了弱学习算法和强学习算法的等价性问题,即是否可以将弱学习算法提升成强学习算法。如果两者等价,那么在学习概念时,只需找到一个比随机猜测略好的弱学习算法,就可以将其提升为强学习算法,而不必直接去找通常情况下很难获得的强学习算法。这一思想成为神经网络集成的出发点。从 20 世纪 90 年代中期开始,有关神经网络集成的学习理论和方法研究受到了极大的重视。汉森(L. K. Hansen)和萨拉蒙(P. Salamon)证明了可以通过简单地训练多个神经网络并将其结果进行拟合,显著地提高神经网路系统的泛化能力,由此提出了关于神经网络集成方法。

1995 年,Krogh 和 Vedelsby 在 NNE 理论的研究证明,集成的泛化误差是由组成集成的个体学习器的平均泛化误差和平均差异度之差所决定的,由此得出,要得到好的集成模型,不仅需要提高个体学习算法的学习精度,同时可以尽可能增大个体学习算法(学习器)之间的差异。目前,主流的方法是 Boosting 方法和 Bagging 方法。

Schapire 通过一个构造方法对该问题做出了肯定的证明,其构造过程称为 Boosting。Boosting 方法可以产生一系列学习器,各学习器的训练集决定于在其之前产生的学习器的表现,被已有学习器错误判断的示例将以较大的概率出现在后面的学习器的训练集中。通过神经网络集成的方法,使我们可以找到强、弱学习算法之间的一种转化途径。分类器或神经网络的集成通常要比单个的分类器或神经网络更精确,而且集成能获得更好的泛化能力。神经网络集成比构成集成的任一个个体(即单个神经网络分类器)具有更高精度的充要条件是:个体有较高的精度并且个体是互不相同的。

个体有较高的精度是指对一个新的数据进行函数逼近或分类,它的误差率比随机猜测要好。而两个个体互不相同是指,对于新的数据进行函数逼近或分类,它们的误差率不同。通过下面的例子来说明该充要条件。

假设有 3 个分类器的集成 $\{h_1, h_2, h_3\}$，以及一个新的示例 x。如果 3 个分类器是等价的（与互不相同的概念相对应），那么当 $h_1(x)$ 错误分类时，$h_2(x)$、$h_3(x)$ 的分类结果也是错误的。而如果分类器的误差率是不相关的，那么 $h_1(x)$ 分类结果错误时，$h_2(x)$、$h_3(x)$ 有可能是正确的，这样用多数投票法可能对 x 正确分类。更精确一些来说，如果空间假设 Γ 上分类器 h_1 的错误分类率都是 $P < 1/2$，并且错误率不相关，那么多数投票法分类错误的概率服从错误率大于 $\Gamma/2$ 的二项分布。在实践中，可以构建性能良好的神经网络集成，来获得比单个网络好的学习性能和泛化能力。

9.2 集成方法

神经网络集成一般需要经过如下步骤：

（1）首先要确定构成网络集成的所采用的单个神经网络的结构模型。

（2）依据神经网络建立的一般性方法，构建个体网络，并训练出多个独立的神经网络。

（3）在前两步基础上，最终采用一定的合成办法，对构建集成的各个网络的输出进行合成，得到集成的神经网络。

在实际应用中待解决的问题一般是较为复杂的，通常采用分解求解的原理，把复杂问题分解，再对简单问题通过构造学习器、分类器等进行逐一求解。而对简单问题求解时，又可以应用集成的思想，对局部的问题采用 Bagging 的集成构造方法。因此，可以结合使用处理训练样本的处理特征集的方法，采用二级集成，即先将整个问题域划分为子问题域，每个子问题由一个采用 Bagging 技术的集成实现，整个问题域又由子问题域的集成求解。

构建集成的方法有多种，常用的方法有以下几种：

（1）贝叶斯投票方法

定义条件概率分布，为每种概率假设分配权值，以加权求和得出整个假设的输出。如果函数按概率逼近假设，这种方法是最优的。但实际中，假设空间和先验概率很难确定，因此，贝叶斯方法不是最优的。

（2）处理训练样本

通过处理训练样本产生多个样本集，学习算法运行多次，每次使用一个样本子集。这种构造方法中具体又有 AdaBoost、Bagging 和 Cross – Validated Committee 等方法，这类方法很适合不稳定的学习算法。神经网络、决策树算法都是不稳定算法。

（3）处理输入特征集

把输入特征划分成子集，用于不同集成网络的输入向量。这种方法适于特征高度冗余、特征向量维数很高的情况。

（4）处理输出

这类方法中的代表是误差—校正输出编码方法。它改善了决策树算法和 BP 算法求解复杂分类问题的性能。

（5）随机设置初始权值

对同一训练样本赋予不同的初始权值，使构成集成的子网的分类结果不同。

9.3　集成结论的生成

对神经网络分类器来说,采用集成方法能够有效提高系统的泛化能力。假设集成由 N 个独立的神经网络分类器构成,采用绝对多数投票法,再假设每个网络以 $1-p$ 的概率给出正确的分类结果,并且网络之间错误不相关,则该神经网络集成发生错误的概率 p_{err} 为

$$p_{err} = \sum_{k>N/2}^{N} \binom{N}{k} p^k (1-p)^{N-k} \tag{9-1}$$

在 $p < 1/2$ 时, p_{err} 随 N 的增大而单调递减。因此,如果每个神经网络的预测精度都高于 50%,并且各网络之间错误不相关,则神经网络集成中的网络数目越多,集成的精度就越高,当 N 趋向于无穷时,集成的错误率趋向于 0。在采用相对多数投票法时,神经网络集成的错误率比式(9-1)复杂得多,但是汉森和萨拉蒙的分析表明,采用相对多数投票法在多数情况下能够得到比绝对多数投票法更好的结果。

1995 年,克罗夫(A. Krogh)和福德尔斯毕(J. Vedelsby)给出了神经网络集成泛化误差计算公式。假设学习任务是利用 N 个神经网络组成的集成对 $f:R^n \to R$ 进行相似,集成采用加权平均,各网络分别被赋予权值 ω_α ,并满足:

$$\omega_\alpha > 0 \tag{9-2}$$

$$\sum_\alpha \omega_\alpha = 1 \tag{9-3}$$

再假设训练集按分布 $p(x)$ 随机抽取,网络 α 对输入 X 的输出为 $V^\alpha(X)$,则神经网络集成的输出为

$$\overline{V}(X) = \sum_\alpha \omega_\alpha V^\alpha(X) \tag{9-4}$$

神经网络 α 的泛化误差 E^α 和神经网络集成的泛化误差 E 分别为

$$E^\alpha = \int p(x)(f(x) - V^\alpha(x))^2 dx \tag{9-5}$$

$$E = \int p(x)(f(x) - \overline{V}(x))^2 dx \tag{9-6}$$

各网络泛化误差的加权平均为

$$\overline{E} = \sum_\alpha \omega_\alpha E^\alpha \tag{9-7}$$

神经网络 α 的差异度 A^α 和神经网络集成的差异度 $\overline{A}$ 分别为

$$A^\alpha = \int p(x)(V(x) - \overline{V}(x))^2 dx \tag{9-8}$$

$$\overline{A} = \sum_\alpha \omega_\alpha A^\alpha \tag{9-9}$$

则神经网络集成的泛化误差为

$$E = \overline{E} - \overline{A} \tag{9-10}$$

式(9-10)中的 $\overline{A}$ 度量了神经网络集成中各网络的相关程度。若集成是高度偏置的,即对于相同的输入,集成中所有网络都给出相同或相近的输出,此时集成的差异度接近于 0,其泛化误差接近于各网络泛化误差的加权平均。反之,若集成中各网络是相互独立的,则集成的差

异度较大,其泛化误差将远小于各网络泛化误差的加权平均。因此,要增加神经网络集成的泛化能力,就应该尽可能地使集成中各网络的误差互不相关。

9.4　个体的生成

在神经网络集成的个体生成方法中,最重要的技术是 Boosting 和 Bagging 技术。下面对这两种方法进行理论分析,并给出相应的算法。

1. Boosting 算法

Boosting 是一类算法的总称,由沙皮尔(R. E. Schapire)提出。1995 年弗洛德(Y. Freund)对 Schapire 的算法进行了改进,提高了算法的效率。但沙皮尔和弗洛德的算法在解决实际问题时有一个重大缺陷,即要求事先知道弱学习算法学习正确率的下界,这在实际问题中很难做到。1997 年,沙皮尔和弗洛德提出了著名的 AdaBoost(Adaptive Boost)算法,该算法的效率与 Freund 算法很接近,而且可以非常容易地应用在实际问题中。因此,该算法已成为目前最流行的 Boosting 算法。

Boosting 算法的思想是学习一系列分类器,在这个序列中每一个分类器对它前一个分类器导致的错误分类例子给予更大的重视。尤其是,在学习完分类器 H_k 之后,增加了由 H_k 导致分类错误的训练例子的权值,并且通过重新对训练例子计算权值,再学习下一个分类器 H_{k+1}。这个过程重复 T 次,最终的分类器从这一系列的分类器中综合得出。

在这个过程中,每个训练的例子被赋予一个相应的权值,如果一个训练例子被分类器错误分类,那么就相应地增加该例子的权重,使得在下一次学习中,分类器对该例子所表示的输入更加重视。

【算法9.1】　AdaBoost 算法

Input:

N 个训练实例 $(x_1,y_1),\cdots,(x_N,y_N)$

N 个训练实例上的分布 D:w,w 为训练实例的权向量

T 为训练重复的次数

①初始化。初始化训练实例的权值向量 $w_i = 1/N(i = 1,2,\cdots,N)$

②for $t = 1$ to T

③给定权值 $w_i^{(t)}$ 得到一个假设 $H^{(t)}:X \to [0,1]$

④估计假设 $H^{(t)}$ 的总体误差:

$$e^{(t)} = \sum_{i=1}^{N} w_i^{(t)} |y_i - h_i^{(t)}(x_i)| \tag{9-11}$$

⑤计算:

$$\beta^{(t)} = \frac{e^{(t)}}{1 - e^{(t)}}$$

⑥计算下一轮样本的权值:

$$w_i^{(t+1)} = w_i^{(t)} (\beta^{(t)})^{1 - |y_i - h_i^{(t)}(x_i)|} \tag{9-12}$$

⑦正规化 $w_i^{(t+1)}$,使其总和为 1

⑧End for

⑨Output：

$$h(x) = \begin{cases} 1, & \sum_{t=1}^{T} (\log_2 \dfrac{i}{\beta^{(t)}}) h^{(t)} \geqslant \dfrac{1}{2} \sum_{t=1}^{T} (\log_2 \dfrac{i}{\beta^{(t)}}) \\ 0, & 其他 \end{cases} \tag{9-13}$$

假设每一个都是实际有用的，$e^{(t)} < 0.5$，也就是说，在每一次分类的结果中，正确分类的样本个数始终大于错误分类的样本个数。可以看出，$\beta^{(t)} < 1$，当 $|y_i - h_i^{(t)}(x_i)|$ 增加时，$w_i^{(t+1)}$ 也增加，因此，算法满足了提升的思想。

对多类分类问题的 AdaBoost 算法如下。

【算法9.2】 多类分类 AdaBoost 算法

Input：

N 个训练实例 $(x_1, y_1), \cdots, (x_N, y_N)$

N 个训练实例上的分布 $D : w, w$ 为训练实例的权向量

T 为训练重复的次数

①初始化。初始化训练实例的权值向量 $w_i = 1/N (i = 1, 2, \cdots, N)$

②for $t = 1$ to T

③给定权值 $w_i^{(t)}$ 得到一个假设 $H^{(t)} : X \to Y$

④估计假设 $H^{(t)}$ 的总体误差：

$$e^{(t)} = \sum_{i=1}^{N} w_i^{(t)} I(y_i \neq h_i^{(t)}(x_i)) \tag{9-14}$$

⑤计算：

$$\beta^{(t)} = \frac{e^{(t)}}{1 - e^{(t)}}$$

⑥计算下一轮样本的权值：

$$w_i^{(t+1)} = w_i^{(t)} (\beta^{(t)})^{1 - I(y_i = h_i^{(t)}(x_i))} \tag{9-15}$$

⑦正规化 $w_i^{(t+1)}$，使其总和为 1

⑧End for

⑨Output：

$$h(x) = \arg\max_{y \in Y} \sum_{t=1}^{T} (\log_2 \frac{i}{\beta^{(t)}}) I(h^{(t)}(x) = y) \tag{9-16}$$

弗洛德和沙皮尔通过最终预测函数 H 的训练误差满足式(9-17)，说明只要学习算法略好于随机猜测，训练误差将随 t 以指数级下降。其中，ε_t 为预测函数 h_t 的训练误差，$\gamma_t = 0.5 - \varepsilon_t$。

$$\begin{aligned} H &= \prod_t \left[2\sqrt{\varepsilon_t(1 - \varepsilon_t)} \right] \\ &= \prod_t \sqrt{1 - 4\gamma_t^2} \leqslant \exp(-2t\sum_t \gamma_t^2) \end{aligned} \tag{9-17}$$

2. Bagging 算法

1996 年，Breiman 从可重复取样技术入手，提出了著名的 Bagging 算法。在该方法中，各学习器的训练集由从原始训练集中随机选取若干示例组成，训练集的规模与原始训练集相当，训练例允许重复选取。这样，原始训练集中某些示例可能在新的训练集中出现多次，而另外一些示例则可能一次也不出现。在预测新的示例时，所有学习器的结果通过投票的方式来决定新

示例的最好预测结果。Bagging 算法通过重新选取训练集增加了个体学习器的差异,Breiman 将此类算法称为 P&C(Perturb and Combine)族算法。他指出,稳定性是 Bagging 能否发挥作用的关键因素,Bagging 能提高不稳定学习算法。

Bagging 算法是基于对训练集进行处理的集成方法中最简单、最直观的一种,其思想是对训练集有放回地抽取训练样本,为每一个基本分类器都构造出一个跟训练集同样大小,但各不相同的训练集,从而训练出不同的基本分类器。使用 Bagging 算法的时候,理论上每个分类器的训练集中有 63.2% 的重复样本。Bagging 算法的基本流程如下。

【算法9.3】 Bagging 算法

Input:

N 个训练实例 S 为 $(x_1, y_1), \cdots, (x_N, y_N)$

T 为训练重复的次数

①从 S 中按照某种分布独立抽取训练集 S_1

②for $t = 1$ to T

③用弱学习算法 P 在训练样本子集 S_t 上训练得到弱分类器(预测函数):

$$h_t(x) : x \rightarrow \{-1, +1\}$$

④估计假设 $h_t(x)$ 的错误率:

$$\varepsilon_t = \sum_{x_i, y_i \in S_t} [h_t(x) \neq y_i] / |S_t| \tag{9-18}$$

式中,$|S_t|$ 代表 S_t 中样本数量

⑤按照某种分布再次独立抽取训练集 S_{t-1}

⑥End for

⑦循环结束后,最后的强分类器(强预测函数)为

$$H(x) = \text{sign}(f(x)), f(x) = \sum_{t=1}^{T} \alpha_t h_t(x) \tag{9-19}$$

要使得 Bagging 有效,基本分类器的学习算法必须是不稳定的,也就是说对训练数据敏感。基本分类器的学习算法对训练数据越敏感,Bagging 的效果越好,因此,对于决策树和人工神经网络这样的学习算法,Bagging 是相当有效的。另外,由于 Bagging 算法本身的特点,使得 Bagging 算法非常适合用来并行训练多个基本分类器,这也是 Bagging 算法的一大优势,基本分类器数目应当随着分类种数增多而增加。

9.5 研究发展方向

目前,在神经网络集成的研究中仍然存在着很多有待解决的问题。可以认为,在将来的研究中,以下几方面的问题可望成为该领域的主要研究内容:

(1)针对神经网络集成统一理论框架的研究工作。目前神经网络集成的研究集中在分类和回归估计这两种情况,各种理论分析和解释缺乏规范化。

(2)针对 Boosting 算法有效性进行深入的、有说服力的理论研究工作。Boosting 为什么有效,目前仍然没有一个可以被广泛接受的理论解释,如果能够解释该方法背后隐藏的原理,对促进统计学习和机器学习技术的进步具有积极作用。

（3）针对差异较大的个体网络的获取及多个网络之间的差异度的评价方法研究。现有研究成果表明，当神经网络集成中的个体网络差异较大时，集成的效果较好，但目前仍没有较好的方法来产生这种个体网络并进行差异评价，如果能找到这样的方法，将极大地促进神经网络集成技术在应用领域的发展。

（4）针对充分利用训练数据，解决训练样本的有限性问题，也是一个很值得研究的重要课题。

（5）神经网络的一大缺陷是其"黑箱性"，即网络学到的知识难以被人理解，而神经网络集成则加深了这一缺陷。已经有一些研究者对改善 Bagging 和 Boosting 系统的可理解性进行了初步研究。目前，从神经网络中抽取规则的研究已成为研究热点，如果能从神经网络集成中抽取规则，则可以在一定程度上缓解集成的不可理解性。

复习思考题

1. 神经网络集成一般需要经过哪几个步骤？
2. 常用的构建集成的方法有哪些？
3. 简述 Boosting 算法和 Bagging 算法。
4. 描述 Boosting 算法的步骤。
5. 描述 Bagging 算法的步骤。

参考文献

[1] 党建武. 神经网络技术及应用[M]. 北京:中国铁道出版社,2000.

[2] 阎平凡,张长水. 人工神经网络与模拟进化计算[M]. 北京:清华大学出版社,2003.

[3] 陈守良. 动物生理学[M]. 北京:高等教育出版社,1984.

[4] 史忠植. 神经网络[M]. 北京:高等教育出版社,2009.

[5] 王伟. 人工神经网络原理——入门与应用[M]. 北京:北京航空航天大学出版社,1995.

[6] 焦李成. 神经网络系统理论[M]. 西安:西安电子科技大学出版社,1995.

[7] 袁曾任. 人工神经元网络及其应用[M]. 北京:清华大学出版社,1999.

[8] 党建武,靳蕃. 驼峰速度控制系统中神经网络方法的研究[J]. 铁道学报,1996,18(10):69-74.

[9] 党建武,靳蕃. 神经网络求解 MTSP 的应用研究[J]. 铁道学报,1997,19(2):63-39.

[10] Breiman L. Half and half bagging hard boundary points[R]. California:University of California,1998.

[11] ZHOU Z H, WU J X, TANG W. Ensembling neural networks:many could be better than all[J]. Artificial Intelligence,2002,137(1,2):239-263.

[12] Breiman L. Bagging Predictors[J]. Machine Learning,1996,24(2):123-140.

[13] 唐伟,周志华. 基于 Bagging 的选择性聚类集成[J]. 软件学报,2005,16(4):496-502.

[14] 胡守仁. 神经网络及其应用[M]. 长沙:国防科技大学出版社,1995.

[15] 靳蕃. 神经网络与神经计算机原理. 应用. 成都:西南交通大学出版社,1991.

[16] Simon Haykin. 神经网络原理[M]. 北京:机械工业出版社,2004.

[17] MATLAB 中文论坛. MATLAB 神经网络 30 个案例分析. 北京:北京航空航天大学出版社,2010.

[18] ZHU X J. Semi-supervised Learning Literature Survey [R]. Madison:University of Wisco-nsin,2008.

[19] 周志华. 半监督学习中的协同训练算法[M]. 北京:清华大学出版社,2007.

[20] 苏金树,张博锋,徐昕. 基于机器学习的文本分类技术研究进展[J]. 软件学报,2006,17(9):1848-1859.

[21] NIGAM K,MCCALLUM A K,THRUN S,MITCHELL T. Text Classification from Labeled and Unlabeled Documents using EM[J]. Machine Learning,2000,(39):103-134.

[22] ZHOU Z H,CHEN K J,DAI H B. Enhancing Relevance Feedback in Image Retrieval using Unlabeled Data [J]. ACM Transactions on Information Systems,2006,24(2):219-244.

[23] TSUDAK,RATSCH G. Image Reconstruction by Linear Programming [J]. IEEE Transactions on Image Processing,2005,14(6):737-744.

[24] SONG Y Q,ZHANG C S,LEE J G,etal. Semi-supervised Discriminative Classification with Application to Tumorous Tissues Segmentation of MRL Brain Images [J]. Pattern Analysis & Applications,2009,(12):99-115.

[25] YAN R,NAPHADE M R. Semi-supervised Cross Feature Learning for Semantic Concept Detection in Videos [C]//Proceedings of the IEEE Computer Society International Conference on Computer Vision and Pattern Recognition,San Diego,USA,2005,1:657-663.

[26] HE J R,LI M J,ZHANG H J,etal. Manifold-Ranking Based Image Retrieval[C]//Proceedings of the12th Annual ACM International Conference on Multimedia,New York,USA,2004:9-16.

[27] FENG W,XIE L,ZENG J,LIU Z Q. Audio-visual Human Recognition using Semi-supervised Spectral Learning and Hid-den Markov Models[J]. Journal of Visual Languages and Computing,2009,20:188-195.

［28］CHAPELLE O,ZIEN A. Semi-supervised Classification by Low Density Separation ［C］//Proceedingsof the 10th International Workshop on Artificial Intelligence and Statistics,Barbados,2005:57 – 64.

［29］HOU D Y,SCHOLKOPF B,HOFMANN T. Semi-supervised Learning on Directed Graphs ［J］. Advances in Neural Information Processing System,2005,17:1633 – 1640.

［30］KULIS B,BASU S,DHILLON I,MOONEY R. Semi-supervised Graph Clustering:A Kernel Approach ［J］. Machine Learning,2009,74:1 – 22.

［31］邓超,郭茂祖. 基于 Tri-Training 和数据剪辑的半监督聚类算法[J]. 软件学报,2008,19(3):663 – 673.

［32］HE H T,LUO X N,MA F T,etal. Network Traffic Classification Based on Ensemble Learning and Co-training ［J］. Science in China Series F:Information Sciences,2009,52(2):338 – 346.

［33］ZHOU Z H,LI M. Improve Computer-aided Diagnosis with Machine Learning Techniques using Undiagnosed Samples ［J］. IEEE Transactions on Systems,Man and Cybernetics-PartA:Systems and Humans,2007,37(6): 1088 – 1098.

［34］GRANDVALET Y,BENGIO Y. Semi-supervised Learning by Entropy Minimization ［M］ Cambridge:The MIT Press,2005.

［35］梁吉业,李德玉. 信息系统中的不确定性与知识获取[M]. 北京:科学出版社,2005.

［36］肖宇,于剑. 基于近邻传播算法的半监督聚类[J]. 软件学报,2008,19(11):2803 – 2813.

［37］尹学松,胡恩良,陈松灿. 基于成对约束的判别型半监督聚类分析[J]. 软件学报,2008,19(11):2791 – 2802.

［38］XIA Y. A Global Optimization Method for Semi-supervised Clustering ［J］. Data Mining and Knowledge Discovery,2009,18:214 – 256.

［39］杨剑,王珏,钟宁. 流形上的 Laplacian 半监督回归[J]. 计算机研究与发展,2007,44(7):1121 – 1127.

［40］郑海清,林琛,牛军钰. 一种基于紧密度的半监督文本分类方法[J]. 中文信息学报,2007,21(3):54 – 60.

［41］郑声恩,叶少珍. 一种基于内容图像检索的半监督和主动学习算法[J]. 计算机工程与应用,2006, (87):81 – 83.

［42］WU Y,TIAN Q,HUANG T S. Discriminant-EM Algorithm with Application to Image Retrieval[C]//IEEE Conference on Computer Vision and Pattern Recognition, Hilton Head Island,USA,2000,1:222 – 227.

［43］SONG Y,HUA X S,DAI L R,WANG M. Semi-Automatic Video Annotation Based on Active Learning with Multiple Complementary Predictors[C]//Proceedings of the7th ACM SIGMM International Workshop on Multimedia Information Retrieval,Hilton,Singapore,2005:97 – 104.

［44］李和平,胡占义,吴毅红,吴福朝. 基于半监督学习的行为建模与异常检测[J]. 软件学报,2007,18(3): 527 – 537.

［45］高学鹏,丛爽.BP 网络改进算法的性能对比研究[J].控制与决策,2001,16(2):167 – 171.